地外文明探索

从科学走向幻想

穆蕴秋 江晓原 著

上海科技教育出版社

图书在版编目(CIP)数据

地外文明探索:从科学走向幻想/穆蕴秋,江晓原著. —上海:上海科技教育出版社,2021.8
ISBN 978-7-5428-7567-9

Ⅰ.①地… Ⅱ.①穆… ②江… Ⅲ.①科学史—研究—世界 Ⅳ.①G3

中国版本图书馆CIP数据核字(2021)第142349号

责任编辑　殷晓岚
装帧设计　杨　静

DIWAI WENMING TANSUO

地外文明探索:从科学走向幻想

穆蕴秋　江晓原　著

出版发行　上海科技教育出版社有限公司
　　　　　(上海市柳州路218号　邮政编码200235)
网　　址　www.sste.com　www.ewen.co
经　　销　各地新华书店
印　　刷　上海商务联西印刷有限公司
开　　本　720×1000　1/16
印　　张　23.5
版　　次　2021年8月第1版
印　　次　2021年8月第1次印刷
书　　号　ISBN 978-7-5428-7567-9/N·1128
定　　价　78.00元

目录

序 / 001

第一章 绪论 / 001

1 科学史研究主流对地外文明探索的过滤 / 003

2 地外文明探索历史研究的现状 / 007

3 本书研究内容及方法 / 010

第二章 伽利略之后的月亮 / 015

1 17世纪对月亮适宜居住可能性的探讨 / 017

 伽利略之前的月亮 / 017

 《开普勒的月亮之梦》：一部另类的天文学论著 / 020

 伽利略对月球适宜居住可能性的讨论 / 033

 一些科学人士的后继讨论 / 040

 关于月球旅行可行性的探索与幻想 / 050

  飞鸟与月亮：鸟儿迁徙理论的一种奇特观点　/ 054

 2 科学与骗局：1835年《太阳报》上的"月亮新发现"故事　/ 063

  对《太阳报》的影响　/ 070

  在西方的流传　/ 072

  骗局背后的科学渊源　/ 074

  另一位可能作者　/ 081

  约翰·赫歇耳及其家人对"月亮骗局"的回应　/ 086

  对"月亮骗局"的科学史解读　/ 089

 3 汉森"适宜居住的月球背面"理论　/ 092

  引起的争论　/ 092

  在幻想小说中的反映　/ 095

  月球类地讨论的最后高潮　/ 098

第三章　天文学史上"适宜居住的太阳"：思想源流及影响　/ 101

 1 一起袭击事件的不寻常辩护理由　/ 103

 2 艾略特短暂的学术生涯　/ 106

 3 艾略特"适宜居住的太阳"观点概述　/ 109

 4 科学思想来源考察　/ 113

  艾略特对太阳结构本质的解释　/ 113

  艾略特关于太阳黑子现象的观点　/ 118

 5 威廉·赫歇耳适宜居住的太阳　/ 120

 6 威廉·赫歇耳的多世界宇宙观　/ 129

 7 科学界人士的讨论　/ 134

 8 在文学领域生出的幻想成果　/ 137

 9 余音未了的一场闹剧　/ 141

第四章　火星运河及与火星假想文明尝试沟通的科学探索　/ 145

1　关于火星运河的争论 / 147

　　早期对火星类地的讨论 / 147

　　夏帕雷利的火星运河观测 / 149

　　洛韦尔的火星运河观测 / 152

　　火星运河的支持者们 / 157

　　火星运河的反对者们 / 160

2　19世纪末被认为是火星信号的几次观测结果 / 166

　　被认为是火星讯息的观测结果 / 166

　　引起的争论及对科幻小说产生的影响 / 171

3　对假想火星文明的科学探索及其影响 / 175

　　接收来自假想火星文明的信号 / 176

　　向火星发送信号的方案 / 178

　　在科学界引起的激烈争论 / 182

　　在当时的科幻作品中产生的影响 / 184

　　几点结论 / 186

第五章　科幻作品中时空旅行之物理学历史理论背景分析　/ 189

1　时间旅行的方向 / 191

　　前往未来 / 191

　　回到过去 / 193

2　《时间机器》与第四维理论 / 195

3　爱因斯坦场方程 / 200

4　《接触》与虫洞理论 / 204

5　《星际迷航》与翘曲飞行理论 / 210

6　时间佯谬的解决：多世界理论和诺维科夫自洽原则 / 215

7　物理学家对时空旅行的看法 / 220

第六章　当下寻找地外文明引发的争论及求解费米佯谬 / 225

　　1　寻找地外文明引发的争议 / 227
　　　　SETI 的实施及遭遇的质疑 / 227
　　　　所引发的激烈争论 / 232
　　　　科幻作品对接触后果的设想 / 237
　　　　可能的解决途径：圣马力诺标度 / 241
　　　　接触外星文明还为时尚早 / 243
　　2　对费米佯谬的求解 / 247
　　　　关于费米佯谬 / 247
　　　　科学界对费米佯谬几种有代表性的解决方案 / 249
　　　　科幻小说对费米佯谬的求解 / 254
　　　　科学与幻想的"精神狩猎场" / 262

第七章　开放的边界：科幻作为科学活动的组成部分 / 263

　　1　伽利略望远镜新发现的影响 / 265
　　2　星际幻想小说对星际旅行探索的持续参与 / 268
　　3　科幻小说作为单独文本参与科学活动 / 271
　　4　科学家写作的科幻小说 / 273
　　5　如何看待含有幻想成分的"不正确的"科学理论 / 276
　　6　科学与幻想之间开放的边境 / 281
　　7　一种新科学史的可能性及其意义 / 284

附录 / 287

　　附录1　月球旅行幻想小说编年列表 / 287
　　附录2　艾略特论证太阳适宜居住观点的文章 / 290

附录3　行星实际旅行幻想小说列表　/ 296

附录4　《纽约时报》对火星交流探索的报道　/ 298

附录5　新西兰当地报纸对火星交流探索的报道　/ 302

附录6　1960年至2007年实施的主要SETI项目　/ 306

附录7　科幻电影中人类与地外文明接触后果的设想　/ 307

附录8　15年3堂算术课　/ 308

参考文献　/ 324

索引　/ 343

序

十几年前,穆蕴秋从上海交通大学本科毕业,进入科学史系念研究生,不久她开始在我指导下攻读博士学位。我注意到,她作为影迷甚至比我还要资深。那时我正好对科幻发生了兴趣,考虑到此前的科幻研究基本上都是以作品赏析为主的文学活动,我鼓励她尝试对科幻进行真正的学术研究。

最初我这样做,只是因为积习难改,什么事情都想和"学术"联系起来,看科幻电影和科幻小说也不例外。后来搞得比较认真了,就开始思考一些相关的理论问题。

在以往许多人习惯的观念中,科幻经常和"儿童文学""青少年读物"之类的作品联系在一起。例如,就连刘慈欣为亚洲人赢得了首个雨果奖的作品《三体》,它的英文版发布会,居然是在上海一个童书展上举行的。这种观念使得科幻作品根本不可能进入传统的科学史研究范畴之内。科学史研究者虽然经常饱受来自科学界或科学崇拜者的白眼,但他们自己对科幻却也是从来不屑一顾的。

而另一方面,在科学史研究中,传统的思路是只研究历史上"善而有成"的事情,所以传统科学史为我们呈现的科学发展历程,就是一个成就接着另一个成就,一个胜利接着另一个胜利的辉煌历史。而事实上,在科学发展的历史中,除了"善而有成"的事情,当然还有种种"善而无成""恶而无成"乃至"恶而有成"的事情,只不过那些事情在传统科学史论述中通常都被过滤掉了。出于传授科学知识的方便,或是出于教化的目的,过滤掉那些事情是可以理解的,但这当然并不意味着那些事情就真的不存在了。

还有第三方面,"科学幻想"也并不仅限于写小说或拍电影,科学幻想还包括极为严肃、极为"高大上"的学术形式。例如,在今天通常的科学史上大名鼎鼎的科学家们,开普勒、马可尼、高斯、洛韦尔、弗拉马利翁……都曾非常认真地讨论过月亮上、火星上甚至太阳上的智慧生命,设计过和这些智慧生命进行通信的种种方案。以今天的科学知识和眼光来看,这些设想、方案和讨论,不是臆想,就是谬误,如果称之为"科学幻想",简直就像是在抬举美化它们了。然而,这些设想、方案和讨论,当年都曾以学术文本的形式发表在最严肃、最高端的科学刊物上。

大约从2004年开始,我和穆蕴秋尝试耕种一小块"学术自留地"——后来我给它定名为"对科幻的科学史研究"。穆蕴秋的论文《科学与幻想:天文学历史上的地外文明探索研究》是这个方向上的

第一篇博士学位论文。可以毫不夸张地说,她的博士论文是"对科幻的科学史研究"这个研究方向上的第一个重要学术成果。著名天文学家、中国科学院上海天文台前台长赵君亮教授主持了她的博士论文答辩,她以优异成绩获得博士学位。本书就是在她的博士论文基础上形成的。

本书中所讨论的内容,恰恰就是将天文学史上这些在今天看来毫无疑问属于"无成"的探索过程挖掘了出来,重现了出来。并在此基础上,深入分析了这些"无成"之事背后的科学脉络和历史背景。通过天文学史上一个个鲜活生动的案例,揭示了这样一个事实:

在科学发展过程中,"科学幻想"和科学探索、科学研究之间的边界,从来都是开放的。或者可以说,"科学幻想"和科学探索、科学研究之间根本不存在截然分明的边界。所以我们进而得出了这样一个结论:

科学幻想不仅可以,而且应该被视为科学活动的一部分。我们在《上海交通大学学报》20卷2期(2012年)上联名发表了题为《科学与幻想:一种新科学史的可能性》的论文,集中阐释了这一结论及其意义。后来我们的论文集干脆取名《新科学史:科幻研究》(上海交通大学出版社,2016年)。

本书中的内容,又具有十分强烈的"示例"作用。它们表明:一方面,将科幻纳入科学史的研究范畴,就为科学史研究找到了一块新天地,科学史研究将可以开拓出一片新疆域;另一方面,将科学史研究中的史学方法、社会学方法引入科幻研究,又给科幻研究带来了全新的学术面貌。

最后,关于本书的书名《地外文明探索:从科学走向幻想》,还需要稍加讨论。通常对于各种事物,人们比较习惯"从幻想走向科学",为何在我们眼中,在地外文明探索这件事上,竟出现了"逆向"的情形呢?这就要从天文学的发展来考察了。

毫无疑问,在地外文明探索这件事上,"从幻想走向科学"的路程,人类当然也已经走过一段了。举例来说,今天我们探索地外文明,至少已经有了一些科学工具,比如光学望远镜和射电望远镜,甚至可以包括月球车和火星探测器,而在几百年前,人类谈论地外文明,比如开普勒的作品《月亮之梦》,那就纯粹出于思辨和想象了。从这样的角度来看,这当然属于"从幻想走向科学"。

但是,一方面,这些早期的思辨和想象,曾经被人们当作"科学探索"而非常认真地从事着。而另一方面,也是更重要的,恰恰是科学技术的发展,显著压缩了幻想的空间,无情地破灭了许多人对地外文明的思辨性探索。

例如,人们曾经非常真诚地相信过、非常认真地思考过关于月球上的高等生命;但是随着观测手段的发展,人们知道月球上没有大气、没有液态水,因而也就不可能有类似人类这样的高等生物生存在月球上。又如,人们曾经以比讨论月球高等智慧生物更大得多的热情讨论过火星文明,关于"火星运河"的观测成果曾经轰动一时,关于火星文明的书籍曾经在欧洲和美洲成为洛阳纸贵的畅销书;但是到了今天,已有多个探测器到达火星或其附近,我们知道火星上几乎没有大气(大气浓度只有地球的约0.8%),迄今也没有发现液态水存在的确切证据,当然更没有运河,所以眼下的火星上同样不可能有类似人类的高等生物生存。再如,人们曾经一本正经地讨论过"太阳上的居民";后来借助于光谱分析,我们知道太阳表面温度有6 000℃左右,人类目前能够想象的任何生物,都不可能在那样的高温下生存,于是关于"太阳居民"的讨论戛然而止……

于是,许多先前关于地外文明的讨论,在科学发展的"摧残"下,只能栖身于"科学幻想"中了。而且即使栖身于科幻,也还要受到约束。例如,幻想火星文明的作品今天仍然络绎不绝,但已经不可能有作品幻想"太阳居民"了(读者会感觉这实在太离谱了)。

另外,我们如果真的要探索太阳系以外的外星文明,人类目前的探测手段,又实在是太初级太无能为力了(参见本书附录8:"15年3堂算术课"),所以也只能用幻想的形式去谈论——那就成为科幻作品了。所以只能是"从科学走向幻想"。

江晓原

2021年7月11日

于上海交通大学科学史与科学文化研究院

第一章

绪 论

1 科学史研究主流对地外文明探索的过滤

17世纪以来,近代科学在西方开始确立,其中一个标志性事件,是伽利略(Galileo Galilei,1564—1642)用望远镜获得了一系列天文新发现。受到这些观测结果的启发,科学界随后出现了两类文本:一类是对其他天体的天文观测记录;另一类是对月球及其他天体存在智慧生命形式的大量猜测和想象。

前者构成了天文学正统历史的重要组成部分,后者长久以来其实也一直是许多科学人士认真对待的论题,只是它们中的大部分内容被后来的科学发现所否证,遭到科学史主流话语的过滤和屏蔽。譬如,在以下这些天文学史经典论著中,就几乎从不讨论与地外生命相关的任何内容:

(1) 艾格妮丝·克拉克(Agnes M. Clerke, 1842—1907)的《19世纪大众天文学史》(*A Popular History of Astronomy During the Nineteenth Century*, 1893);

(2) 布莱恩特(Walter W. Bryant)的《天文学史》(*A History of Astronomy*, 1907);

(3) 福布斯(George Forbes)的《天文学史》(*History of Astronomy*, 1909);

(4) 贝瑞(Arthur Berry)的《天文学简史》(*A Short History of Astronomy*, 1910);

(5) 潘尼库克(Antonie Pannekoek)的《天文学史》(*A History of Astronomy*, 1951);

(6) 霍斯金(Michael Hoskin)的《剑桥插图天文学史》(*The Cambridge Illustrated History of Astronomy*, 1997)[①];

(7) 海耳布隆(John L. Heilbron)的《牛津物理学和天文学史导论》(*The Oxford Guide to the History of Physics and Astronomy*, 2005);

(8) 诺斯(John North)的《宇宙:插图天文学和宇宙学史》(*Cosmos: An Illustrated History of Astronomy and Cosmology*, 2008);

(9) 霍斯金的《剑桥天文学简明史》(*The Cambridge Concise History of Astronomy*, 2008);

(10) 库珀等人(Heather Couper, Nigel Henbest, and Arthur C. Clarke)的《天文学史》(*The History of Astronomy*, 2009)。

相较而言,只有两部知名天文学史著作涉及这一论题——当然,这与作者有直接关系,他们都是那个时代热衷于讨论地外生命课题的著名天文学家。一部是法国著名天文学家卡米拉·弗拉马利翁(Camille Flammarion, 1842—1925)1880年出版的《大众天文学》(*Astronomie Populaire*)[②];另一部是美国天文学家纽康(Simon Newcomb,

---

① 中译本参见:[英]米歇尔·霍斯金.剑桥插图天文学史[M].江晓原,关增建,钮卫星,译.济南:山东画报出版社,2003.

② 中译本参见:[法]卡米拉·弗拉马利翁.大众天文学[M].李珩,译.北京:科学出版社,1965.

1835—1909)的《通俗天文学》(Astronomy for Everybody)①。

《大众天文学》于1894年首次被翻译成英文出版,是西方广为流传的一本天文学通俗读物。全书共分六个部分,讨论主题分别是地球、月亮、太阳、行星世界、彗星和流星、恒星及恒星宇宙。在笔者所看到的1907年英译本与月亮相关的第二部分中,有一小节的标题为"月亮适宜居住吗?",内容主要是对月亮上存在生命的可能性进行讨论。②

但通过对照发现,在此书1965年初版和2003年再版的中译本中,相关内容却没有出现。根据译者序的说明,中译本依照的版本是1955年的英译本。因此,出现上述结果,也就存在三种可能性:一种是1907年的英文版本在原作基础上,额外增添了这一节内容,不过,按常理度之,这种可能性实在不大;另一种可能性是1955年的英译本中删减了这一节的内容;第三种可能性是中译本出版过程中,相关内容被去除了。

《通俗天文学》初版于1902年,是在纽康1878年出版的另一本天文普及读物《大众天文学》(Popular Astronomy)的基础上改编而成的。③中译本依据的新版为了"包罗新知而跟上时代",增补了一些后来天文学发现的新内容。不过,如果把译本和纽康的原著比照,会发现增补的同时,原著中的一些内容也被删减了。比如"第三编"和月亮有关的章节,原著中有一节专门讨论"月亮上是否存在空气和水"就被删除。纽康在这一节中表达了这样的观点,由于没有证据表明月亮

---

① 中译本参见:[美]西蒙·纽康.通俗天文学[M].金克木,译.北京:北京联合出版公司,2012.

② Flammarion, C. Popular Astronomy: A General Description of the Heavens (1880) [M]. John Ellard Gore(Tr). New York: D. Appleton, 1907: 145–165.

③ Newcomb, S. Popular Astronomy [M]. London: Macmillan and Co., 1878.
Newcomb, S. Astronomy for Everybody [M]. New York: Mcclure Phillips & Co., 1902.

上存在空气和水,所以"很难想象一种生命形式是由月球表面的沙砾或其他干燥物质所构成的"。

另一个放在今天来看同样"错误"的内容——火星运河,在中译本中总算被保留了一点。不过比照原著,会发现这种保留其实也相当有限。火星运河作为判定是否存在火星生命的重要标志,是19世纪后期西方天文学界极其关注的问题。和当时很多有名的天文学家一样,纽康也加入了这场论战(后文还会谈及)。原书中的两节内容"火星运河的可能本质"和"火星大气"在中译本中皆被删除。

2 地外文明探索历史研究的现状

由于存在根深蒂固的误解,地外文明探索这个原本有着天文学"正统血脉"的论题,在科学史学术研究平台上长期以来没有得到相应的重视。国内目前还没有值得借鉴的研究专著出现,国外研究也直到20世纪80年代才兴起。代表性论著有如下几部(篇):

(1) 蒂普勒(Frank J. Tipler)的《地外文明概念简史》(A Brief History of the Extraterrestrial Intelligence Concept. *Quarterly Journal of the Royal Astronomical Society*, 1981, 22: 133),简要梳理了古希腊至当下地外文明的探索过程,作者蒂普勒是一位理论物理学家(后文还会涉及他的相关研究工作)。

(2) 史蒂芬·迪克(Steven J. Dick)的《多世界:地外生命争论起源——从德谟克里特到康德》(*Plurality of Worlds: The Origins of the Extra-Terrestrial Life Debate from Democritus to Kant*. Cambridge: Cambridge University Press, 1982),整理了从古希腊到18世纪末地外文明

探索的相关科学论著及内容。

（3）克罗（Michael J. Crowe）的《地外生命争论1750—1900：从康德到洛韦尔的多世界思想》（*The Extraterrestrial Life Debate, 1750-1900: The Idea of a Plurality of Worlds from Kant to Lowell*. Cambridge：Cambridge University Press, 1986），较为深入地考察了西方18世纪后半期（1750年至1900年）对地外智慧生命存在问题的争论过程，同时揭示了该论题在天文学、哲学、宗教思想等方面产生的影响。

（4）史蒂芬·迪克的《其他世界的生命：20世纪的地外生命争论》（*Life on Other Worlds: The 20th-Century Extraterrestrial Life Debate*. Cambridge：Cambridge University Press, 1998），对20世纪以来火星生命、UFO、地外文明探索（SETI）、地外行星等论题产生的争论及影响进行了系统考察。

（5）史蒂芬·迪克的《生物界：20世纪的地外生命争论和科学的极限》（*The Biological Universe: The Twentieth Century Extraterrestrial Life Debate and the Limits of Science*. Cambridge：Cambridge University Press, 1999）。该书在（4）的基础上进行拓展，更多涉及生物学领域对地外生命问题进行探讨的内容。

这些论著对了解科学历史上地外文明的探索过程有着重要参考价值，但还有所欠缺。由于科学界始终未能获取证明地外生命存在与否的直接证据，这使得通往它的想象之门一直都是敞开着的。与科学界基于观测实证基础上的严肃讨论形成明显对应的是，17世纪以来还出现了大批处于科学与幻想交界上、充满奇思异想的、对地外生命表达观点的文本。某种意义上，正是这些文本构成了地外文明探索鲜活的科学历史文化外延。

而上述论著对这些深具文化史意义的文本明显关照不足，仅限于对地外文明探索科学内史文献的整理和研究,其实还是落入了传统科学史研究辉格套路的窠臼。

3 本书研究内容及方法

本书依时间顺序,研究内容涵盖5个主题:①17世纪对月亮上存在生命可能性的探索和想象;②天文学史上"适宜居住的太阳"思想源流及影响;③19世纪火星运河的争论及与想象中的火星文明尝试交流的探索;④科幻作品中时空旅行的物理学理论背景;⑤当下寻找地外文明引发的争议过程。

上述5个研究主题,由一系列科学与幻想交界上的文本贯穿始终,它们大致可分为三类:

(1) 掺杂有大量幻想内容的科学著作(论文)。典型的有月亮天文学论著《开普勒的月亮之梦》(*Kepler's Dream*),书中对月亮世界和"月亮人"进行了非常夸张的想象;此外,17世纪英国科学人士查尔斯·莫顿(Charles Morton, 1627—1698)在撰写一篇阐释鸟类迁徙理论的文章时,试图通过严谨的说理来论证这样一个结论——冬天鸟儿都飞到月亮上过冬去了,前提是他认为月亮是适宜居住的;英国著名天文学家威廉·赫歇耳(William Herschel，1738—1822)，1795年、1801年先后在皇家学会《哲学汇刊》(Philosophical Transactions)上发表两篇对太阳本质结构进行探讨的文章,他提出了一个非常有想象力的观点——认为太阳是适宜居住的。

(2) 科学人士写作的幻想小说。一些著名的天文学家,如弗拉马利翁,霍金(Stephen Hawking，1942—2018)，萨根(Carl Sagan，1934—1996)，霍伊尔(Fred Hoyle，1915—2001)等人,都写过幻想作品。其中最具代表性的是萨根的《接触》(Contact，1984)，该书在理论物理界开辟了一个新的研究方向——对"虫洞"的研究。

(3) 和科学史有着深厚渊源的幻想作品。典型的如1835年纽约《太阳报》(The Sun)刊登的"月亮故事",文章假借著名天文学家约翰·赫歇耳(John Herschel，1792—1871)之名,以连载形式对"月球智慧生物"进行详尽描述,在当时引起了巨大轰动。这篇在今天看来绝对荒诞无稽的"诈文"之所以让很多人信以为真,主要的一个原因是,"月球智慧生物"是当时许多科学界头面人物都认真研讨的"科学课题"。类似的例证,还有博物学者格拉塔卡普(Louis Gratacap，1851—1917)1903年发表的《火星来世确证》(The Certainty of a Future Life in Mars)，小说借用了特斯拉(Nikola Tesla，1856—1943)等人通过无线电和假想中的火星文明进行交流的设想；业余天文学家马克·威克斯(Mark Wicks)之所以写作《经由月亮到达火星:一个天文故事》(To Mars via the Moon: An Astronomical Story，1911)，则是想通过这部幻想小说来表达他对洛韦尔(Percival Lowell，1855—1916)"火星运河"观测结果的支持。

本书从科学与幻想的互动关系和幻想参与科学活动两个切入点出发,在前人工作基础上,对以上交界文本的科学史意义进行深入考

察,通过有别于前人的研究路径,从两个层面对这些文本的科学史意义进行探讨:

(1) 将幻想作品引入科学史研究领域,尝试探索新的研究方向,即对科学与幻想两者间的关系进行科学史研究,在此基础上对幻想作品参与科学活动的过程进行考察和揭示。归结起来,大致有以下三种路径:幻想作品中的想象结果对某类科学问题的探讨产生直接影响;幻想小说把科学界对某一类问题(现象)讨论的结果移植到自身创作情节中;幻想小说直接参与对某个科学问题的讨论。

(2) 相较曲折历程被消灭殆尽、凡是不符合当代科学的内容一律删除的传统科学编史学套路,本书尝试探索一条新型科学编史方法的可能路径:在发掘大量先前未被关注的史料的基础上,重新"打捞"科学进程中的若干重要过程、人物及事件——这些过程、人物和事件都是在先前科学史研究中普遍被忽略掉的,同时从科学编史学的角度对这种忽略及过滤的背后深层原因进行分析和论述。

关于科学与幻想的关系,一些研究者已发表专著进行过专门论述,其中代表性的成果有以下几种:

(1) 尼科尔斯(Peter Nicholls)等人的《幻想中的科学》(*The Science in Science Fiction*. London: Michael Joseph, 1982);

(2) 布利(Robert W. Bly)的《幻想中的科学:83个已经变成科学现实的预言》(*The Science in Science Fiction: 83 SF Predictions that Became Scientific Reality*. Dallas: BenBella Books, Inc., 2005);

(3) 布拉克(Mark Blake)和霍克(Neil Hook)的《不同的动力:科学怎样驱动幻想 幻想怎样驱动科学》(*Different Engines: How Science Drives Fiction and Fiction Drives Science*. London: Palgrave Macmillan, 2007);

(4) 麦克康奈尔(Frank McConnell)等人的《幻想中的科学和科学中的幻想》(*The Science of Fiction and the Fiction of Science*. California:

McFarland,2009)。

上述对科学与幻想的关系进行探讨的成果对进一步的研究有着重要启发意义,但还是有不足之处,主要表现在两方面:

(1) 只关注幻想作品中那些"成功的幻想",即被当前的科学结论验证是正确的幻想成果。除了上述论著,典型的还有美国著名科学杂志《大众天文学》(*Popular Astronomy*),曾发表过若干文章对一些经典幻想作品进行讨论,被讨论的作品包括凡尔纳(Jules Verne,1828—1905)的《地心游记》(*A Journey to the Centre of the Earth*)、《从地球到月亮》(*From the Earth to the Moon*),威尔斯(H. G. Wells,1866—1941)的《时间机器》(*The Time Machine*)、《世界之战》(*The War of the Worlds*)、《首先登上月球的人》(*The First Men in the Moon*),巴勒斯(E. Burroughs,1875—1950)的《地心历险》(*The Center of the Earth*)和《火星人系列》(*The Martian Series*),等等。[①] 从形式上看,《大

---

① L. J. Lafleur. Marvelous Voyages-Ⅰ. The Center of the Earth [J]. Popular Astronomy, 1942, 50:16.

L. J. Lafleur. Marvelous Voyages-Ⅱ [J]. Popular Astronomy, 1942, 50:69.

L. J. Lafleur. Errors in "Marvelous Voyages-Ⅱ" [J]. Popular Astronomy, 1942, 50:249.

L. J. Lafleur. Marvelous Voyages-Ⅲ. From the Earth to the Moon [J]. Popular Astronomy, 1942, 50:196.

L. J. Lafleur. Marvelous Voyages-Ⅴ. The First Men in the Moon-Part Ⅰ [J]. Popular Astronomy, 1943, 51:76.

L. J. Lafleur. Marvelous Voyages-Ⅴ. The First Men in the Moon-Errors in Ⅴ [J]. Popular Astronomy, 1943, 51:80.

L. J. Lafleur. Marvelous Voyages-Ⅴ. H. G. Wells- The First Men in the Moon-Part Ⅱ [J]. Popular Astronomy, 1943, 51:139.

L. J. Lafleur. Marvelous Voyages-Ⅵ. The First Men in the Moon-Errors in Ⅵ [J]. Popular Astronomy, 1943, 51:145.

L. J. Lafleur. Marvelous Voyages-Ⅶ. The War of the Worlds [J]. Popular Astronomy, 1943, 51:359.

L. J. Lafleur. Marvelous Voyages-Ⅶ. The War of the Worlds Errors in Ⅶ [J]. Popular Astronomy, 1943, 51:384.

L. J. Lafleur. Marvelous Voyages-Ⅷ. The Time Machine [J]. Popular Astronomy, 1943, 51:434.

L. J. Lafleur. Marvelous Voyages-Ⅷ. The Time Machine Errors in Ⅷ [J]. Popular Astronomy, 1943, 51:438.

众天文学》上这类文章通常有着固定套路,前半部分是科幻作品的故事梗概,后半部分逐条列举作品中的科学谬误(scientific inaccuracies)——这些谬误通常都达数十条之多。在这种讨论框架下,那些有名的科幻经典几乎完全沦为科学发现和科学事实的附庸。

(2)相应走向的另一个极端是,对收集整理幻想作品中的科学谬误乐此不疲。说到底,这主要和一种长期流传的观念有关,即把幻想当作科普的一种方式,认为幻想小说家创作幻想作品,只是为了普及科学知识,展望美好的科学未来,之所以采用小说、电影等文学艺术形式来表达,只是为了让受众(特别是青少年)更容易理解和接受而已。

本书以天文学历史上的地外文明探索为研究平台,把若干科学与幻想交界上的文本纳入广阔的科学文化视野下进行考察,打破前人上述常规研究套路和范式,是需要突破的重点和难点。

第 二 章

伽利略之后的月亮

伽利略1609年通过望远镜所获得的关于月亮环形山的新发现，在两个方面产生了值得关注的影响：首先，一些科学人士基于望远镜的观测结果，开始对月球适宜居住的可能性展开探讨；其次，与科学界人士对地外生命的探讨相对应的是，从17世纪开始，文学领域开始出现大批以月球旅行为主题的幻想作品。这两方面的成果在不断累积的过程中紧密互动，本章将通过若干例证对此进行详细论述。

1　17世纪对月亮适宜居住可能性的探讨

伽利略之前的月亮

在伽利略之前,关于月亮本质最具代表性的观点来自亚里士多德(Aristotle)。亚里士多德以月亮作为分界,把宇宙分为两个决然不同的区域。①

月上区从月球轨道一直伸展到恒星天层,包括月亮、太阳和其他星体。月上区一切天体全都是由一种被称为"以太"的不可腐坏、完美无缺的元素构成的。以太有一种沿着正圆轨道环绕宇宙中心运动的天然倾向。月下区则包括了从处于中心的地球一直伸展到月球轨道内侧的区域。月下区一切物质是气、土、火、水四种元素的混合,各种元素混合的相对比例决定着由此而形成的物质的特性。与月上区的那种秩序井然、不可败坏的性质相对照,月下区的特征是变化、生

---

① [古希腊]亚里士多德.论天[G]//亚里士多德全集(第二卷).苗力田,译.北京:中国人民大学出版社,1991:163-393.

长、衰退,以及繁殖和腐败。

目前能看到的最早对月亮生命及其适宜居住可能性进行专门讨论的著作,出自古罗马传记作者、历史学家和伦理学者普鲁塔克(Plutarch,约46—120)之手。普鲁塔克流传下来的著作有两部:《希腊罗马名人列传》(*Parallel Lives*)和《道德论集》(*Moralia*)。①

《道德论集》以对话、书信、演讲等方式写成,共16卷,收集了83篇文章,涉及内容十分庞杂,所囊括的论题有:素食主义、迷信、伊壁鸠鲁学派学说、斯多葛学派学说、学院哲学、营养学、神学审判、预言、精灵研究、夫妻关系、家庭生活、神秘主义、有益教条,等等。普鲁塔克在第十二卷(Vol. XII)《月亮表面上》(*On the Face in the Moon*,希腊文 *De Facie*)的一小节中,对月亮进行了专门讨论。②

《月亮表面上》用对话体写成,主要对话人物有四位:斯多葛学派激烈的批评者兰普瑞阿斯(Lamprias),几何学家阿波罗尼丝(Apollonides),文学权威提昂(Theon),还有一位迦太基人苏拉(Sulla)。文章分三部分:第一部分谈话开始,兰普瑞阿斯从月相引申出了对月亮本质、月相、颜色以及月食等内容的讨论;在前面讨论基础上,第二部分提昂挑起了对月亮生命,以及月亮适宜居住可能性的争论;第三部分对月亮在宇宙中所处位置进行讨论,其中一种观点认为月亮是人死后灵魂的栖息地。

谈话人物之一提昂不认为月亮上存在生命,他的观点是:

---

① 《希腊罗马名人列传》,是普鲁塔克身后流传最广的著作,这是一部为有声望的军事家和政治家所作的传记。每篇采用一位希腊人物对应于一位罗马人物的形式,篇末附有一段比较文字。全书23篇,共记录了46位人物。

② 一般认为,《月亮表面上》可能写于公元1世纪。本书参考的英文版本为:Plutarch's Moralia, Vol. XII [M]. Translated by Harold Cherniss, William C. Helmbold. Printed in the Loeb Classical Library. Cambridge: Harvard University Press, 1957:1—223.

……我以前曾听说,据称月亮上有生命存在——不说在上面是否有生命真的存在,而是说生命是否可能在那里存在。如果不可能的话,那认为月亮是一个地球,这本身就变得荒谬了。对月亮而言,它的存在是徒然和没有意义的。它既不能生长果实,又不能为人类的繁衍提供条件,也不能提供住所,或生活手段,而这些目的则是我们的这个地球所能满足的。[1]

提昂从三方面进行论述:首先,没有任何事物能在月亮上停留下来,因为月亮运动很复杂,它有三种"女神的运动方式",第一种是"一般运动",第二种是"螺旋式运动",第三种是"不规则运动";其次,满月太阳垂直处于月亮正上方,这意味着月亮上的人(假如有的话)每年得忍耐着12次酷热夏季;再次,月亮上没有风、云和雨,植物不能生长,即便生长出来,生命也不能持续。总之,月亮上酷热、稀薄的大气,让人无法想象月亮上能形成生命。提昂最后总结道,如果月亮上根本就不能出现或存在居住者,却还要问这样的问题,月亮上的居住者怎样停留在那儿——这本身就是荒谬的。

兰普瑞阿斯随即对提昂进行了反驳,他的主要观点是,类比地球的情形,也并不是所有地方都物产丰饶、适宜居住,沙漠和海洋很贫瘠,但它们却有别的存在理由。所以,即便月亮不适宜居住,但它能够反射太阳照射在上面的光芒,这个理由对于它的存在就已足够了。何况提昂所提出的那些理由,也不能完全说明月亮不可居住。首先,兰普瑞阿斯认为,月亮的运行是"温柔平静的",所以站在月面上的人并没有跌倒或滑倒的危险。至于太阳连续照射形成的酷热,(一年中)12个"夏天似的满月"而产生的酷热,会被朔月时没有太阳

---

[1] Plutarch's Moralia, Vol. XII [M]. Translated by Harold Cherniss, William C. Helmbold. Printed in the Loeb Classical Library. Cambridge: Harvard University Press, 1957: 158-159.

光照射导致的寒冷中和掉,最终的结果是,月亮气候像地球春天一样宜人。此外,月亮上还有厚重的大气,那儿的植物和树可能不需要雨水浇灌,它们会本能地适应月亮的酷热和稀薄的空气。对于不相信这一点的那些人,兰普瑞阿斯宣称,是无视大自然的多样性——这一点已经被地球上的多样性证明了。

《开普勒的月亮之梦》:一部另类的天文学论著

在普鲁塔克之后,对月亮适宜居住可能性的论说几近绝迹,直至17世纪才再度复苏,这其实和伽利略的月亮新发现有关。

1609年,伽利略在《星际使者》(The Sidereal Messenger)[①]一书中发布了他在1609年至1610年两年间利用望远镜获得的一系列天文发现——月亮环形山、木星的四颗卫星、金星相位、太阳黑子、银河众星,这些新发现为哥白尼学说提供了实证观测证据。

伽利略在1609年12月,用望远镜对月球进行了一段时间的连续观测后,确信:

> 月亮并不像经院哲学家们所认为的,和别的天体一样,表面光滑平坦均匀,呈完美的球形。恰恰相反,它一点也不平坦均匀,布满了深谷和凸起,就像地球表面一样,到处是面貌各异的高山和深谷。(The Sidereal Messenger, 15)

除此以外,伽利略对观测到的其他月球现象也进行了讨论,涉及的内容有月亮斑点、月亮大气、月亮山峰的估测,月地关系,以及月亮和地球两者的异同比较等。

[①] Galilei, G. The Sidereal Messenger (1610)[M]. A translation with introduction and notes by Edward Stafford Carlos. Reprint edition. London: Rivingtons, 1880.

《星际使者》扉页

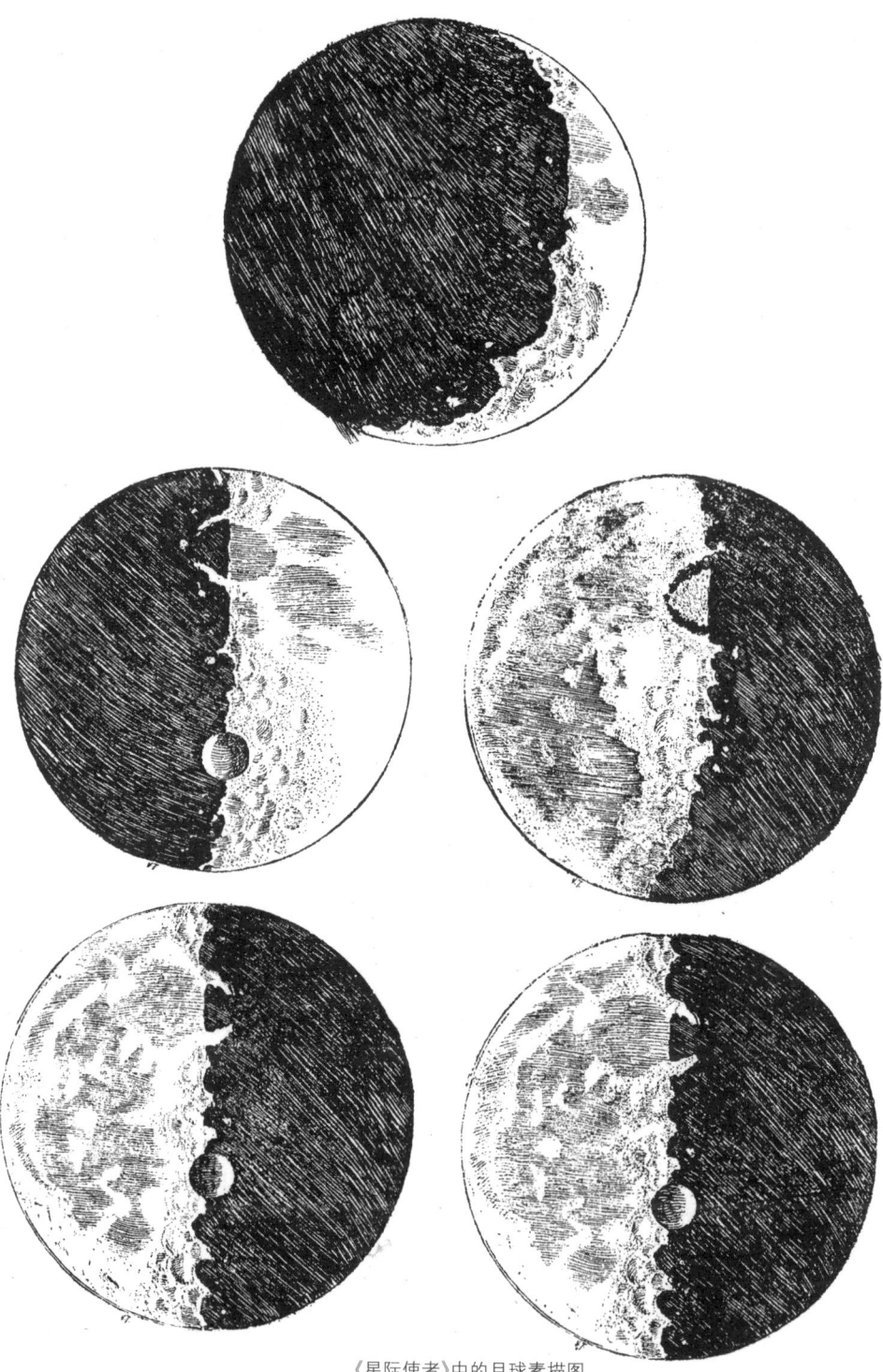

《星际使者》中的月球素描图

伽利略月亮环形山的发现和他随后陆续观测到的太阳黑子和金星相位的变化,推翻了亚里士多德经院哲学家们一直所宣扬的月上区天体是完美无瑕的这一说教。在出版于1632年的《关于托勒密和哥白尼两大世界体系的对话》(Dialogue Concerning the two Chief World Systems: Ptolemaic and Copernican)①一书中,伽利略把有关月亮新发现的讨论放在第一天。而这部分内容历来被强调的,也正在于它所隐含的这一层颠覆意义。

事实上,除上述这一重要影响之外,伽利略的月亮观测结果对另一方面——月亮适宜居住可能性的探讨,也产生了很值得关注的影响。

在伽利略的《星际使者》发表后,很多人希望看到另一位人物约翰内斯·开普勒(Johannes Kepler,1571—1630)——当时正担任鲁道夫二世的宫廷数学家,对此书的看法。伽利略本人对此也满怀期待。1610年4月,意大利托斯卡纳公国大使碰巧拜访布拉格,伽利略委托他把《星际使者》的一份复制手稿,捎到了开普勒手中。

开普勒在阅读手稿后,花了差不多两个星期的时间,给伽利略写了一封回信,即《开普勒与伽利略关于〈星际使者〉的通信》(Kepler's Conversation with Galileo's Sidereal Messenger,后文简称《通信》)②。在《通信》中,开普勒对《星际使者》一书中的各项望远镜新发现进行逐一回应。书中第V部分,是开普勒专门针对月亮新发现内容的讨论,其中他还谈及了自己对"月亮居民"的想象。

伽利略在《星际使者》中曾提及,他对一个观测结果感到非常惊讶:

月亮的中央区域,看上去似乎被一个比其余洞穴都要大的洞穴填

---

① 中译本参见:[意]伽利略. 关于托勒密和哥白尼两大世界体系的对话[M]. 周煦良,等,译. 北京:北京大学出版社,2006.

② Kepler, J. Kepler's Conversation with Galileo's Sidereal Messenger(1610)[M]. Edward Rosen(Tr). New York and London: Johnson Reprint Corporation, 1965.

满,并且它在形状上呈现完美的圆形。(The Sidereal Messenger, 21)

伽利略所谈及的这个"呈现完美圆形"的巨大洞穴,激发了开普勒在《通信》中兴致盎然的想象:

> 我忍不住疑惑月亮上那个巨大圆形洞穴的意义——我通常把它称为"左嘴角"(the left corner of the mouth)。它是大自然的成果,还是经过训练的手工劳动结果呢?设想月亮上存在活的生命物(living beings)[跟随着毕达哥拉斯(Pythagoras)和普鲁塔克的步伐,在很久以前图宾根大学所写的那篇论文中,在后来《光学》一书的第250页中,以及在前面刚刚提及的月亮地理学中,我都在玩味这个想法]——这确实是顺理成章的事儿,月亮上的居民表现出了他们所居住的地方的特性,那儿有着比我们地球上更高的山脉和更深的山谷。因此,月亮上的居住者被赋予了庞大的身躯,他们就得建造巨型的建筑。(Kepler's Conversation, 28)

开普勒还想象,由于"月亮上的日长是地球上的15倍",所以,"上面的居住者感到无法忍受这种酷热",就得建造躲避酷热的地方:

> 有可能,他们缺少石头来建造遮蔽的地方,躲避太阳的照射。另一方面,也可能是他们用的是有黏性的泥土。相应地,他们的建筑方案如下:挖出一片巨大的空旷场地,然后用黏土筑出一个巨大的圆形围护。有可能这样做的目的,是为了使地下的湿气散发出去。以这样的方式,他们就可以藏在挖出的土墩后面,随着太阳运动,跟着土墩影子,在其中改变方向。这些建筑也可以说是某种类型的地下城。在那个圆形围护上,他们挖出了无数的洞穴,把家安置在其中。

田野和牧场则被置于空旷场地的中央,这是为了避免在抵抗酷热时,还得跑很远的地方农作。(Kepler's Conversation, 28)

从第一段引文括号中的文字可看出,开普勒在《通信》中关于月亮生命的设想,并非他的突发奇想,对这个问题的兴趣,至少可追溯到他在德国图宾根大学上学时期。

1593年,开普勒写了一篇月亮天文学论文,文章以哥白尼日心说作为立论依据,但没有公开发表。1608年,开普勒重拾旧作,随后在1620年至1630年期间,又在原文文末补充增添了多达223条详细脚注——其长度超过正文的4倍。原稿完稿后在开普勒生前未能发表,他去世后在其子路德维希·开普勒(Ludwig Kepler)努力争取下,才于1634年印刷出版。原稿用拉丁文写成,书名为 Somniun, Sive Asttronomia Lunaris,可直译为《梦》或《月亮天文学》。1965年,科克伍德(P. F. Kirkwood)女士将其首次译成英文出版,史名为《开普勒的月亮之梦》(Kepler's Dream,后文简称《月亮之梦》)。①

开普勒在《月亮之梦》这本著作中,讨论的和月亮天文学有关的内容包括:月球的子午线、赤道、两极、昼夜长短,月球四季的划分,月亮上发生日食和"地食"的情形,以及想象从它上面所观测到的地球景象。不过,此书和一般天文学论著却不太一样,主要体现在两方面:

首先,它以梦的形式写成。开普勒称书中有关天文学的内容,来自他某次在梦里读到的一本书。书中的主人公和他的母亲在博学的

---

① 《开普勒的月亮之梦》已出版两种英译本(本书参照译本a):

a. Kepler, J. Kepler's Dream(1634)[M]. Kirkwood, P. F. (Tr). California: University of California Press, 1965.

b. Kepler, J. Kepler's Somnium. The Dream, Or Posthumous Work on Lunar Astronomy(1634)[M]. Edward Rosen (Tr). Wisconsin: University of Wisconsin Press, 1967.

精灵(demon)引领之下,经历了一次月球旅行,旅行途中,精灵向主人公口授了关于月亮天文学的内容。

其次,开普勒在《月亮之梦》的正文结尾部分,对月亮世界的生命形式展开了想象(*Kepler's Dream*, 152-158)。

到达月亮的主人公了解到,月亮也被称为拉维尼亚(Levania),分为朝地面(Subvolva)和背地面(Privolva)。整个月面上,特别是背地面,布满了很多穿透般的小孔,这是月球上一些连续的洞穴,它们其实是月亮居民(inhabitants of moon)用于抵御严寒酷热的遮蔽所。

(月亮居民)生于泥地里,长于泥地里,他们身材庞大,成长迅速,但生命周期非常短暂。生活在月球背面的月亮居民(Privolvans)没有固定住所,他们整天成群结队在整个月面上到处游荡,一些用脚行走,可能比骆驼快些,一些用翅膀飞翔,还有一些坐在小船里随波漂流。暂停休息的时日,它们就躲进那些洞穴,根据各自的特性在群体中扮演不同角色。

所有月亮生物呼吸都很缓慢,借助天生本领,它们可以潜入很深的水面下。这主要是因为,深水区比较凉爽,而水面上被正午太阳煮沸烧熟的东西,就成为四处游荡的月亮居民的食物。

大概可以这样说,月亮朝地面类似于地球上的村庄、小镇和花园;背地面类似于地球上的田庄、森林和沙漠。

对月球居民而言,从狭窄通道引一股热水进入洞穴是必要的。沸腾的流水经过很长的流程逐渐冷却,可供他们饮用。夜晚降临,他们再外出觅食。

月球上植物的树皮或动物的皮肤多孔而吸水。月亮生物只要白天暴晒在太阳底下,就会变得干燥易燃,傍晚来临,外壳自动脱离。泥地里长出的东西,出生到死亡只有一天,这种情形每天都在周而复始。

一种巨蟒类的生物掌控着这个星球。令人惊异的是它们正午时把自己暴晒在太阳底下,这是一种它们所乐意的生存方式。不过通常都会把地点选择在洞口的地方,这可能是出于安全和方便的考虑。

白天酷热之下呼吸停止的月亮生物,夜晚会复苏过来。月亮表面到处是白天被烤干成松果状的物体,但一到夜晚,它们立刻恢复原状。

月球朝地面若要从酷热中解脱,只能是靠连续的多云和阴雨天气。

开普勒这些关于月亮世界及月亮生命形式的想象,貌似荒诞不经,其实和一般纯文学幻想也不太一样。它们是开普勒通过望远镜观测,对月亮观测结果尝试进行的进一步解释。

在《月亮之梦》文末题为"月亮地理学(月面学)"的附录中,开普勒对相关内容进行了详细的再补充(*Kepler's Dream*,165-182)。这篇附录也是开普勒与耶稣会会士、数学家古尔丹(Paul Guldin,1577—1643)神父的通信之一。①

在信中,开普勒向早年挚友报告说,自己通过祖奇(Zucchi)②赠予的一架自制望远镜,观测到了"月亮上的城镇":

> 现在我应该怎么说呢?如果你愿意接受月亮上有城镇的观点,我将向你证明我观测了它们。伽利略首次观测到那些洞穴(在月亮上)表现出的斑点,正如我所证明的,是月亮表面上的一些凹陷。不过,我从洞穴的形状上推测,这些地方其实是月亮上的沼泽地。月亮

---

① 对开普勒、古尔丹两人间关系的探讨,可参见:Schuppener, G. Kepler's Relation to the Jesuits: A Study of His Correspondence with Paul Guldin [J]. NTM Zeitschrift für Geschichte der Wissenschaften, Technik und Medizin, 1997, 5(1): 236-244.

② 开普勒这里指的是意大利天文学家、耶稣会会士尼科洛·祖奇(Niccolò Zucchi,1586—1670)。

居民——这些恩底弥翁的后代们,着手测定他们城镇的空间范围,除了防止潮湿外,还能抵抗太阳的酷热,甚至还可能用于抵御敌人的进犯。(*Kepler's Dream*, 165)

接下去,开普勒详细描述了月亮居民构筑防御工事的过程。月亮居民首先划定城镇范围,他们"在空地的正中央立一根标杆,把其加固后拴上绳子,绳子长短视将要建造的城镇大小而定",开普勒甚至声称,他观测到"距离最远的有5德里"。确定绳子长度以后,城镇防御墙的圆周就被确定了。防御墙分为两种类型,一种是只一面有护城河的单层防御墙,另一种是里外都有护城河的双重防御墙。在月亮上相当于15个地球日的漫长白昼中,防御墙为居住在城镇中、处于烈日照射下苦不堪言的月亮居民提供了避暑阴影。

开普勒随后指出,自己的以上这些想象,是有"通过望远镜所揭示的现象"作为论据支持的,而这些观测现象,则"是和那些基于光学、物理学、形而上学(metaphysics)法则之上得到的结论相符合的"。在附录注释1中——它占去了全部附录几乎一半的篇幅,开普勒对月亮观测现象提供的论据进行了逐一列举(参见表1)。

表1 开普勒对月亮的观测结果及相关解释

现象	观测结果	相关解释
I	月亮被阳光照亮部分,从明暗分界线处持续延伸,逐渐渗入暗的部分	明暗分界线是太阳光直射形成的,月亮是一个球体,但不光滑
II	月亮明暗分界线看上去很粗糙	月亮表面是高低不平的
III	月亮明暗分界线直接穿越它表面的斑点部分	斑点是月亮表面的光滑部分
IV	月亮被照亮的部分有暗黑的缝隙	缝隙是月亮上高山和悬崖的影子
V	新月时,靠近明暗分界线的阴影部分有很多亮点	亮点是从月亮表面升起的山峰

(续表)

现象	观测结果	相关解释
VI	现象 I、IV 在月亮上弦和下弦的时候都能看到,只是出现的区域刚好相对	月亮上斑点部分是被亮点部分围绕着的
VII & VIII	在月亮被照亮部分接近明暗分界线的地方,有许多镰刀状、尖钩朝向分界线的小暗区,还有呈反向的镰刀状区域,与此相对的是黑色的凸状面	月亮被照亮部分有山谷和洞穴,地球上看不到的月亮被遮住的一面也有巨大的洞穴或坑窝
IX	月亮上的黑色斑点暗度深浅不同	月亮上潮湿区域干湿程度有别
X	月亮明暗分界线的两边都布满了斑点	推断整个月球上都遍布这种斑点(月亮的另一面从地球上看不到)
XI	月亮上一些斑点区域内的那些洞穴呈完美的圆形,圆周大小不一,排列井然有序,呈梅花点状	绝非天然形成,而是一种非天然建筑智慧的结晶
XII	月亮上的一些洞穴里还有洞穴	这是诸多个体总的劳动成果,许多个体共同使用这些洞穴

资料来源: *Kepler's Dream*, 167-175。

开普勒认为月亮上存在生命物种的想法,主要依据现象 XI 和 XII (*Kepler's Dream*, 173-174)。在他看来,月球表面上洞穴和凹地的排列有序及洞穴的构成情形,正是月球生命形式有组织的建造成果:

> 我们认为月亮上存在某个种群,他们能够合理地在月球表面建造凹地。这个种群一定是由许多单个的群落组成,每个群落都有供自己使用的凹地。由此就可解释,为何我们发现这些凹地完全一样,因为它们是按照共同的设计方案建造的。这表明不同的凹地建造者之间达成了成熟的一致意见。(*Kepler's Dream*, 175)

开普勒的《月亮之梦》通常被认为带有明显的自传倾向,书中主人公的母亲是一位能和精灵打上交道的女巫,这很容易让人联想到现实中开普勒的母亲,她曾被当成一名女巫,差点遭到火刑的惩罚。

值得一提的是,开普勒还在别的著作中谈到了他的老师第谷·布拉赫(Tycho Brahe,1546—1601)关于其他星球上存在生命的看法。第谷认为,所有的星球上都可能存在有生命的物种。不过,由于缺乏直接史料,与此相关的内容只能在开普勒的著作中看到一些零星的记载。

1607年,开普勒在与一位哥白尼理论的怀疑者布伦尼格尔(J. G. Brennger)的通信中为日心说辩护时,曾谈道:

不只被烧死在罗马鲜花广场上的不幸的布鲁诺(Bruno),我的老师第谷也持有这样的看法——存在恒星居民(stellar inhabitants)。[①]

在《开普勒与伽利略关于〈星际使者〉的通信》中,开普勒把伽利略所发现的木星的四颗卫星,作为木星和地球一样可供居住的一项论据:"月亮的存在是为了我们这些生长在地球上的人,而不是为了别的星球。木星四颗卫星的存在是为了木星人(Jupiter),而不是为了我们。以此类推,每颗行星,以及它上面的居住者,都是被它自己的月亮所服务的。""以这个理由为衡量,"开普勒说,"我们推想出极有可能木星是可以居住的。"开普勒在这里又一次提及第谷:

基于这些星球巨大体积的专门考虑,第谷·布拉赫也得到了相同的推论。[②]

[①] 转引自 Dick, S. J. Plurality of Worlds: The Origins of the Extra-Terrestrial Debate from Democritus to Kant [M]. Cambridge: Cambridge University Press, 1982:74.

[②] Kepler, J. Kepler's Conversation with Galileo's Sidereal Messenger (1610) [M]. Edward Rosen(Tr). New York and London: Johnson Reprint Corporation, 1965:42.

伽利略向威尼斯总督展示如何使用望远镜观察木星的卫星

在《世界的和谐》(1619年)第5卷的结语部分,开普勒又一次提到第谷:

> 如果第谷·布拉赫认为荒芜的星球并非意味着世上的一无所有,而是栖息着各种有生命的物种,那么通过地球上观察到的情形,我们就能够猜想上帝是如何设计其他星球的。①

开普勒的《月亮之梦》作为一部另类的月亮天文学论著,有时候也被认为是科幻小说的先驱之作。不过,"科幻小说先驱"的头衔究竟应该赋予哪部著作,据文学评论家罗素(W. M. S. Russell)1983年发表的一篇文章中的整理结果,目前却至少存在5种不同的候选——罗素本人认为,普鲁塔克的《月亮表面上》才是真正的科幻开山之作(见表2)。②

表中《吉尔伽美什》和《奥德赛》之所以入选,当然是因为作品中的幻想成分;而如果说《月亮之梦》被视为《弗兰肯斯坦》的先驱,那么将普鲁塔克《月亮表面上》视为《月亮之梦》的先驱,也完全有根据——开普勒自己表示,他的《月亮之梦》深受普鲁塔克《月亮表面上》的影响。1604年他在布拉格撰写《天文学的光学部分》(*Optical Part of Astronomy*)时,还从普鲁塔克的书中借鉴了一些月面学的内容。开普勒将它从希腊文翻译为拉丁文,足见他对这一作品的喜爱(*Kepler's Dream*, 88)。

---

① [德]开普勒.世界的和谐[G]//[英]斯蒂芬·霍金.站在巨人的肩上:物理学和天文学的伟大著作集.沈阳:辽宁教育出版社,2005:795.
② Russell, W. M. S. More about Folklore and Literature [J]. Folklore, 1983, 94(1): 3-32.

表2 被列入科幻小说先驱的5部候选之作[①]

作者	年代	作品	持此种观点的代表学者
古巴比伦史诗		《吉尔伽美什》(Gilgamesh)	甘恩(James Gunn)
希腊史诗		《奥德赛》(Odyssey)	莫斯科维茨(Sam Moskowitz)
普鲁塔克	1世纪	《月亮表面上》(De Facie)	乔治曼斯(H. Görgemanns) 罗素(W. M. S. Russell)
开普勒	1634	《开普勒的月亮之梦》(Kepler's Dream)	尼科尔森(Marjorie H. Nicolson) 曼茨(D. H. Menzel) 克里斯蒂安森(G. E. Christianson)
玛丽·雪莱(Mary Shelley)	1818	《弗兰肯斯坦》(Frankenstein)	阿尔迪斯(Brian Aldiss) 特罗普(Martin Tropp) 科斯特勒(Arthur Koestler)

伽利略对月球适宜居住可能性的讨论

在《星际使者》中,涉及月亮适宜居住可能性的内容,伽利略只留下非常委婉的一句话,其间也没有显露他本人对这一问题的任何观

[①] 表2相关资料整理来源:

Gunn, J. (ed). The Road to Science Fiction: From Gilgamesh to Wells(1) [M]. London: White Wolf, 1977: 5-7, 162.

Moskowitz, S. Explorers of the Infinite [M]. Ohio: Cleveland, 1963: 11, 34.

Görgemanns, H. Untersuchungeznu zu Plutarchs Dialog De Facie in Orbe Lunae [M]. Heidelberg: Winter, 1970: 159-160.

Nicolson, M. Voyages to the Moon [M]. London: Macmillan Co., 1948: 47.

Menzel, D. H. Kepler's Place in Science Fiction [J]. Vistas in Astronomy, 1975, 18(1): 895-904.

Christianson, G. E. Kepler's Somnium: Science Fiction and the Renaissance Scientist [J]. Science Fiction Studies, 1976, 3(1): 79-90.

Aldiss, B. Billion Year Spree: The True History of Science Fiction [M]. London: Vinmag Archive Ltd., 1975: 3.

Tropp, M. Mary Shelley's Monster [M]. Boston: Houghton Mifflin, 1976: 64.

Koestler, A. The Sleepwalkers [M]. London: Hutchinson, 1959: 415.

点倾向：

> ……如果有人愿意复苏毕达哥拉斯学派的观点，月亮是另一个地球。也就是说，(月亮上)亮的部分就类似地球上的陆地表面，暗的部分就是广阔的水面。①

不过，随后在《关于太阳黑子的通信》(*Letter on Sunspots*, 1613)这本小册子中——这是对一位化名阿佩利斯(Apelles)的人几篇关于太阳黑子论文的答辩。伽利略谈到了他对其他行星上存在生命的看法：②

> 我同意阿佩利斯的看法，他认为这种观点是不成立和应该遭受诅咒的，即有些人认为在木星、金星、土星和月亮上居住着有生命的物种——它们类似地球上的居住者(和我们一样)。而且，我想我能证明这一点。不过，如果我们相信的是，在月亮或是别的任何行星上存在的生命或植被，既不同于地球上的事物，而且也远远超乎我们最不可思议的想象，那从我的角度而言，我既不会去证实这一点，也不会去否认这一点，我把这个问题留给比我更有智慧的人来解决。

关于月亮生命的看法，出现在1616年2月28日伽利略从罗马写给他朋友穆提(Giacomo Muti)的一封信中。③

按照伽利略信中的描述，事情因一场关于他月球观测结果的辩

---

① Galilei, G. The Sidereal Messenger (1610) [M]. A translation with introduction and notes by Edward Stafford Carlos. Reprint edition. London: Rivingtons, 1880: 23.

② Galilei, G. Letter on Sunspots: In Discoveries and Opinions of Galileo (1613) [M]. Stillman Drake(Tr). New York: Garden City, 1957: 137.

③ 伽利略写给穆提的这封信的英文译本，全文收录于：Fahie, J. J. Galileo: His Life and Work [M]. London: Murray, 1903: 134-136.

论而起。这位名叫卡波诺（Alessandro Capoano）的对手,为了反驳他月亮表面高低不平的观测现象,争论说,"大自然让我们的地球遍布山峰,是为了有益于这颗行星上的植物和动物达到造福人类的目的",所以,如果月亮表面是高低不平和布满山谷的,那月亮上也一定有植物和动物造福于其他智慧生命。而这样的结论明显是非常错误的。所以,推导出这个结论的前提也一定是错误的,因此,月亮山峰一定是不存在的。

伽利略回应这一观点时,发挥了他一向擅长的辩论技巧,对争论的真正焦点——月球表面高低不平,轻轻一语带过,他很笃定地告知对方"我们已经通过望远镜确认它是这样的"。

伽利略随即把争辩的重点转移到了卡波诺的"结论"上——如果月亮表面是高低不平和布满山谷的,那月亮上也一定有植物和动物造福于其他智慧生命。他对卡波诺说,"至于你提及的'结论',它们不仅是没有必要的,也是完全错误的和不可能的,因为我能够证明存在于地球上的动物、植物、人,以及别的任何事物都不可能存在于月亮上。我以前这样认为,现在还是这样认为"。

伽利略论证:首先,自己并不相信月亮是由土和水组成的,而一旦缺乏这两种要素,"所有事物没有这些要素都不可能存在或生存下去"。其次,在最不可能的假想情形下,即便允许组成月亮的物质和地球的物质一样,地球上的事物要存在于月亮上仍然是不可能的。因为,太阳所导致的冷热、昼夜交替情形,在月亮和在地球上产生的结果是非常不同的。在地球上,太阳每24小时照亮它表面的每个地方,而在月亮上,15天中它连续处于阳光照射下,而在另外15天,它又连续处于黑暗中。伽利略认为,如果我们的植物和动物,在每个月中有360个小时,连续暴露在剧烈的阳光照射下,接下去在同样的时间里处于又冷又黑的环境中,它们是不可能存活的,更不用说生产和繁衍了。所以"地球上的事物在我们所设想的那种环境中存活是不可能的,即在月亮上那种环境中存活是不可能的"。

事实上,从这场辩论中可看出,卡波诺的"结论"无疑是被伽利略修改过了。因为,卡波诺本人其实从没说过,月亮上的植物、动物,以及其他生命会和地球上的完全一样。

1632年,伽利略在《关于托勒密和哥白尼两大世界体系的对话》①(后文简称《对话》)第一天的讨论中,对月亮生命的想法再次表达了自己的观点。书中对话人物之一辛普利丘(Simplicius)最先挑起了这场讨论,他的观点也几乎就是前面卡波诺原话的翻版:

因为我们清楚地看到,地球上的一切生长变化等等,都是直接地或者间接地为了人类的使用、舒适、福利而设计的。……所以你看,如果月亮上或者别的行星上万一有什么生长的话,试问这对人类会有什么用处呢?除非你的意思是说月亮上也有人能享受这些生长的成果。这种思想即使不是神秘得使人无法理解,也是不虔诚的。(《对话》,第39页)

对此,另一位对话人物沙格列陀(Sagredo)反驳说:

我既不知道,也不认为月亮上会生出和我们这里一样的草木鸟兽来,或者月亮上会和地球上一样有风雨和雷雨,更谈不上有人类居住。然而我仍然看不出,由于月亮上不生长和我们这里相似的物种,

---

① [意]伽利略.关于托勒密和哥白尼两大世界体系的对话[M].周煦良,等,译.北京:北京大学出版社,2006.

就必然得出结论说月亮上不发生任何变化,或者说月亮上不可能有物种在变化着和生长、毁灭着。可能有些物种不但和我们的物种不同,而且和我们的观念相差非常之远,以至于使我们完全无法想象。(《对话》,第40页)

事实上,对月亮上的情形,沙格列陀持完全的开放态度:

……月亮和我们隔开的距离不知远多少倍,它的构成材料也许和构成地球的材料不同得多,它上面有些什么物质,发生些什么动态,不但离我们的想象很远,而且是我们的想象所完全达不到的,那上面的情况和我们地球上的情况没有任何相似之处,因此是完全不可思议的。(《对话》,第40页)

伽利略在书中不加掩饰的化身——萨尔维阿蒂(Salviati),以一种委婉的方式对辛普利丘和沙格列陀的讨论进行了回应:

我有许多次约束自己不要错误地幻想这些事情,而我的结论是,要指出一些月亮上不存在和不能存在的事物确实是可以的,但是我相信除掉在最广泛的意义上,没有一个事物能够在月亮上存在。(《对话》,第40页)

随后,在沙格列陀的恳请之下,萨尔维阿蒂最终同意就这个问题做进一步的讨论。为了使自己的结论显得有说服力,伽利略列出了他对月亮的几项观测结果及其相关解释,在此基础上比较了地球和月亮的异同(见表3)。

表3 伽利略在《对话》中对月亮的观测结果及解释

观测现象	解释	和地球比较的异同结果	
		同	异
较为黑暗的区域	平原,很少有什么岩石坡地,虽然有些地方有一点	① 圆形 ② 本身不发光不透明 ③ 厚实,高低不平 ④ 光亮和黑暗两部分 ⑤ 都有圆缺 ⑥ 互相照亮 ⑦ 互蚀	① 构成月球的材料并不是陆地和水 ② 太阳方位变动不同 ③ 月亮上没有雨
余下明亮的部分	岩石、山岭、环形山和其他形状的山,周围环绕着许多大山脉		
斑点,明暗分界线上的残缺和锯齿	都是平原		

资料来源:根据伽利略《对话》一书第41—45、67—68页相关内容整理而得。

伽利略认为,月亮和地球之间所存在的以上三点差异,决定了月亮上不可能存在其他物种——因为这些正是地球产生生命的必要条件。

其中两点,构成月球的材料并不是陆地和水,以及地球和月亮上的太阳方位变动不同,是伽利略在给穆提的信中就已谈到过的。后来补充的关于月亮上没有雨的结论,伽利略认为,如果月亮上某一地区像地球周围一样有云集合的话,这些云就会遮住我们在望远镜中看见的某些事物,简言之,月亮的景象在某些方面将会有所改变。但事实是这种效果在伽利略长期和频繁的观测中从来没有见到过,他发现的总是"一种很单纯和均匀的宁静"。

不过,出于表述严谨的考虑,伽利略还是一再强调,"如果月亮上存在什么物种的话,那一定和我们眼前的这些草木鸟兽完全不同",并在最后补充说:

再者，如果有人问我，根据我的基本知识和天然理性，我对月亮上面产生同于或异于我们这里的事物的问题的看法，我将永远回答说，很不相同，而且是我无法想象的。(《对话》，第68页)

值得一提的是，美国著名学者诺夫乔伊(A. O. Lovejoy)在其《存在巨链：对一个观念的历史的研究》(*The Great Chain of Being: A Study of the History of an Idea*)中阐释他著名的充实性原则(principle of plenitude)与17世纪新宇宙观的关系时，总结了5个"在16世纪就奠定基础而在17世纪才被广泛接受的真正的革命性论点"：①

①关于我们太阳系中别的行星上居住着有生命的、有感觉的和有理性的被造物的假设；②中世纪的宇宙的围墙的毁坏，这些墙是等同于最外层的水晶天，还是等同于恒星，以及这些恒星所扩散到的辽远的参差不齐之地方的某个确定的区域；③有关像我们太阳一样的诸多恒星的概念，它们全都或大多数都被它们自己的行星系所围绕；④关于在这些别的世界中的行星上也有有意识的居民居住的假设；⑤对物理的宇宙在空间上的实际无限性，以及包含在这个宇宙中的太阳系在数量上的实际无限性的断言。

对这一时期的重要人物与上述论点相关的思想轨迹进行了一番追溯之后，诺夫乔伊指出：

在布鲁诺这一代人和继他之后的一代人中的三个最伟大的天文

---

① [美]诺夫乔伊.存在巨链：对一个观念的历史的研究[M].张传有，高秉江，译.邓晓芒，张传有，校.南昌：江西教育出版社，2002：129-131.

充实性原则，又译"丰饶原则"，诺夫乔伊在书中论证认为，在柏拉图(Plato)那里，存在巨链这一单元观念，包含了三个原则之第一个原则，即，现实世界的存在物必然是尽可能丰富的；其二是连续性原则，这些存在物必然是首尾一贯的，中间定无空缺；其三是充足理由原则，任一存在物必定有其存在的理由。

学家——第谷、开普勒、伽利略——至少在表面上全都拒绝世界的无限和"多世界"的学说；但是他们也全都或多或少明确地接受了第一个论点——也就是说，在我们太阳系中有很多人居住的星球的说法。

诺夫乔伊这段话中其实有值得商榷的地方。从本书前面的考察内容可以看出，伽利略的确参与了关于月亮适宜居住可能性的讨论，但似乎从来没有以"或多或少明确"的方式，接受过"我们太阳系中有很多人居住的星球的说法"的观点。

一些科学人士的后继讨论

威尔金斯的观点

在英国学术史上，威尔金斯（John Wilkins, 1614—1672）可能是唯一长期同时兼任牛津、剑桥两所大学学院负责人的学者。1648年，威尔金斯成为牛津大学瓦德汉学院（Wadham College）的学监。1656年，威尔金斯和一位丧夫不久的寡妇结婚，新婚夫人的哥哥是当时在英国政坛叱咤风云的克伦威尔（Oliver Cromwell, 1599—1658）。在其举荐之下，威尔金斯1659年进入剑桥三一学院担任院长。1660年，威尔金斯积极倡导成立了英国皇家学会，并担任第一任学会秘书之职。

1638年，刚从牛津大学毕业的威尔金斯出版了他的著作《月亮世界的新发现》（*Discovery of a World in the Moon*）。

全书共分为十三小节。作为铺垫，威尔金斯在开篇第一小节前言点明，"观点的不可思议并不是它应该被拒绝的充分条件，因为别的某些真理在从前也一度被看成是荒谬的，荒谬主要被普遍意见所致"。在二、三两节，威尔金斯就两个有争议的哲学命题进行讨论：第二节讨论"多世界（plurality of worlds）观点并不与任何理性和真理相抵触";第三节讨论"天不包含任何这种能赋予它们变化和腐朽的纯净物质,变化和腐朽是下等天体易于发生的现象"。

除第六和最后的第十三节,余下小节内容全是对月亮观测现象的描述,它们和开普勒的月亮观测结果几乎没有区别:月亮是固态、紧密、不透光的球体,本身并不发光;月亮上的那些斑点和明暗部分,显示出月亮世界上陆地和海洋的不同,暗的地方是海洋,亮的地方是陆地;月亮上有高山低谷,以及广阔的平原。威尔金斯相信月亮上空有大气,月球被一层厚重的水蒸气包围。他据此推测,月球上可能有着属于它的大气现象,就像地球有着属于自己的大气现象一样。而开普勒在《月亮之梦》中的一个观点,也被威尔金斯作为一节的内容:如果月亮上有居住者,那么地球就是他们的月亮——就像他们所在的星球是地球的月亮一样。

第六小节中,威尔金斯从古代先贤那里寻找理论支持,他列举了古希腊毕达哥拉斯、古罗马普鲁塔克的观点,追溯了开普勒和伽利略等人有关月亮的看法。而威尔金斯关于月亮适宜居住可能性的探讨,集中在第十三节。相较开普勒开放式的想象,威尔金斯在这个问题上的态度比较谨慎:

关于月亮,我本人不敢断言任何事情,因为我不知道任何能提出某种可能意见的依据。但是我想,在将来会揭示出更多,我们的后代可能会发明出某种手段,让人们更好地了解月亮上的居民。①

不过,威尔金斯对"到达月亮上的运输工具"的构想,倒是保持了

---

① Wilkins, J. Discovery of a World in the Moon [M]. London: Printed by E. G. Michael Sparke and Edward Forrest, 1638:187–188.

长久的热情。1640年,《月亮世界的新发现》第三次出版的时候,改名为《关于一个新世界和另一颗行星的讨论》(A Discourse Concerning a New World and Another Planet)。威尔金斯在文末加入一节新内容,讨论月球旅行以及这种旅行怎样才能实现的问题,"我们的后代子孙发现一种到达其他世界的运输工具,那是有可能的;如果那个世界存在居住者,人们还可以和他们进行商业往来"。①

1648年,威尔金斯出版了一部阐释机械原理的著作《数学魔法》(Mathematical Magick)。此书分为两部分:①阿基米德或机械动力(Archimedes or mechanical powers);②机械运动。在书中他对"飞行的技艺"又一次做了深入探究(参见后文)。②

丰特奈尔:《关于多世界的谈话》

1691年,丰特奈尔(Bernard le Bovier de Fontenelle, 1657—1757)入选法兰西科学院,6年之后,他被推举为法兰西科学院常务秘书,在这个职位上任职达42年之久。除了科学界举足轻重的身份,丰特奈尔还涉猎诗歌、戏剧、宗教、哲学等领域,并都有相关论著流传后世。

丰特奈尔发表于1686年的《关于多世界的谈话》(Conversations on the Plurality of Worlds, 法文为 Entretiens Sur La Pluralité Des Mondes)③,是他最知名的著作。书中除了宣扬哥白尼日心说理论之

---

① Wilkins, J. The Discovery of a New World: Or, A Discourse Tending to Prove, that'tis Probable There May Be Another Habitable World in the Moon, with a Discourse of the Possibility of a Passage Thither (1640) [G]//The Mathematical and Philosophical Works of the Right Rev. John Wilkins. 2 Vols (Vol. 1). George Fabyan Collection (Library of Congress). London: Published by C. Whittincham, Dean Street, Petter Lane, 1802: 109.

② Wilkins, J. Mathematical Magick (1648) [M]. Printed for Edw. Gellibrand at the Golden Ball in St. Pauls Church-yard, 1680: 191-223.

③ Fontenelle, Bernard le Bovier de. Conversations on the Plurality of Worlds (1686) [M]. Translated from a late Paris edition, by Miss Elizabeth Gunning. London: Printed by J. Cundee, Ivy-Lane; Sold by T. Hurst, Paternoster-Row, 1803.

外,还讨论了太阳系其他天体适宜居住的可能性,以及宇宙中存在多世界的观点。

丰特奈尔对这本书采用了一种大胆而新颖的写作方式,把书中谈话的对象特意安排成一位有教养的伯爵夫人。丰特奈尔相信,"以这样的方式,会让这个话题变得更具可读性,它能够鼓励女性人士通过将一位虽然不了解科学但却能够领会所告知东西的女士作为榜样,来探寻知识"。

这种写作方式取得了良好的科学传播效果——同时也招致一些非议,如诺夫乔伊在《存在巨链》中就批评此书说,"没有哪本书比该书的轻浮写作方式跟这个主题的重要性更不搭调的了",但他最终也不得不承认,"作为一种通俗读物的《关于多世界的谈话》(《存在巨链》中译本将其译为《谈宇宙的多元性》)的成功很大程度上要归之于

丰特奈尔《关于多世界的谈话》,此书独具特色之处在于,它是一部专门面向女性的天文学普及读物

这样的写作方式"。①《关于多世界的谈话》出版后一直被广泛阅读,并相继被翻译为希腊文、德文、英文,先后印刷了100多次。

不过,从一位专业天文学家的角度来看,书中的内容其实存在不少瑕疵。在1803年出版的英文版本中②,法国著名天文学家拉朗德(Jerome de La Lande,1732—1807)③以注释方式对全书做了修订。在为这个版本撰写的序言中,拉朗德还谈道:

> 每当我和某一位有教养的女士谈话的时候,我就发现她们已经读过丰特奈尔的《关于多世界的谈话》了。这本书激发了她们对天文学这门学科的好奇心。(*Conversations on the Plurality of Worlds*, iii)

拉朗德后来曾专门为女性读者写过一本天文学著作,打算以此替代丰特奈尔的著作,但随后不得不接受一个遗憾的现实,尽管新读本"更具教育意义,但由于缺乏趣味,却很少被阅读"。

《关于多世界的谈话》全书共包括6天的谈话(1687年,丰特奈尔添补了第6天的谈话内容),涉及哥白尼理论、月亮世界、行星、太阳、恒星世界等内容。其中丰特奈尔花去了第二天、第三天两个傍晚的时间对伯爵夫人谈论月亮世界——约占用全书三分之一篇幅。

---

① [美]诺夫乔伊.存在巨链:对一个观念的历史的研究[M].张传有,高秉江,译.邓晓芒,张传有,校.南昌:江西教育出版社,2002:158.

② Fontenelle, Bernard le Bovier de. Conversations on the Plurality of Worlds(1686)[M]. Translated from a late Paris edition, by Miss Elizabeth Gunning. London: Printed by J. Cundee, Ivy-Lane; Sold by T. Hurst, Paternoster-Row, 1803.

③ 拉朗德,法国著名天文学家。早年研习法律,业余对天文学一直抱有浓厚的兴趣,后转攻天文学,并取得了卓著成就。1762年,拉朗德成为法兰西学院的天文学教授,1795年任巴黎天文台台长,在此期间,他将大部分时间用于编制一份有47 000颗恒星的星表,并于1801年发表。此外,拉朗德还撰写了狄德罗主编的《百科全书》中天文学的全部条目。

丰特奈尔认为月亮没有水，因为月亮上没有云。从远距离观测地球，会发现它的表面发生持续变化，这是因为有时大块的陆地被云遮住了，相比余下的部位很少被照射到，当云消散以后，陆地又重新被照亮。地球上所呈现出的斑点会不停地变换位置，以各种形状出现，有时又会完全消失。同样的道理，这种现象推之月亮也应该成立。但从所观测到的现象来看，它上面的那些黑色斑点始终保持不变，所以，丰特奈尔认为，月亮上的这些斑点不会是云，也不是通常所认为的海洋，而是一些巨大的洞穴。

月亮上的这些斑点不呈现任何变化，不过这并不能证明月亮上就不存在水蒸气——月亮上所形成的水蒸气，没有形成云变成雨，而是直接形成了露水。由于月亮上空的大气不同于地球上空的大气，所以月亮的天空呈现出的也就是另一种颜色。

尽管如此，丰特奈尔还是相信，月亮适宜居住。不过，由于各种环境的不同，月亮居民和人类一定是不同的——他们究竟是什么样子，丰特奈尔承认无法想象，因为，"如果不是我们自己生长在地球上，我们能凭空想象出这个世界存在像人这样上帝的创造物吗"？事实上，在前言中，丰特奈尔就已经强调过他的这个看法：

> 反对者们现在把争论的焦点对准了"月亮上存在人类"，而这其实是他们自己把人类当成月亮上的居民。我从没这样断言过：我说月亮上存在居民，但我同时也说他们不会和我们一模一样。那他们究竟是什么样？——我没见过他们，所以我无法对他们作具体的描述。(*Conversations on the Plurality of Worlds*, XV)

和开普勒一样，丰特奈尔也认为，月亮上存在的那些巨大洞穴，

为那些月亮居民提供了躲避酷热的去处:

> 大自然在月亮上形成了洞穴,大到足以能让我们的望远镜观测到;它们不是夹在高山之间的山谷中,而是处于巨大平原上的空旷地带。……我们怎么知道,这些洞穴难道不是月亮上的居民因为不堪忍受太阳光连续的照射,而建造的遮蔽所?他们甚至可能建造了城镇,并长期定居在这里。……每个洞穴里栖居着大量的月亮居民,从一个洞穴到另一个洞穴有着隐匿的通道,让月亮上的人们能相互交通往来。(Conversations on the Plurality of Worlds, 69–70)

丰特奈尔很笃定,未来某一天地球和月球之间一定能交通往来(相关内容,后文将有更详细的探讨)。只是由于地球和月亮各自大气本质不同,这一点可能阻碍两颗星球间相互交往的可能,因为:

> 比之月亮上的空气,地球的空气混杂了更多的水蒸气,因此,如果月亮世界上的居民进入我们的大气中,就会被溺死。(Conversations on the Plurality of Worlds, 69–70)

惠更斯:《已发现的天球世界》

1698年,荷兰著名天文学家惠更斯(Christian Huygens,1629—1695)用拉丁文写成的天文学普及著作 Cosmotheoros 出版。同年,英文版在伦敦出版,书全译名为《已发现的天球世界:关于行星世界居民、植物以及产物的构想》(The Celestial Worlds Discover'd: Or, Conjectures Concerning the Inhabitants, Plants and Productions of the Worlds in the Planets)。①

《已发现的天球世界》是惠更斯最被广泛阅读的著作,此书经多次再版,被翻译成多国语言,已有英文版(1698年),荷兰版(1699年),法文版(1702年),德文版(1703年),俄文版(1717年)。

全书共两卷,在第一卷第一小节中,惠更斯回顾了先前的一些哲学家和科学人士对其他适宜居住世界的相关探讨:

> 库萨的卡尔蒂诺·尼古拉(Cardinal Nicholas de Cusa),布鲁诺,开普勒(如果我们相信他,第谷也持同样的看法)认为存在行星居民。不仅如此,尼古拉和布鲁诺还认为太阳和恒星上也存在居民,但这是他们最冒失的地方。即便是那位聪明的法国人丰特奈尔在他《关于多世界的谈话》中,也没有把事情推想到这个地步。他们中的一些人仅仅是创作了关于月亮人的美丽神话故事,大概就像卢西安(Lucian)的《真实故事》(True Story)一样,其中我们必须得提及开普勒,他的天文学之梦是一个让我们感到很愉悦的美妙故事。(The Celestial Worlds Discover'd, 3–6)

惠更斯回顾他"在不久前我认真地考虑了这个问题(并非认为自己能比这些伟大先贤们更有洞见,而是庆幸自己能身为晚辈)",认为"这个问题并非那么不切实际,前行的路也并没有被困难完全封死,它仍为可能的假想留存了很好的发挥空间"。

在小节的开篇,惠更斯谈到哥白尼理论,并把它作为其他行星和

---

① Huygens, C. The Celestial Worlds Discover'd [M]. The identity of the translator is unknown. London: Timothy Childe, 1698.

地球相似的首要论据——地球就像行星，行星就像地球。

必要的铺垫后，惠更斯在第一卷内容中，集中讨论行星的性质(nature of the planets)和行星上栖息的生命(inhabitants of the planets)。

关于月亮的讨论出现在《已发现的天球世界》第二卷中。对"第二类行星"，即各颗行星的月亮性质的讨论，也是这一部分的主要内容。除此之外，惠更斯还对各个行星系（每颗行星和其月亮）进行了讨论，其中特别提到了土星光环——这是惠更斯利用手中精度更高的望远镜观测到的结果。在结尾部分，惠更斯还谈论了太阳以及恒星。

相较前面几位科学人士对月亮天文学的浓厚兴趣——开普勒和威尔金斯为月亮写作了专门论著，丰特奈尔在《关于多世界的谈话》中，也花了两天时间来专门谈论月亮，惠更斯用精度更高的望远镜进行观测后，却认为关于月亮能言说的东西实在乏善可陈：

> 月亮距离我们很近，可以通过望远镜很好很精确地对其进行观测，比之其他远距离的行星，它应该可以为我们可能的设想提供更好的观测结果。但结果恰恰不是这样，我发现，关于月亮可说的东西很少，因为我没有观测到它和行星具有一样的性质——一些最基本的要素。(*The Celestial Worlds Discover'd*, 128-129)

惠更斯在书中提及，他观测了月亮表面的各种山脉，除了山峰的影子外，还能看到山峰间圆形的山谷，以及一两座小山丘。惠更斯并不赞同开普勒在《月亮之梦》中的观点——月亮上山谷精确的圆形证明了它们是具有理性的居住者实施庞大工程的结果，而是和丰特奈尔一样，认为"这些山谷是如此令人难以置信，大自然的力量可能更容易形成它们"(*The Celestial Worlds Discover'd*, 128-129)。

经过仔细的观测,惠更斯还认为,月亮上没有海洋,没有河流,没有云,也没有空气和水。

表4　惠更斯对月亮的观测结果以及推断结果

现象	观测结果及推断	结论
Ⅰ	月亮上那些通常被称为"海洋"的广阔区域,布满一些圆形的洞穴,而且并不是一直平坦和光滑的	没有海洋
Ⅱ	如果月亮上有河流的话,它们不可能逃出观测视野,特别是如果它们在山间流淌的话	没有河流
Ⅲ	如果月亮上有云的话,应该能观测到月亮的某些区域被遮掩,有时是别的区域被遮掩;但观测的结果是,月亮始终保持同样的景观	没有云
Ⅳ	从来未能清晰地观测到月亮最边缘的地方	没有环绕的空气和大气

资料来源:根据 *The Celestial Worlds Discover'd* 第129至133页相关内容整理而得。

惠更斯总结说,月亮与地球存在诸多不同,特别是最明显的一点是——地球大气的水蒸气里含有水分,因此,像月亮上那种没有海洋和河流的地方,也就不可能存在大气,这个现象"阻断了他对月亮所有可能的猜想",因为,"我们无法想象有哪种营养供给只能来自流体的植物和动物,能够在干燥、无水的焦土上存活"。

惠更斯表达了疑惑:"那么,难道这个大球体,除了在夜晚的时候向我们撒下一点黯淡的光辉,或是引起海洋的潮汐之外,就毫无用处了?"而结论只能是不确定的猜测:

有可能这些月亮上存在着别的生命体,它们和我们在地球上所看到和享有的事物完全不同。有可能这些生命体是靠别的东西来滋养。譬如,地球上仅能形成雾气和露水的水量,就已经足够滋养这些

月亮上的草木了。(*The Celestial Worlds Discover'd*, 133-134)

关于月球旅行可行性的探索与幻想

在1638年出版的《月亮世界的新发现》中,威尔金斯谈及月球旅行的可能性时,乐观预期"在将来会揭示出更多,我们的后代可能会发明出某种手段,让人们更好地了解月亮上的居民"。

他举了一个孤岛的例子,说早期孤岛被认为与世隔绝,深而广阔的大海把它们和人群隔开,要到达某个海岛上被认为是几乎不可能的事情。但是,"当船被发明出来后,那就成了一件很容易的事了"。"所以,"威尔金斯预测,"可能将来会有某种别的方法被发明出来,作为到达月亮上的运输工具。虽然,穿越天空巨大的空间似乎是一件可怕而又不可能的事情,但毫无疑问,将来会有人敢冒这样的险,就像冒别的险一样。"他尽管"不能为这种猜想可能的发现构想任何的可能",但对其前景却满怀信心:

> 然而,我毫不怀疑到那时有人将会发现新的真相,向人们揭示他们的先辈不知晓的许多事情,而这些正是我们现在渴望知道却无法知道的。……正如我们现在疑惑我们祖先的愚昧,他们不能辨别那些对我们而言很正常很明显的事情,我们的后代也会诧异于我们对那些一目了然的事情的无知。开普勒毫不怀疑,一旦飞行的技艺被发现了,他自己国家的一些人就可以殖民到其中某一个可以居住的世界。但是我把这一点和可能的猜想留给读者去想象。而我的观点是,在那颗星星(月亮)上有一个可居住的世界,这是有可能的。①

---

① Wilkins, J. Discovery of a World in the Moon [M]. London: Printed by E. G. Michael Sparke and Edward Forrest, 1638: 209.

1640年，威尔金斯在《关于一个新世界和另一颗行星的讨论》一书第十四小节中，总结了四种到达月球的方式①。随后在1648年出版的《数学魔法》中，他补充了一些内容。②③值得注意的是，威尔金斯总结月球旅行方式的过程中，相当程度上受到了当时一些星际旅行幻想小说的启发（参见附录1）。

第一种方式：在精灵（spirits）或天使（angels）的帮助下到达月亮。

这是威尔金斯在《数学魔法》中新补充的方式，他把那些帮助人们飞行的精灵和天使分为"友善的"和"邪恶的"两种，并收集各种读物上与此相关的记载，其中特别提及开普勒的《月亮之梦》。

作为一位对神秘事物有着偏好的天文学家，开普勒在《月亮之梦》中想象地球和月亮之间存在的交往通道，只有在发生日月食时才是畅通的。对普通人而言，想到达月亮上"简直是拿性命做危险的赌注"。而对那些遭到惩罚被驱逐在地球阴影中掌握飞行技艺的精灵而言，它们可以在发生日月食的时候旅行到月亮上：月全食的地球阴影和日全食的月球阴影，就是它们往返月球与地球的阶梯。④用今天的标准衡量，这样想象完全称得上"硬科幻"。

---

① Wilkins, J. The Discovery of a New World: Or, A Discourse Tending to Prove, that'tis Probable There may be Another Habitable World in the Moon, with a Discourse of the Possibility of a Passage Thither（1640）[G]//The Mathematical and Philosophical Works of the Right Rev. John Wilkins. 2 Vols（Vol. 1）. George Fabyan Collection（Library of Congress）. London: Published by C. Whittincham, Dean Street, Petter Lane, 1802: 127-129.

② Wilkins, J. Mathematical Magick（1648）[M]. Printed for Edw. Gellibrand at the Golden Ball in St. Pauls Church-yard, 1680: 199-210.

③ 尼科尔森女士的《月球旅行记》（*Voyages to the Moon*）一书，在对19世纪之前各类幻想故事中所描述的空间旅行方式进行考察时，采用的也是威尔金斯的分类方式。

参见：Nicolson, M. Voyages to the Moon [M]. London: Macmillan Co., 1948.

④ Kepler, J. Kepler's Dream（1634）[M]. Kirkwood, P. F.（Tr）. California: University of California Press, 1965: 102-103, Note 55.

第二种方式：利用飞禽。

威尔金斯以戈德温(Francis Godwin，1562—1633)《月亮上的人》(*The Man in the Moone*，1638)为例，故事中，带领主人公飞到月亮上的就是一种名叫"甘萨斯"(gansas)的大鸟。威尔金斯认为，现实中，训练野禽作为载人飞行的工具，这样的想法听上去似乎很奇怪，但相比别的许多技艺，倒并非完全不可能。

除《月亮上的人》，另一部星际幻想小说《柯克洛基里尼尔旅行记》(*A Voyage to Cacklogallinia*)①的主人公也是借助大鸟飞往月亮，经历了一番乌托邦冒险。小说1727年在伦敦出版，作者署名塞缪尔·布朗特船长(Captain Samuel Brunt)，但真实身份始终成谜，它有时被归于斯威夫特(Swift)名下，有时被认为出自笛福(Daniel Defoe，1659—1731)之手。

第三种方式：把人造翅膀扣在人体上作为飞翔工具。

这种朴素的实验手段似乎很为当时一些有冒险精神的人士所偏爱，但威尔金斯的说法是，绝大多数情形下，"真相是，这些不幸失败的实验者，跌落后都摔坏了他们的腿和胳膊"。当然，如果某些传闻属实的话，屡次尝试中也不乏稍有成功的例子。威尔金斯提及一位名叫埃尔默斯(Elmerus)的英国修士，他借助一对翅膀从一座塔顶上起飞，飞了差不多有1弗隆(furlong)②。更令人难以置信的是，据说另一位英国人以同样的方式，连续飞行了10码。

尽管威尔金斯在书中没有提及，模仿动物飞行的想法其实源远流长。卢西安写于2世纪的《伊卡罗曼尼普斯》(*Icaromenippus*)中，主人

---

① Brunt, C. S. A Voyage to Cacklogallinia: With a Description of the Religion, Policy, Customs and Manners, of that Country [M]. London: Printed by J. Watson in Black-Fryers, and sold by the Booksellers of London and Westminster, 1727.

② 英式长度单位，如今已不太使用。1弗隆约为660英尺。

公就是以这种方式到达月亮的,他"砍下一只鹰的左翅,再砍下另一只鹰的右翅,把它们用皮带扎紧打结,接到双手上",接着"就慢慢地升起来,像一只鹅一样逐渐远离地面,然后再加把劲,飞行便成功了"。

达·芬奇(Leonardo Da Vinci,1452—1519)在这件事上也耗费过巨大心力,这位天才曾一度沉迷于对各种飞行器的构想中,并留下相关设计手稿达5 000多页。为了设计出这种带翅膀的能像鸟儿一样飞行的飞行器,他对鸟儿飞行进行了长期观察。在随意写下的笔记中,达·芬奇留下这样的话,"人类创造的这种机器除了鸟的生命之外,别的机能样样齐全,而这种生命必须以人的生命仿真",所以,"人类只要有巨大的飞翼并能充分地克服空气的阻力,他就能排除障碍扶摇直上"。①

第四种方式:利用飞行器(Flying Chariot)。

威尔金斯在《关于一个新世界和另一颗行星的讨论》中对飞行器的讨论相对简短(128页),他乐观地表示飞行器发明的实现是"有可能的"。同时提出了一个不太实际的建议,飞行器的动力原理可以采用和"阿尔库塔斯(Archytas)制作的木鸽,雷格蒙塔努斯(Regiomontanus)制作的木鹰"相同的原理。②

威尔金斯在《数学魔法》中详细讨论了载人飞行器的可能,认为实现的前提是"飞行器最好能得到某种合理的原动力的帮助,就像天体的运行所获得的那种原动力一样"。

值得一提的是,与威尔金斯同时代的英国诗人、剧作家琼森(Ben

---

① [英]艾玛·阿里斯特.达·芬奇笔记 [M].郑福洁,译.北京:生活·读书·新知三联书店,2007: 85-88.
② 雷格蒙塔努斯是德国著名的数学家、天文学家、星占学家柯尼希斯贝格(Johannes Müller von Königsberg, 1436—1476)使用的拉丁简用名。传说中,雷格蒙塔努斯曾发明会飞翔的木鹰。

Jonson,1572—1637)1621年在一首名为《来自被发现的月亮新世界的消息》(*News from the New World Discovered in the Moon*)的长诗中,也颇有诗意地总结了三种到达月球的方式:希腊神话中月神恩底弥翁睡觉或做梦到达月亮;曼尼普斯(Menippus)长出翅膀飞到月亮;老恩培多克勒(Empedocles)跳进酒精灯煮水器中把躯体熏烤干枯后变轻,让烟雾烘托着到达月亮。①

飞鸟与月亮:鸟儿迁徙理论的一种奇特观点

在哈利父子收藏的、原稿存于大英博物馆的文稿和图书杂录集中,收有一篇关于鸟儿迁徙问题的短文②。文章主标题为"从物理学和字面意义上对《圣经·耶利米书》第八章第七节(Jeremiah viii. 7)内容的一次探讨",副标题为"天空中的鹳知道它们所约定的时间;斑鸠、苍鹭和燕子遵守它们回来的时间"。

标题后有一行简短的文字,说明小册子"被一位知名学者为了供其他学者们使用所写,现在在他们中一些人的渴望下出版"。同一页脚注中对"知名学者"的注解,认为指的是"查尔斯·莫顿",并注明依据出处来自"《卡拉米续刊》,第2卷第211页(*Calamy's Continuation*, Vol. 2, p. 211)"。而这段文字后留下的版本信息也极为简略,只有"被J. H.印刷出版,无日期,12开本,共36页"等字样。文章末尾隔行

---

① Adams, Joseph Quincy, Jr. The Sources of Ben Jonson's News from the New World Discovered in the Moon [J]. Modern Language Notes, 1906, 21(1): 1-3.
该文作者认为,琼森这首诗的思想源头,可追溯到卢西安写于公元2世纪的月球旅行故事《伊卡罗曼尼普斯》。

② 莫顿解释鸟儿迁徙的文章可参见以下两个版本(本书主要参照b):
a. An Enquiry into the Physical and Literal Sense of that Scripture Jeremiah, viii. 7[J]. The Harleian Miscellany. London: T. Osborne, 1744, 2: 558-567.
b. An Enquiry into the Physical and Literal Sense of that Scripture Jeremiah, viii. 7[J]. The Harleian Miscellany. London: Robert Dutton, 1810, 5: 498-511.

靠右附有"C.M"两个字母。

上文"知名学者"注解中提及的查尔斯·莫顿，在17世纪英国科学界很有影响。大约1652年，莫顿从英国牛津大学瓦德汉学院毕业，这里是皇家学会核心成员威尔金斯等人早年经常聚会之地。1675年，莫顿创建了英国最早的学院之一——纽温顿·格林学院（Newington Green Academy），这个学院在当时宣称以科学研究为重点。1686年，纽温顿·格林学院被迫关闭，莫顿奔赴新英格兰，在那里被选作哈佛学院（Harvard College）副院长，在该校他开设了"物理学概要"（Compendium Physicae）课程。他本人为这门课撰写的讲义《物理概要》，对当时的新科学作了综述。此讲义后来在哈佛和耶鲁被选作物理学教科书长达半个多世纪，直到1940年还时有出版。[①]莫顿因此被称为"在新英格兰传播'天才时代'科学新发现的主要人物，也是'启蒙时代'的先驱者"。[②]

哈利父子收藏的杂录收入的这篇短文中，莫顿对鸟的迁徙缘由提出了一种惊人的看法：冬天鸟儿都飞到月亮上过冬去了，并声称这个理论"完全驳倒了鸟在地球上迁徙和冬眠的传统理论"。

开篇莫顿就提出，为了找到问题可能的解决方案，四件事必须给予特殊考虑：首先确定的前提是，冬天消失的动物是鸟类——野兽、虫子和鱼类尽管也有属于它们的季节和月份，但这些动物在冬天都能被发现；鸟对季节的知识"是一种本能，还是一种被灌输的技能"，莫顿怀疑是不是因为"鸟儿注意到栖息地大气的改变，或是栖息地溪

---

① Cohen, I. B. The Compendium Physicae of Charles Morton（1627-1698）[J]. Isis, 1942, 3(6): 657-671.

② Morison, S. E. Harvard College in the Seventeenth Century [M]. Cambridge: Harvard University Press, 1936: 238-249.

流流量的改变,以及它们每日觅到食物的变化和减少,以上其中一个或几个原因导致鸟儿自己体温的变化,让它们感应到了季节的变化";此外,这些鸟在特定的时间飞走和飞回;最后要考虑的事情是,鸟从什么地方来,它们又去到哪里。

针对以上这些问题,莫顿从以下方面进行论证:

首先,莫顿认为,如果这些鸟从人们身边消失时,是栖居在地球上的任何地方,那有可能会有人发现它们的藏身之地,但关于这一点,却没有看到任何相关的学术记录,或其他人的清晰而又合理的解释。因此,结论是,它们并没有栖居在我们的地球上。

其次,从鸟儿的回迁来看,它们是那么突然(各种类型的鸟都是这样)地出现,好像是从天而降一样;而根据这些飞回的鸟肉质口感的不同,莫顿猜测在它们春天迁徙回来之前,所吸收的是地球上所不能提供的另外一种营养。

再次,从这些鸟在我们身旁时的飞行习性来看。据莫顿的观察,鸟从不会冒险飞过海洋或是很宽阔的水面。因此,莫顿说,"从这一点可以推测,它们并非来自地球上海洋远方的任何地方……更不用说,它们会来自地球上从没有人到达过的地方了。因此,更可能的是,它们是从天而降,主要的旅程都是在没有重力的情形下完成的"。

最后,从这些鸟在要离开或将要离开时的情形分析。如果它们不是离开陆地飞去遥远的海洋远方,那它们有可能藏在陆地上,或是找不为人知的地方冬眠,但这都不可能,因为如果情形确实如此,那它们"应该会变得很迟钝和萎靡不振,但事实不是这样——很明显,它们看来很欢快",所以,莫顿认为,"它们正在进行某种非凡的计划,即将要进行某种伟大的尝试。它们飞过云端,向着另一个世界飞去"。

文章结尾,莫顿还补列了几条人们对他观点的反驳意见,以及他本人的答辩。

第一条反驳针对的是鸟儿的飞行时间。按照莫顿对月地距离179 712英里的取值(莫顿给出的求值过程是,地球周长21 703英里,地球半径就是3 456英里,而52倍地球半径的月地距离就是这一得数),对迁徙到月亮上的那些鸟而言,全年中即便用半年的时间飞去,半年的时间飞回——而这是不合常识的,每天也得飞1 000多英里。即便依照比较合理的解释,鸟儿用半个季度的时间飞去,半个季度的时间飞回,中间间隔5个月留在月亮上,5个月留在地球上。可还是无法想象,一只鸟一天得不停歇地飞行4 000多英里,一小时飞160多英里?

莫顿承认,这种质疑对自己的想法是一个"有力的反驳"。他回应说,"不知道怎么回答这个问题,除了给鸟多一点飞行时间,那就是把一年分成三段:一段花在旅途上,其中2个月的时间飞去,2个月的时间飞还;另外两段时间鸟儿分别逗留在月亮和地球上。这样算下来,鸟每小时得飞125英里"。莫顿认为,对鸟而言,这是能做到的。

另一项质疑是一个很实际的问题:在来去各2个月的漫长飞行途中,鸟儿的吃食和睡觉问题怎么解决?莫顿的回答是,那些鸟身体里此前所储存的能量,让它们精力非常旺盛和充沛,足够支撑它们整个飞行旅途。此外,莫顿认为,鸟儿在空中飞行所穿行的空气,也不像地球上的含氮更低的空气(lower nitrous air)一样容易消耗精力。至于鸟儿的睡眠,莫顿猜测说,在睡眠中它们也可以继续飞行,因为它们不需要识别方向,而这种睡眠同时也节省了它们的体能。

无疑,莫顿也意识到了这一解答其实并不怎么令人感到满意。所以,在附录中,他补充了别人对这个问题的一个有意思的设想。这个设想认为,在比月亮离地球近一点的地方,可能会存在一些空中陆地,作为这些鸟的栖息之地,因为,"这些空中陆地除了作为鸟儿的乐园之外,不太可能还会有别的用处"。莫顿对这种猜想存在"空中岛屿"(ethereal islands)的想法持赞同态度,并把它类比于海洋中那些为海鸟提供休憩和繁衍之地的岩石岛屿,他还补充说,由于和地球相距并不遥远,这些鸟可以在限定的时间内便捷地到达那里。综合这些因素考虑,莫顿最后以笃定的态度宣布,"要说服我相信鸟是来自地球上别的地方,这是困难的。而另一种解释我认为是合理的,鸟是来自月亮上——即使不是来自月亮上,那它们应该也是来自空中的其他地方"。

第四条反驳提出的问题也很别具创意。质疑人士追问说,月亮每天围绕着地球运行,鸟儿从地球的任何位置起飞,它们的旅程都是以月亮作为目标,为了不跟丢月亮,它们就得像月亮一样绕着地球飞翔。这种螺旋式的上升飞行方式,将会在原本就已经够长的旅程之外,极大地增加它们旅途的长度。

而莫顿对这个问题的解答也别出心裁。他说,"如果月亮一个月绕地球运行一圈,在两个月绕行两圈结束的时候,它又回到了原点。因此,鸟儿只需要按直线飞行,就一定能在它们的飞行线上遇上月亮"。

相较而言,最后一个质疑则有些釜底抽薪的意味。反驳人士指出,莫顿所有的论证过程都是基于哥白尼理论框架得到的,而这个新的哲学观念,仍然还处于争论之中,如果这个理论本身是错误的,那么关于鸟儿迁徙的设想自然也是站不住脚的。莫顿以一位哥白尼理论坚定捍卫者的姿态,回答了这一质疑。他说,"我认为(这一理论)是理所当然的,所以没有必要再进行争辩。如果有人对我的想法表示怀疑,那我得向他指出,作者有意处理这些问题的时候,他对自己的成果是经过仔细推敲的"。

后来探讨鸟类迁徙的一些文章在谈及莫顿的结论时,都把它当成一种匪夷所思的观点。①直到1954年,得克萨斯大学的哈里森(Thomas P. Harrison)在《爱西斯》(*Isis*)杂志上发表论文《月亮上的鸟》(Birds in the Moon),才从一种新的视角重新审视莫顿的观点。②

哈里森在对莫顿这本小册子中相关内容的思想来源进行考证后认为,莫顿的鸟儿迁徙理论,最直接的影响,来自英国人戈德温的幻想小说《月亮上的人》。

戈德温的小说很可能成书于1626年,直到作者去世后于1638年才出版。小说情节很简单,主人公甘萨里斯(Domingo Gonsales)是一位被流放到孤岛上的英雄,一次偶然的机会,他被自己驯养的一群长得像天鹅一样的大鸟——他称之为"甘萨斯",带着飞到了月亮上。戈德温在故事里想象了一个月亮"乌托邦"世界,那里四季如春、风景如画,心满意足的人们生活得快乐无忧,没有任何烦恼的困扰。

小说的第五章中,当甘萨里斯被12只大鸟带着到达月亮,停在一个小山包上后,他描述了出现在自己眼前的一番景象:

> 很多精彩的事物开始出现在我的视野中……关于这儿的花草、虫鸟和野兽,如果要和地球上的进行比较,我并不能说出,某一类野兽和飞鸟在某方面的特征会和地球上的一样,因为在这里我并没有发现它们——除了天鹅、夜莺、杜鹃、乌鸫和其他野禽等鸟类外。我现在知道了,这些鸟类和我的甘萨斯一样,当它们从我们身边消失不见的时候,全都是来到了月亮上,因为它们和地球上同种类型的鸟类

---

① Barrington, D. An Essay on the Periodical Appearing and Disappearing of Certain Birds, at Different Times of the Year. In a Letter from the Honourable Daines Barrington, Vice-Pres. R. S. to William Watson, M. D. F. R. S. [J]. Philosophical Transactions, 1772, 62: 265-326.

Lincoln, F. C. The Migration of American Birds [M]. New York: Doubleday, Doran & Company, 1939: 8-9.

② Harrison, T. P. Birds in the Moon [J]. Isis, 1954, 45(4): 323-330.

没有任何不同,长得几乎完全一模一样。

戈德温甚至还为蝗灾时蝗虫的突然出现也提出了一种解释。他认为,蝗虫和那些鸟一样,在从人们身边消失的时候,同样也是飞到了月亮上。小说中,主人公旅行前往月亮的途中,遇到了大片像红云一样的蝗虫,他顿时恍然大悟:

> 关于这些蝗虫,我读过一些有学问的人的记载,在雷奥(John Leo)对非洲蝗灾的描述中提到,这些蝗虫在向一个国家进攻前的很多天,就已经能在天空中被看到了。依据他们所描述的,还有我自己现在亲眼所见的,很容易得出结论:这些蝗虫不可能来自别的地方,而是来自月亮上。

此外,哈里森还发现,莫顿的前辈威尔金斯也注意到戈德温小说中的这段描述。在《关于一个新世界和另一颗行星的讨论》最后一小节中,威尔金斯提到,《月亮上的人》"由一位已故的可敬而又博学的主教所写",它的作者认为,"在我们的月亮和地球之间,对许多飞禽而言,存在一条天然贯通的路,成片像云一样的蝗虫和鸟类出现在地球和月亮之间"。[①]

很难判断戈德温对月亮上的飞鸟和来自月亮的蝗虫的描述,究竟只是他的一种想象,还是他本人对这种现象观点的一种表达。但

---

① Wilkins, J. The Discovery of a New World: Or, A Discourse Tending to Prove, that'tis Probable There May Be Another Habitable World in the Moon, with a Discourse of the Possibility of a Passage Thither (1640) [G]//The Mathematical and Philosophical Works of the Right Rev. John Wilkins. 2 Vols(Vol. 1). George Fabyan Collection (Library of Congress). London: Published by C. Whittincham, Dean Street, Petter Lane, 1802: 128-129.

无论如何,这样的情节出现在一本幻想小说中,对读者来讲原本应见怪不怪。但有趣的是,戈德温笔下月亮上的飞鸟,却给了后来的莫顿极大的启发,并进而用科学论证的方式来对此进行解释——尽管在那篇关于鸟儿迁徙的文章中,莫顿并没有提及戈德温的名字。

哈里森对莫顿的文章有一句中肯的评价,他说,这是一个"跨越鸟类学和天文学两个领域的独特混合文本"。

不过,还应该再补充的一点是,莫顿"月亮上的鸟"的猜想,其实也是早期的月球旅行幻想以别样的方式影响科学探索的一个很好的例证。而这种影响的结果和莫顿对月球适宜居住的可能性持赞同观点,也是有着直接联系的。莫顿在文章中说:

> 我确实认为,哥白尼假说是合情合理的,它可能是事实,并且和《圣经》教义没有任何矛盾之处。也就是说,月亮的球体(其他5颗行星也一样)有着和我们地球一样的组成成分,可能也有干燥的陆地,还有水、山峰低谷、泉水、溪流、海洋,等等;也像我们居住的地球一样有一层大气围绕,挥发出蒸汽,有云、雨,等等。结果是,月亮成了到达那儿的禽类们的舒适乐园。对于被假定的这些事情,我要说的是,并非不可能。(An Enquiry into the Physical and Literal Sense of that Scripture Jeremiah, viii. 7, 1744, 502)

值得一提的是,除了莫顿设想过"月亮上的鸟"之外,丰特奈尔在《关于多世界的谈话》中还猜想过"火星上的鸟"。在讨论火星的时候,当伯爵夫人问及,火星比地球距离太阳遥远,而且它也没有月亮,那它的夜晚是被什么照亮的?作为一种解释,丰特奈尔回答说,火星上可能会有"发光的鸟"。他给出的理由是:

在美洲,有一种鸟儿在夜晚发出的光,亮到足以能让人阅读——火星上是否也会有很多这样的鸟呢?每当夜晚来临的时候,它们遍布每一个地方,浑身发光,使得火星上的夜晚如同白昼一样。①

---

① Fontenelle, Bernard le Bovier de. Conversations on the Plurality of Worlds (1686) [M]. London: Printed by J. Cundee, Ivy-Lane; Sold by T. Hurst, Paternoster-Row, 1803: 105.

2 科学与骗局：1835年《太阳报》上的"月亮新发现"故事

1835年，纽约《太阳报》刊登的一篇"月亮新发现"故事，让月亮生命话题以非常意外的方式，引起了整个欧洲大陆的关注。

事情始于1834年1月，英国天文学家约翰·赫歇耳远赴南非好望角，在当地一个叫费赫森（Feldhausen）的小镇附近，建造了一座天文台，用于对整个南半球星空的观测。

由于约翰·赫歇耳成就卓著的父亲——威廉·赫歇耳，已经奠定了赫歇耳家族在欧洲天文学界响当当的名头，小赫歇耳的这次远征考察活动在当时广为人知。但是意想不到的是，也正是这一点，使他成了纽约《太阳报》随后制造的一场骗局中最理想的利用对象。

1835年8月21日，星期五这天，纽约《太阳报》在第二版上刊登了一条看似不怎么起眼的简讯：

天上的发现——来自爱丁堡的杂志报道——我们刚刚从这座城市一位著名的出版人处得知，约翰·赫歇耳通过一架被制造出来的大型望远镜，在好望角获得了一些非常奇妙的天文发现。

此后几天，《太阳报》上再没出现与此有关的任何消息，直到8月最后一个星期二——8月25日，一篇长文以连载方式刊登在《太阳报》头版。它的大标题十分吸引人：

约翰·赫歇耳先生在非洲好望角刚刚获得的伟大天文发现
【来自《爱丁堡科学杂志副刊》】

作者在文章开篇，列出了约翰·赫歇耳"显然是利用基于新原理建成的广角望远镜，所获得的"多项有冲击力的天文学新发现。这些惊人的新发现包括，"从太阳系的每一颗行星上都获得了非凡的发现，给出了一种全新的彗星解释理论，发现了其他太阳系行星，解决修正了数理天文学上几乎每一个重要难题"，而其中最令人震惊的成果莫过于，约翰·赫歇耳"用望远镜把月亮上的物体拉近到类似我们看100码之外的物体那么近，非常确切无疑地解决了地球的这颗卫星是否适宜居住的问题"。

文章接下去解释，《太阳报》之所以能获悉上述独家消息，得益于一位和报社有着很深交情的人。此人名叫格兰特(Andrew Grant)，是老赫歇耳的学生，过去几年中，他一直忠心耿耿地跟随小赫歇耳，并陪伴他到南非，担任天文观测记录员。

作者还提到，下文中将出现的月亮上的动物以及其他观测结果的雕版图，全部出自约翰·赫歇耳的另一位助手霍姆(Herbert Home)

GREAT ASTRONOMICAL DISCOVERIES

LATELY MADE

BY SIR JOHN HERSCHEL, L.L., D.F.R.S., &c.,

AT THE

CAPE OF GOOD HOPE.

FIRST PUBLISHED IN THE NEW YORK SUN IN AUGUST AND SEPTEMBER, 1835, FROM THE SUPPLEMENT TO THE EDINBURGH JOURNAL OF SCIENCE.

In this unusual addition to our Journal, we have the happiness of making known to the British public, and thence to the whole civilized world, recent discoveries in Astronomy which will build an imperishable monument to the age in which we live, and confer upon the present generation of the human race a proud distinction through all future time. It has been poetically said, that the stars of heaven are the hereditary regalia of man, as the intellectual sovereign of the animal creation. He may now fold the Zodiack around him with a loftier consciousness of his mental supremacy.

It is impossible to contemplate any great Astronomical discovery without feelings closely allied to a sensation of awe, and nearly akin to those with which a departed spirit may be supposed to discover the realities of a future state. Bound by the irrevocable laws of nature to the globe on which we live, creatures " close shut up in infinite expanse," it seems like acquiring a fearful supernatural power when any remote mysterious works of the Creator yield tribute to our curiosity. It seems

1835年《太阳报》报道的"月亮新发现"

之手。此人把高精度的打磨透镜从伦敦监运到好望角,并负责建造组装工程,见证了获得上述一系列伟大发现的整个过程。

最后,作者用了很长篇幅,对约翰·赫歇耳获得"月亮新发现"所使用的,"直径达24英尺、重达15 000磅、放大倍数为42 000倍"的望远镜,进行了详细的介绍。经过一番精心的准备之后,读者在接下去题为"月亮新发现"的部分中,终于看到了,约翰·赫歇耳通过他的巨型望远镜从月亮表面获得了一些怎样的惊人发现。①

约翰·赫歇耳的观测始于1835年1月10日,这一天晚上,当约翰把望远镜指向月亮时,他首先看到的是月亮上的各种植被。文章总结,这证明了围绕着月球有和地球周围相类似的大气,因为,"只有这样,才能维持有机生命的存在,因此,很可能月亮上还存在动物生命"。在位于月亮左面,被命名为"云海"(Mare Nubium)的区域,约翰·赫歇耳在这片连绵起伏的月球多山地带中,看到了一个湖泊——他们猜测它也有可能是一片内海。而这一点则证实了月亮上有水存在。

观测者们随后又在月亮上一处被命名为"丰饶之海"(Mare Foecunditatis)的区域,看到几处被高耸的锥形山峰包围着的山谷中,遍地布满了在阳光照射下泛出淡紫色光芒的水晶石。

在山谷东南方向的林荫下,观测者们看到了成群结队的棕色四足动物。它们比地球上任何一种牛都要小,尾巴和野牦牛的一样,骑

---

① 1835年"月亮新发现"故事的连载原文,除可参见《太阳报》之外,还可参见以下两本小册子(本书参照a):

a. Griggs, W. N. (ed). The Celebrated "Moon Story", Its Origin and Incidents; with a Memoir of the Author, and an Appendix Containing, Ⅰ. An Authentic Description of the Moon; Ⅱ. A New Theory of the Lunar Surface, in Relation to that of the Earth. New York: Bunnell and Price, 1852.

b. Locke, R. A., Nicollet, J. N. The Moon Hoax: Or, A Discovery that the Moon Has a Vast Population of Human Beings. New York: W. Gowans, 1859.

角是半圆形的,肩膀上有隆起,喉部有下垂的赘肉,周身长满乱糟糟的长毛。这种动物最明显的特征是,从它眼睛上方的前额垂下一片肉质遮挡物,遮住它的整个面部。观测者们猜测说,这主要是为了适应月亮上漫长白昼中强烈的日照。后来的观测结果证实了这种猜测,因为所有月球上的动物都具有这个特征。除此以外,他们还看到了另一种和山羊一样大小,有着铅蓝色皮毛,长相奇特的动物。

在山谷的中央,有一条宽广的河流从中间流过,河中布满了大大小小的滩涂和小岛,观测者们看到了各种各样漂亮的水鸟,此外还有一种奇怪的两栖动物,它在水中敏捷地四处游荡,在河岸上则像球一样地快速滚动。

接下去的两天晚上都是多云天气,到1月13日晚上,天气转为晴朗,月亮观测才得以继续下去。当天晚上的观测,主要集中在月球西部边缘地带的四个区域——恩底弥翁区(Endymion)、克利沃默德区(Cleomedes)、郎格尔努斯区(Langrenus)和佩塔维斯区(Petavius)。

8月27日《太阳报》的连载中,作者介绍了对恩底弥翁区和克利沃默德区的观测结果。在恩底弥翁区,赫歇耳辨认出不少于38种森林树种,还发现了9种哺乳类动物,5种卵生动物。哺乳类动物有驯鹿、麋鹿、驼鹿、有角的熊和两足海狸。在克利沃默德区,观测者们观测到了月亮上的棕榈树,不过,它们并不像地球上的棕榈树一样长着非常大的花穗,而是开着鲜艳的大红花。观测者们发现,没有看到月亮的什么树上生长着果实,他们把这归结于月球上极端的气候条件。

8月28日这一天刊载的内容,把整个事件推向了高潮——约翰·赫歇耳在月亮临近东部边缘的郎格尔努斯区看到了有智慧的月球生命体。

文章对月球智慧生命体的各项外貌特征进行了仔细的描绘,其中特别提到,它们最令人惊讶的地方在于,"长着像蝙蝠一样的翅膀",翅膀"由一层半透明的薄膜组成,这层薄膜从肩膀延伸到腿部的部位,整块覆盖在上面,幅度逐渐递减",而且,翅膀看来完全可以由它们的意志自由支配,在水中的时候,它们很敏捷地把翅膀全部打开,出水的时候,它们会像鸭子一样抖落水滴,然后很快收拢闭合。

8月29日的连载文章篇幅最短。观测者们对月亮上的几个区域——哥白尼(Copernicus)、静海(Mare Tranquilitatis)、阿利斯塔克(Aristarchus)、澄海(Mare Serenitatis)、皮塔图斯(Pitatus)和布利奥(Bullialdus),进行了逐一观测。在皮塔图斯区域,他们发现了月亮居民用蓝宝石建造的庙宇。

8月31日,在9月份的第一个星期一,纽约《太阳报》刊登了关于约翰·赫歇耳月亮新发现的最后一篇连载文章。

开篇内容是上一节的延续,在庙宇的附近,观测者看到了一群过着安逸闲适生活的月亮居民。而在观测完毕接下来的夜晚里,赫歇耳的实验室不幸发生火灾,几块镜片遭到了毁坏,这一事故导致月亮观测不能再继续下去。约翰·赫歇耳随即转而对土星进行了观测,并解决了土星光环之谜。他认为,土星光环是由曾经属于太阳系的两个被毁坏的球体的碎片组成的,土星重力的吸引让它们围绕着土星巨大的球体聚集在一起,与此同时,围绕土星高速旋转所产生的离心力又阻止了它们落到土星的表面。

随后在3月份,约翰·赫歇耳又继续对月亮上的几个区域——阿特拉斯(Atlas)、赫尔克里斯(Hercules)、真赫拉克利德(Heraclides Verus)和伪赫拉克利德(Heraclides Falsus),进行了观测。在伪赫拉克利德区域,观测者们发现了几种新的动物物种,它们都长着角,毛色有的是白色,有的是灰色。除此之外,这个地方还余留着三座古老

《太阳报》连载"月亮新发现"故事中"月亮生物"的配图

的已经破毁的庙宇。而在阿特拉斯区域一个美丽的山谷中,观测者再次看到了像蝙蝠一样的月亮人(Vespertilio-homo)。

《太阳报》上的这篇连载文章,其实是一个精心炮制的骗局。文章的始作俑者,是《太阳报》一位名叫理查·洛克(Richard Adams Locke,1800—1871)的记者。文中提及的人物,除了约翰·赫歇耳之外,其他人全是出自洛克的杜撰,所有的月亮新发现,也都是子虚乌有之事。

好奇心被挑动起来的公众,注意力已经完全被月亮新发现的内容所吸引,根本没想过从它的来源鉴别文章的真伪,他们对《太阳报》上每一天将要登载的内容满怀期待,而《太阳报》也没有让它的读者失望。

对《太阳报》的影响

凭借"月亮新发现"故事,《太阳报》获得了巨大的发行量,仅在一周时间内,就蹿升为美国报业界一颗闪亮的新星。"月亮骗局"成了足以载入《太阳报》发展史册、具有非凡意义的标志性事件。奥伯里恩(Frank O'Brien)在1918年出版的《纽约〈太阳报〉故事:1833—1918》(The Story of The Sun: New York, 1833-1918)一书中,用了一章来描述"月亮新发现"故事为《太阳报》所带来的巨大影响。[①]

其中特别提到,8月28日刊登的那篇描写约翰·赫歇耳观测到"像蝙蝠一样的月亮人"的文章,使《太阳报》当天的总发行量达到19 360份——当时世界上发行量最大的报纸《泰晤士报》(The Times),这一天的总发行量是17 000份。为了满足大众持续高涨的阅读热情,报社印刷部的双筒印刷机连续不停地工作了10个小时。由于报纸连续脱销,为了能读到《太阳报》上这篇关于"月亮人"的文章,很多人怀着极大的耐心一直等候到下午3点钟。

在《太阳报》获得巨大成功的同时,它的竞争对手们对此事的反应却不太相同。《商业广告报》(The Mercantile Advertiser)知道它的商业人士读者群不大可能会去阅读《太阳报》这种低端报纸,对原文进行了全文转载,发行量随之大增。《晚邮报》(The Evening Post)、《泰晤士报》和纽约《星期天新闻报》(Sunday News)先后发表评论文章,认为《太阳报》登载的消息有可能是真实的。

另一些报刊,《信使问询报》(The Courier and Enquirer)、《商业杂志》(Journal of Commerce),以及刚刚开张4个月的《先驱报》(The Herald),对《太阳报》取得的成功满怀嫉妒,它们不约而同,对月亮故事只

---

① O'Brien, F. M. The Story of The Sun: New York, 1833-1918 [M]. New York: George H. Doran Company, 1918: 64-102.

字未提。不过,在巨大发行量的诱惑之下,《商业杂志》决定先放下自尊,转载《太阳报》的"月亮新发现"故事。正在这时,洛克有意无意向他的旧友——《商业杂志》的一位抄写员,透露了整件事情的秘密,说所谓的月亮新发现其实全是出自他本人笔下。很快,《商业杂志》向外界宣布这是一场骗局,《先驱报》也紧随其后曝光了此事,并指出它的始作俑者就是洛克。

在《太阳报》的竞争对手们等待观看《太阳报》怎样尴尬收场时,《太阳报》却一直保持沉默——直到两周后(9月16日),才进行了回应。

文章没有对整个事件表示出任何歉意和不安,而是以无辜的语气说道,"大多数不想轻信地把整个描述当成一场骗局的人,不吝满怀热情地对此表示赞赏,他们不仅乐意称它为智慧和天才的杰作,而且也乐见它所产生的积极效果——它把公众的注意力从苦涩的现实中、废除奴隶制的争斗中,稍稍解脱出来了一会儿"。

对于所造成的"误解",文章辩解说,虚构的月亮新发现故事可以被解读为"一个机智的小故事",或"对国家政治出版机构,以及各种派别的党政编辑负责人,令人厌恶行为的一种有针对性的嘲讽",但它拒绝承认这是一场骗局,宣称除非证实文章中提到的月亮新发现的来源地——英国或苏格兰的报纸,也支持这样的看法,否则,"在此期间,还是让每位读者自个儿解读,享受他们自己的观点去吧"。

结尾最后一句语带讥讽,"许多明智的科学人士相信它是真的,并会一直持这样的看法到他们生命终结的那天;而持怀疑观点的人们,即使让他们身处赫歇耳先生的天文台,也还是会觉得相隔遥远"。

就这样,纽约《太阳报》通过这篇文章,以四两拨千斤的手法轻松避免了尴尬局面。更令竞争对手们意想不到的是,公众在知道"月亮新发现"故事是一场骗局后,并没有因此拒斥它,这种戏剧性的结果反而更加刺激了他们的阅读热情。

为了满足大众的需求,《太阳报》把"月亮故事"连载文章合编成一本小册子。这本小册子除在美国国内广为畅销,同时还被翻译成各种语言,迅速在法国、德国、意大利、瑞典、西班牙、葡萄牙等欧洲国家传播开来,其中还包括洛克在文章中所宣称的消息的来源地——苏格兰。

在西方的流传

纽约《太阳报》制造的这起"月亮骗局",在西方广为流传。与其相关的文章、书籍主要有如下几种:

(1)爱伦·坡:《理查·洛克》(Poe, Edgar Allan. "Richard Adams Locke," from "The Literati of New York City No. Ⅵ." *Godey's Lady's Book*, 1846-10: 159-162);

(2)格雷戈斯:《广为人知的"月亮故事"》[William N. Griggs (ed). *The Celebrated "Moon Story", Its Origin and Incidents; with a Memoir of the Author, and an Appendix Containing*, Ⅰ. *An Authentic Description of the Moon;* Ⅱ. *A New Theory of the Lunar Surface, in Relation to that of the Earth*. New York:Bunnell and Price, 1852];

(3)《月亮骗局》(Richard Adams Locke & Joseph Nicolas Nicollet. *The Moon Hoax: Or, A Discovery that the Moon Has a Vast Population of Human Beings*. New York: W. Gowans, 1859);

(4)奥伯里恩:《纽约〈太阳报〉故事:1833—1918》(O'Brien, Frank M. *The Story of The Sun: New York, 1833-1918*. New York: George H. Doran Company, 1918);

（5）里维斯：《1835年的月亮大骗局》[Reaves, Gibson. "The Great Moon Hoax of 1835." *The Griffith Observer*, 1954-11. XVII (11): 126-134]；

（6）约瑟夫·莫里森：《从〈太阳报〉看月亮:1835》[Morrison, Joseph L. "A View of the Moon from The Sun: 1835." *American Heritage*, 1969-04, 20(3): 80-82]；

（7）大卫·埃文斯：《月亮大骗局》(Evans, David S. "The Great Moon Hoax." *Sky and Telescope*, 1981-9: 196-198, 1981-10: 308-311)；

（8）克罗：《地外生命争论1750—1900》(Crowe, Michael J. *The Extraterrestrial Life Debate, 1750-1900*. Cambridge: Cambridge University Press，1986: 202-215)。

值得一提的是,以专门收集从中世纪到现在历史上"最有趣和最臭名昭著"的骗局而知名的"骗局博物馆"网站（http://www.museumofhoaxes.com），也收入了1835年的"月亮新发现"骗局事件。

在介绍"月亮骗局"的以上文章、书籍中,需重点提及的是格雷戈斯1852年出版的一本小册子《广为人知的"月亮故事"》。关于格雷戈斯,后人所知甚少,但他留下的这本小册子却成了人们了解当年这场"月亮骗局"的一本重要参考文献。《广为人知的"月亮故事"》全书共分为三部分：

第一部分是关于"月亮骗局"事件的背景介绍。第二部分是《太阳报》"月亮新发现"的原文。这部分内容无疑大大便利了后来的研究者——对多数人而言,要读到《太阳报》1835年的报纸连载原文并不是一件容易的事。第三部分是格雷戈斯所写的一篇附录,内容是对月亮基本知识的一些介绍。①

其中第一部分内容,可能是目前所见对"月亮骗局"事件背景最早进行考察的文献。格雷戈斯特别注意到了"月亮故事"文章标题上出现的《爱丁堡科学杂志副刊》(Supplement to the Edinburgh Journal of Science),这是一份在现实中从未存在过的刊物,但格雷戈斯认为它与当时的另一份科学刊物——《爱丁堡新哲学杂志》(Edinburgh New Philosophical Journal)之间,其实存在着隐秘的联系。因为,如果把"副刊"两字拿掉,就正好是《爱丁堡科学杂志》(The Edinburgh Journal of Science),而该杂志正好是《爱丁堡新哲学杂志》的前身。

骗局背后的科学渊源

1826年10月,《爱丁堡新哲学杂志》上刊登的标题为《月亮和它的居住者》(The Moon and Its Inhabitants)的匿名短文,由两段内容组成。②③第一段内容,是奥伯斯(William Olbers,1758—1840)和格鲁伊图伊森(Franz von Gruithuisen,1774—1852)几位科学人士关于月亮世界的观点:

奥伯斯认为,智慧生命居住在月亮上,是非常有可能的,因为它

---

① Griggs, W. N. (ed). The Celebrated "Moon Story" [M]. New York: Bunnell and Price, 1852.

② 在书中,格雷戈斯把《爱丁堡新哲学杂志》上的这篇匿名文章,归于当时著名的科学作家托马斯·迪克(Thomas Dick)的名下。这应该是格雷戈斯的一个误解,因为没有确切的证据表明这篇文章出自迪克之手。迪克在他的《天空图景》(Celestial Scenery)一书中,倒是从《爱丁堡新哲学杂志》上引用过这篇文章。参见:
Dick, T. Celestial Scenery, Or, The Wonders of the Planetary System Displayed: Illustrating the Perfections of Deity and a Plurality of Worlds [M]. New York: Harper & Brothers, 1838: 273-274.

③ The Moon and Its Inhabitants [J]. Edinburgh New Philosophical Journal, 1826, 1: 389-390.

的表面被或茂盛或稀疏的植被覆盖着,不过这种植被和地球上的是完全不同的。格鲁伊图伊森坚持,他用自己的望远镜,观测到了月亮上由月亮人建造的雄伟的人工建筑;最近,另一位观测者则宣称,通过实际观测,他发现月亮上存在巨大的建筑物。诺埃格拉特(Nöggerath)[①],一位地理学家,尽管没有对格鲁伊图伊森的这些描述的准确性进行否定,但坚持所有这些现象都应该是月球表面所呈现出的巨大的沟壑。

有意思的是第二段内容,其中记载了数学家高斯(C. F. Gauss, 1777—1855)所设想的和月亮进行交流的具体方案:

格鲁伊图伊森在一次和大数学家高斯交谈的过程中,描述了他所观测到的月亮上的一些规则的轮廓,谈到了和月亮居民进行交流的可能性。他记得,在交谈中高斯回忆说,相关的想法在许多年前他就和齐默曼(Zimmerman)[②]交流过了。高斯的想法是计划在西伯利亚平原建造一个几何图形,因为他认为,要和月亮上的居民进行交流,唯有通过这种我们和他们所共有的数学方法和想法才能开始。月亮上巨大的环形空洞被一些人认为是月球火山喷发留下的坑洞,但是它们在形状和构造上和火山坑又大不相同,不过现在很多人的看法是,那是巨大的环形山谷。

1826年12月的《哲学年鉴》(*Annals of Philosophy*)全文转载了《爱

[①] 此处指德国著名矿物学家、地理学家约翰·雅各布·诺埃格拉特(Johann Jacob Nöggerath, 1788—1877)。

[②] 此处指的可能是德国地理学家、动物学家艾伯赫·冯·齐默曼(Eberhard A. W. von Zimmermann, 1743—1815)。

丁堡新哲学杂志》上的这篇短文。①文末附评论说：

以上是出现在科学智慧版上一个匪夷所思的片段，这是一个小测验，还是说，格鲁伊图伊森和另一个观测者诺埃格拉特，都彻底疯掉了？至于格鲁伊图伊森和高斯两人之间的所谓谈话，我们推断，后者一定是在有意窃笑前者的奇怪想法。

根据克罗在《地外生命争论1750—1900》一书中对相关内容的考察结果，《哲学年鉴》结尾的这段解读事实并不准确，高斯完全无意"窃笑前者的奇怪想法"，那应该是他们的真实看法。克罗还专门找出了高斯和奥伯斯之间的通信来作证明。

1822年3月25日，高斯在写给奥伯斯的一封信中，曾提议了一种与月亮进行交流的方法：

分别用100块镜子，每块面积是16平方英尺……拼接而成后，这块巨大的镜子就能把日光反射到月亮上……如果我们能和月亮上的邻居取得联系的话，这将比美洲大陆的发现要伟大得多。②

1824年6月22日，奥伯斯在和高斯的通信中，对格鲁伊图伊森的想象力表示了赞赏。他问高斯说：

---

① Anonymous. The Moon and Its Inhabitants [J]. Annals of Philosophy, 1826, 12: 469-470.
② 此处转引自 Crowe, M. J. The Extraterrestrial Life Debate, 1750-1900: The Idea of a Plurality of Worlds from Kant to Lowell [M]. Cambridge: Cambridge University Press, 1986: 207.
克罗书中的内容是转引自 Wolfgang Sartorius von Waltershausen. Karl Friedrich Gauss: A Memorial [M]. Helen W. Gauss (Tr). London: Forgotten Books, 1966: 41.

你看到了格鲁伊图伊森的月亮图画了吗？上面画有月亮城、林荫大道和马路。人类的想象力是非凡的。他所描绘的一座城市，即使和我们的城市并不相同，但的确值得注意，否则我没有理由相信，他的画是正确的。①

发生在当时几位著名科学人士之间的这段不太寻常的关于月亮生命的谈话内容，被《爱丁堡新哲学杂志》刊登出来后，立即引起了关注。

德国柯尼斯堡大学（Königsberg University）的天文台台长贝塞耳（Friedrich W. Bessel，1784—1846），对高斯等人关于月亮生命的探讨颇不以为然。在1834年一次关于天体物理属性的演讲中，贝塞耳对月亮上存在居民的想法进行了反驳。②他说：

尽管所有合理的证据都表明（月亮上不能存在大气），但为什么一些人还希望断言月亮上存在大气？这的确不是一个无关紧要的问题，因为它立刻就会击碎许多人认为月亮可以居住和具备人们居住条件的美好梦想。……月亮上没有空气，也就不会有水；在缺乏大气压的情形下，液态水会全部挥发掉；如此一来，自然也没有火；而没有空气，也就没有什么东西能被点燃。(*Populäre Vorlesungen über Wissenschaftliche Gegenstände*，81)

---

① 此处转引自 Crowe, M. J. The Extraterrestrial Life Debate, 1750-1900: The Idea of a Plurality of Worlds from Kant to Lowell [M]. Cambridge: Cambridge University Press, 1986: 206.
② 贝塞耳这篇名为《天体物理属性》(Ueber Die Physische Beschaffenheit Der Himmelskörper)的讲演稿，后来被收入他1848年出版的科学演讲集中，参见：Bessel, F. W., Schumacher, H. C. Populäre Vorlesungen über Wissenschaftliche Gegenstände [M]. Berlin: Perthes-Besser & Mauke, 1848: 68-93.

贝塞耳也完全否认其他星体上可以居住的观点,他说:

> 月亮和地球决定性的不同首要在大气这一点上;太阳则是另一种完全不同的本质;至于水星和金星,我们没有发现设想它们与地球类似的基础;有证据表明火星上有大气,有夏天,有冬天,甚至还有雪和冰,但是它太小的体积不具备适合我们的属性;土星和木星的组成物质则完全和地球不同……(*Populäre Vorlesungen über Wissenschaftliche Gegenstände*, 92)

除了贝塞耳,德国当时几位著名的月面学家也不赞同高斯等人的观点。劳赫曼(Wilhelm Lohrmann, 1796—1840)[①]在他的一本书中提到月亮上的"暑湾区域"(Sinus Aestuum)时,特别指出:

> 在这个地方,格鲁伊图伊森相信他看到了城市和森林,以及其他的人工成果。他希望不久就认识月亮居民本人,如果他们全体一起出现在月亮森林的空地上;他在他的月面学著作中的许多谈论是关于月亮上的温泉、动物和植物的。但是这些基于它们之上的广为人知的发现和精心描述的设想,在这本关于月面地理学的简单明了的书中是没有位置的。[②]

此外,马德勒(Johann Mädler, 1794—1874)和比尔(Wilhelm

[①] 1820年代,劳赫曼开始基于观测基础,绘制他四卷本的月亮地图集——《月亮可观测一面的地貌》(*Topographie Der Sichtbaren Mondoberfläche*)。1836年,劳赫曼最终将其完成,但在他生前未能出版。

[②] Ashbrook, J. Lohrmann's Atlas of the Moon [J]. Sky and Telescope, 1955, 15: 61-63.

Beer，1797—1850）①也持和劳赫曼一样的看法，他们认为，"月亮并非地球的另一个摹本"。

英国著名哲学家休厄尔（William Whewell，1794—1866）对高斯的观点也不赞同。1853年，休厄尔把他新出版的反对多世界观点的论著《关于多世界》（*Of the Plurality of Worlds*）复制了两份，一份送给高斯，一份送到博物学家洪堡（Alexander von Humboldt，1769—1859）手中。1854年3月4日，洪堡写信给高斯，其中谈道，休厄尔在他的书中认为，地球是唯一可以居住的星球，理由可以从宗教教义的逻辑推理上得到支持，因为所有智慧生命所背负的原罪和救赎（惩罚），不可能在被罗斯（Rosse）②观测到的上百万个星云中被重复。高斯在回应中反驳休厄尔的看法说，"没有经过认真思考就否认月亮上存在居民，这太轻率了。大自然的多样性远远超出一个乏味的人所能想象的结果"。③

从以上内容可看出，格雷戈斯的推断是有道理的。参与月亮生命讨论的几位人士都是当时德国知识界很有来头的人物——高斯的名头早已家喻户晓，奥伯斯以观测彗星和小行星知名（著名的"奥伯斯佯谬"也是以他的名字命名的），贝塞耳则是第一位通过视差方法测定恒星（天鹅座61号星）距离的天文学家。他们对月亮是否存在生

---

① 1830年代，马德勒和比尔也开始绘制四卷本的月亮地图集（*Mappa Selenographica*）。该地图集在1834—1836年间被陆续出版。1837年，马德勒和比尔出版了一本对月亮地图集进行解释的书——《月亮》（*Der Mond*）。这两份成果是如此出色，以至于在接下去的几十年中，都无人能够超越——直至1870年代，朱利叶斯·施密特（J. F. Julius Schmidt）出版了他的月亮地图集。

② 此处指英国著名天文学家威廉·帕森斯（William Parsons, 1800—1867）。帕森斯出身贵族，子袭父位，又被称为"第三代罗斯伯爵"（3rd Earl of Rosse），后世天文学家一般称他"罗斯"。凭借家族雄厚的财力，罗斯继威廉·赫歇耳之后，建造了世界上最大的反射望远镜。

③ 此处转引自 Crowe, M. J. The Extraterrestrial Life Debate, 1750–1900: The Idea of a Plurality of Worlds from Kant to Lowell[M]. Cambridge: Cambridge University Press, 1986: 208.

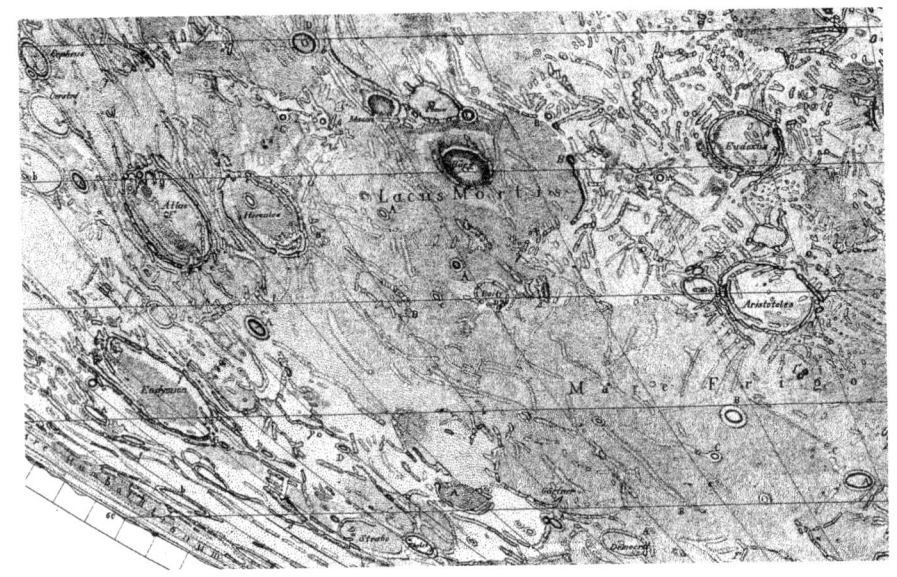

马德勒和比尔绘制的月面图局部

命这一"另类课题"的讨论,以文本方式保留下来后,被大众(其中包括像洛克这样的人)所了解,是完全有可能的。而且,匿名短文第一段中谈及的月亮上的"智慧生命""植被""人工建筑",也确实可以和《太阳报》"月亮故事"中的内容对应起来。

值得一提的是,除了对月亮生命的问题进行谈论,高斯对其他宇宙天体上存在生命的可能性也很感兴趣,其中还掺杂了他的某些神秘主义思想。

高斯的好友,任职于图宾根大学的解剖学及生理学教授瓦格纳(Rudolf Wagner,1805—1864)留下的谈话记录显示,高斯曾对他讲,人类的灵魂死后会在别的宇宙天体中依附到新的材质形态上,甚至包括太阳。[①]

而德国知名数学家丹宁顿(Guy W. Dunnington,1906—1974)在

---

① 此处转引自 Crowe, M. J. The Extraterrestrial Life Debate, 1750–1900: The Idea of a Plurality of Worlds from Kant to Lowell[M]. Cambridge: Cambridge University Press, 1986: 208.

1955年出版的高斯传记中,也涉及了与此相关的内容:

> (在高斯正在思考的)别的事情中,他考虑了某种群体(organization)与有智力的生命存在于太阳和其他行星上的可能性。(高斯)有时会谈论说,就这个问题而言,天体表面的引力作用有着决定意义。他还认为,从物体通常的结构来看,只有和金鱼一般大小的生命体才可能存在于太阳上,因为那儿的重力是地球的28倍,就人类而言,我们的身体会被挤压在一起,所有的人都会被压碎。他接着还幽默地打趣说:当然,太阳上有为我们所有人准备好的位置,只是我们每个人都需要自己的仆人。①

另一位可能作者

《太阳报》上这篇虚构的"月亮新发现"故事,由于具备了和"科学"有关的几项要素——背后隐含的科学探讨渊源、出自天文权威的观测结果、逼真的科学观测细节描写、流利的科学语言运用,使得它除了能吸引一般大众的注意,甚至让天文学家也受骗了。

《纽约〈太阳报〉故事:1833—1918》一书记载,耶鲁大学的几位天文学教授,在读到《太阳报》的连载后,满怀好奇地从纽黑文乘坐蒸汽船专赴纽约《太阳报》报社,只图一睹这份报道的原文出处——来自苏格兰的《爱丁堡科学杂志副刊》。几位教授先被支使到《太阳报》出版办公室,然后又被支使到位于另一个街区的报刊印刷部,几个回合兜了一圈下来之后,疲惫不堪的教授们最终只能无功而返——其中两位著名的天文学家,奥姆斯特德(Denison Olmsted,1791—1859)和卢米斯(Elias Loomis,1811—1889),急于当日赶回去对正在回归的哈雷彗星

---

① Dunnington, G. W. Carl Frederick Gauss: Titan of Science(1955)[M]. The Mathematical Association of America, 2004: 122-123, 294-295.

进行观测(*The Story of The Sun: New York, 1833-1918*, 85-86)。

美国作家爱伦·坡(Edgar Allan Poe,1809—1849)在《知识界》(*The Literati*)一书中,收入了一篇他1848年发表的关于洛克的文章。提到当年的"月亮骗局",爱伦·坡也说道:

> 十个人里没有一个人怀疑它,(最奇怪的一点是)怀疑者主要是那些不能说出为什么怀疑的人——由于无知,那些人不具备天文学知识,他们之所以不相信它,是因为这件事是如此新奇,完全"不合常理"。弗吉尼亚学院(Virginian College)的一位资深数学教授,很严肃地告诉我说,他对整个事件一点都不怀疑!①

不过,也正是在这篇文章中,爱伦·坡指控洛克的月亮新发现故事,抄袭了他本人1835年发表的一篇月亮幻想故事——《汉斯·普法尔历险记》(*Hans Pfaall*)中的构想。

《汉斯·普法尔历险记》讲述了一个名叫汉斯·普法尔的人,乘坐自制的气球飞行器,经过19天的旅行到达月球的故事。小说以通信形式写成,它是已经到达月球的汉斯·普法尔给他的家乡——荷兰鹿特丹市的一位著名天文学家写的一封信,信中叙述了他的整个月球旅行过程。

按照爱伦·坡的说法,他最初打算写这篇月亮故事的想法,是来自1835年春天《哈珀周刊》(*Harper's Weekly*)刊载的约翰·赫歇耳的《天文学专论》(*Treatise on Astronomy*,1835)一书中某一章关于月亮的内容。在其启发下,爱伦·坡写了《汉斯·普法尔历险记》。小说的

---

① Poe, E. A. The Literati [M]. New York: J. S. Redfield, Clinton Hall, Nassau-Street. Boston: B. B. Mussey & Co., 1850: 120-128.

第一部分,发表在《南方文学信使》(Southern Literary Messenger)上。三个星期后,《太阳报》开始刊载洛克所写的关于月亮新发现的文章。

爱伦·坡指出,尽管两篇文章在细节上不尽相同,但大体轮廓的构思却基本一致:两篇都设置了一个和月亮天文学有关的骗局;都谈及是从国外获得相关独家信息;都试图通过从细微的科学细节上显示其真实性。而洛克本人对此事的回应如今已不得而知。

《太阳报》上这篇伪造的"月亮新发现"文章,为何能有着如此逼真的"科学性",当时流传的一种说法是,洛克并非月亮故事的唯一作者,在他的身后,还隐藏着一位神秘人物——法国地理学家、数学家尼科莱特(Joseph N. Nicollet,1786—1843)。

尼科莱特人生经历颇为复杂。1831年,他在一次投机中失利破产,被迫离开法国来到美国。随后在1836年到1839年间,他主导参与了三次对密西西比河上游的勘测活动。尼科莱特的这一系列勘测行动受到了美国政府的重视。勘测活动结束后,尼科莱特从明尼苏达州来到华盛顿,并欲图重返法国科学界,挽回昔日丢失的名声,但每况愈下的身体状况使他的打算最终落空。1843年,尼科莱特去世,同年,他在上述勘测成果基础上写成的地理论著《密西西比河上游盆地的水文地理地图》(Map of the Hydrographical Basin of the Upper Mississippi,1843)出版,这本书在当时地理学界很有些影响力。为了纪念尼科莱特,他勘测过的许多地方,如今都用他的名字命名。

关于尼科莱特和月亮骗局的关系,当时流传着两个版本的传言。一种说法是,尼科莱特为这篇杜撰文章中涉及天文知识和天文观测技巧的部分,提供了不可或缺的理论支持。而另一种说法则干脆认为,洛克根本就是尼科莱特使用的化名。

汉斯·普法尔乘坐自制的气球飞行器到达月球

这两种传言的相关记载，来自英国著名数学家、逻辑学家戴摩根（Augustus De Morgan，1806—1871）1872年出版的一本书——《奇人的预算》(*A Budget of Paradoxes*)。戴摩根在书中两个地方谈及此事。①

在第一个地方，戴摩根转述了和尼科莱特有关的两个故事。第一个故事是：尼科莱特投机破产后负债累累，只身流亡美国，这篇文章不过是他用来筹款的一个手段。第二个故事说的是：尼科莱特是法国数学家、天文学家拉普拉斯（Pierre-Simon Laplace，1749—1827）

---

① De Morgan, A. A Budget of Paradoxes [M]. London: Longmans, Green and Co., 1872: 197-198, 337-338.

的追随者,他在美国写成月亮故事后,寄回法国,主要目的是诱使他当年在法国的学术敌人、法兰西科学院院长阿拉果(François Arago,1786—1853)上当,让其相信这是真的。阿拉果随后果然中计,此事在法国学界一度被传成笑柄。

关于阿拉果受骗的事情,格雷戈斯在《广为人知的"月亮故事"》中也曾谈道:据法国巴黎的报纸报道,"月亮故事"小册子传播到巴黎后,法兰西科学院(The French Academy of Science)曾对赫歇耳南非好望角获得的"月亮新发现"进行过讨论。阿拉果当众宣称,他认为爱丁堡这份杂志上刊登的内容是真实可信的。[①]

不过,《纽约〈太阳报〉故事:1833—1918》的作者——奥伯里恩,认为这个记载并不真实可信,他认为,"在天文学的相关论题上,想蒙骗阿拉果应该不是一件那么容易的事情"。[②]

戴摩根本人对以上两个小故事表示"没有个人看法",不过,他对尼科莱特就是"月亮新发现"作者这一传言却坚信不疑。在《奇人的预算》一书中,提到月亮新发现故事的第二个地方结尾处,戴摩根说:

> 我不怀疑尼科莱特先生就是这起"月亮骗局"的作者。以这样的方式写作,应该出自一位有实际观测经验的天文学家,这是毫无疑问的。这一点从文章中一些最细微的细节处很明显可以看出。尼科莱特关注着欧洲发生的事情。我猜测,他可能借鉴了坡的故事,在此基础上进行了再创作。所谓的洛克先生,看来是尼科莱特试图虚构的

---

① Griggs, W. N. (ed). The Celebrated "Moon Story", Its Origin and Incidents; with a Memoir of the Author, and an Appendix Containing, Ⅰ. An Authentic Description of the Moon; Ⅱ. A New Theory of the Lunar Surface, in Relation to that of the Earth. New York: Bunnell and Price, 1852: 32-33.

② O'Brien, F. M. The Story of The Sun: New York, 1833-1918 [M]. New York: George H. Doran Company, 1918: 99.

另一个自己,但没有成功。①

约翰·赫歇耳及其家人对"月亮骗局"的回应

在《太阳报》上的月亮新发现内容在整个欧洲广为传播的时候,约翰·赫歇耳本人对这一事件的反应也十分惹人关注。

格雷戈斯在《广为人知的"月亮故事"》中提到说,"月亮新发现"在整个欧洲传得沸沸扬扬时,一位名叫迦勒·威克斯(Caleb Weeks)的动物园老板借到南非好望角寻找一些稀有动物的机会,顺道拜访了约翰·赫歇耳,希望从他那里获得一些关于"月亮发现"的最新消息。但让他意外的是,约翰·赫歇耳居然对此事毫不知晓。②

在后来与迦勒·威克斯的一次会面过程中,约翰·赫歇耳语带幽默地对这一事件发表评论说,恐怕他的望远镜在南非好望角获得的真实观测结果,与大众的预期相去甚远——至少相较美国报刊归于他名下的那些月亮发现而言,很不幸,他没有能力制造出一架这样的望远镜来获得这些发现。

约翰·赫歇耳还取笑了"月亮新发现"故事谈到的威廉四世对他的大型观测望远镜的建造进行了慷慨赞助的说法。因为,在1834年这次远征好望角对南天的观测活动中,约翰·赫歇耳本人承担了所有的开销和费用——他个人所拥有的巨额财产来源始终是一个谜。

1838年,约翰·赫歇耳从好望角返回英国,他对整个南天星空进行的观测结果,最终出现在《1834—1838年间好望角天文观测结果》

---

① De Morgan, A. A Budget of Paradoxes [M]. London: Longmans, Green and Co., 1872: 338.
② Griggs, W. N. (ed). The Celebrated "Moon Story", Its Origin and Incidents; with a Memoir of the Author, and an Appendix Containing, Ⅰ. An Authentic Description of the Moon; Ⅱ. A New Theory of the Lunar Surface, in Relation to that of the Earth. New York: Bunnell and Price, 1852: 37-40.

(*Results of Astronomical Observations Made During the Years 1834,5,6,7, 8, at the Cape of Good Hope*)这本论著中。该论著是天文学观测史上最大的单独出版物,它于1847年最终出版,书中列出了1 700多颗星云和星团,2 100多颗双星,以及数千颗恒星、大量恒星的相对光度和别的许多内容。为了对约翰·赫歇耳所取得的这些卓著成果进行奖励,英国政府打算给予他金钱上的补偿,但出人意料,约翰·赫歇耳礼貌地拒绝了英国政府的这番好意。

2001年5月,学者路斯金(Steven Ruskin)在赫歇耳家族私人档案馆中,找到了约翰1836年8月21日就"月亮骗局"事件写给伦敦《雅典娜神庙》(*The Athenaeum*)杂志编辑的一封公开信。但不知何故,这封信最终却没有被寄出,它被路斯金全文发表在《天文学史杂志》(*Journal for the History of Astronomy*)上。①

约翰·赫歇耳在信中颇为无奈地表达了他所处的尴尬境地,信件内容如下:

先生:

当我从放在我面前的这份来自伦敦的报纸上看到这则消息的时候,标题上的一通胡言乱语早已在美国、法国的杂志上兜了个圈,最后,落入了一位伦敦编辑的手中。现在该是进行澄清的时候了,所有那些归于我名下、用我的名义宣布的发现,都与我没有关系。我相信你会同意我在你这份素有清誉、读者众多的杂志上,插入我的这段声明,这不仅因为我有一点担心,手中握有光学第一要件的人,(更不用说从常识上)能够误导人们相信这样的夸大其词,我还认为,一个在

---

① Ruskin, S. W. A Newly-Discovered Letter of J. F. W. Herschel Concerning the "Great Moon Hoax"[J]. Journal for the History of Astronomy, 2002, 33(110): 71-74.

不同地方以不同方式被一而再、再而三重复讲述的荒谬故事,作为一个糟糕的事例,应该确保它有被反驳的自由。约翰逊博士(Dr. Johnson)曾经讲过,无论多么荒谬或不可能的事情,只要一年365天每天早餐时向一个人严肃地重复一次,他最终就会相信这件事是真的——这也正是拿破仑的名言,无须花言巧语,只需不断重复。此刻我感到难过,为我自己,也为真理,世界,或者说世界上那些最容易上当的地方,被误导了相信我本人对月亮上的人非常了解。可想而知,我将不胜其烦地被卷入月亮人和月亮家庭的私人轶事中去,我无意也没有兴趣迎合这个恶作剧,当人们发现关于月亮人我能说的或会说的并不比整个世界已经知道的更多的时候,我就会被当成不善言辞、沉默寡言的那种人。

除了赫歇耳的这封亲笔信,路斯金还从当时的杂志上,发掘了与此事相关的一些有趣史料。

约翰·赫歇耳在给他的姑姑——著名女天文学家卡罗琳·赫歇耳(Caroline Herschel, 1750—1848)的一封信中苦恼地倾诉说:"我深受困扰,关于月亮的那个荒谬谣言正在世界上各个国家四处流传,从英国到法国,再到意大利和德国!!"[1]

约翰·赫歇耳还给法兰西科学院院长阿拉果写过一封关于"月亮骗局"事件的公开信。这封信刊登在1836年12月24日的《雅典娜神庙》杂志上。约翰·赫歇耳在信中向法国人表示感谢,说"他们并不试图去欺骗那些十足的傻瓜,这些人相信放在他们面前的每一个夸张

---

[1] Evans, D., Deeming, T. J., Evans, B. H., Goldfarb, S. Herschel at the Cape: Diaries and Correspondence of Sir John Herschel, 1834–1838 [M]. Austin: University of Texas Press, 1969: 282.

的故事"。①这指的是在此之前,1836年4月2日,《雅典娜神庙》杂志上曾发布一条简短的声明说,那些所谓被约翰·赫歇耳观测到的非比寻常的月亮新发现,纯属谣传。②

不过,约翰·赫歇耳的夫人玛格丽特·赫歇耳(Margaret Herschel, 1810—1864),对待此事倒是另一番态度,她在给卡罗琳·赫歇耳的信中表现得兴味盎然:

> 您读过美国报纸上一篇非常具有想象力的文章吗?其中描绘赫歇耳携带一架望远镜远征到好望角,获得了很多令人惊讶的月亮发现,有奇形怪状的鸟、熊、鱼,颜色斑驳的各种景象,形态奇异的月亮植物,群聚在一起的月亮上的智慧居民,他们的背上长着翅膀,所有这些景象在赫歇耳及其同伴令人吃惊的观测下一览无余——真是很遗憾,这一切都不是真的。不过,如果小孙子沿着爷爷走过的足迹大踏步前进,奇妙的想法终有实现的一天。③

对"月亮骗局"的科学史解读

除了当事人的回应,苏格兰科学作家托马斯·迪克(Thomas Dick, 1774—1857)在他1838年出版的《天空图景》(*Celestial Scenery*)中,严厉斥责洛克,把他称为"骗子和说谎者",并担忧大众以后对真正的科学发现会不再信任。④此外,丹宁顿在高斯的传记中也谈道,

---

① Athenaeum, 1836-12-24, 478: 908.

② Athenaeum, 1836-04-02, 440: 244.

③ Athenaeum, 1836-04-02, 440: 236-237.

④ Dick, T. Celestial Scenery, Or, The Wonders of the Planetary System Displayed: Illustrating the Perfections of Deity and a Plurality of Worlds [M]. New York: Harper & Brothers, 1838: 272-273.

高斯认为月亮骗局非常低俗,并把它看成是说明公众怎样容易受骗的一个例子。①

事实上,把"月亮骗局"归结于作者"道德沦丧"或读者"轻信易骗",都过于简单和肤浅了。这一事件包含的信息颇为丰富,这里尝试从两个方面进行解读。

(1) 19世纪"开发科学娱乐功能"的典型例证

"月亮故事"取得了惊人的传播效果,除了让许多人士信以为真,还使《太阳报》从此身居名报之列。背后隐藏的深层原因,其实是从另一层面展示了"科学"的威力——这是一出借用"科学"名义进行造假的经典骗局。

从"月亮故事"的整体布局——利用小赫歇耳远赴南非好望角进行天文观测作为契机,到开篇铺垫——对赫歇耳观测望远镜进行不厌其烦的介绍,再到正文中借用了和科学有关的若干要素——伪托出自天文权威的观测结果,背后隐含的科学探讨渊源、逼真的科学观测细节描写、流利的科学语言运用,所有的一切都是因为谋划者对这个道理了解得非常透彻:只有在"科学"的名义下,大众才会对"月亮新发现"深信不疑。

这也从另一个层面反映了,那时的大众媒体,看来已经和今天完全一样——以娱乐公众为终极目的。在媒体眼中,科学只是供它们利用的资源之一而已,传播科学不是它们的义务,而只是它们的手段。所以"月亮故事"这样一场科学骗局,不仅没有受到公众的谴责,反而赢得公众的欢心,成为一场皆大欢喜的"多赢"喜剧。

"月亮骗局"甚至成了后来一些报刊所仿效的榜样。1869年11月

---

① Dunnington, G. W. Carl Frederick Gauss: Titan of Science (1955) [M]. The Mathematical Association of America, 2004: 295.

30日,新西兰《北奥塔哥时报》(North Otago Times)曾如法炮制了一篇描述宾夕法尼亚大学某位天文学教授观测到太阳居民的小短文,不过并未引起什么反响。①

(2) 体现科学与幻想密切互动关系的又一典型例证

本章开篇提到,关于月亮生命的科学探讨和想象可以追溯到1610年伽利略的《星际使者》。从这个意义上而言,"月亮骗局"可以看作这一传统在19世纪的延续。奥伯斯、高斯、贝塞耳等几位著名人士对月球适宜居住可能性的讨论,其实有着深厚的科学历史渊源。

至于《太阳报》连载的"月亮故事",尽管出发点并不单纯,但本身却是一篇纯粹的月亮幻想文学作品。而从它借用"科学"名义进行谋篇布局的整个过程来看,则是从另一个侧面反映了科学和幻想之间密切的互动关系,是体现科学与幻想互动关系的又一典型例证。

---

① The Sun Inhabited! [N]. North Otago Times, 1869-11-30, XIII (471): 3.

3 汉森"适宜居住的月球背面"理论

引起的争论

1856年,丹麦著名天文学家汉森(Peter Andreas Hansen,1795—1874)在一篇论文中,提出一种新的月亮理论,试图解决这样一个问题:月球实际观测的运行位置和计算出来的理论估测位置之间,存在微小的差异,这究竟是什么原因导致的?[1]

汉森给出的解释是,月球的形状不是球形,而是长轴方向朝向地球的鸡蛋形椭球体,体积大的部位背向地球,体积小的部位朝向地球,因此,月球的重心并不和它的形心重合,而是比月球形心距离地球远59千米。人们计算月球运行轨道时,一般是依据它的形心得到的结果,所以,和实际表现出来的运行方式就会存在轻微的差异。

汉森由此得出推论,这种月球质量不对称的分布,会导致月球上

---

[1] Hansen, P. A. Sur La Figure De La Luna [J]. Memoirs of the Royal Astronomical Society, 1856, 24: 29-90.

的大气和流体被吸引到月球背向地球的一面。在此基础上,汉森提出一个大胆的猜想,认为尽管人们在月球朝向地球的一面没有观测到明显的生命迹象,但并不意味着,背向地球的一面就不存在生命体:

> 人们必须考虑到对我们而言,月球的两个半球,一面是可见的,另一面是不可见的,两个半球的海拔、气候,以及所有与此相关的因素,本质上而言是不同的。海拔首要是由和重心的距离所决定的,月球朝向我们一面的海拔比整个月球表面的平均海拔和背向我们一面的海拔都要高。因此,(如果)月球朝向我们的一面是一块贫瘠的土地,缺乏大气和生命,但人们并不能因此就下结论说,月球的另一面就不存在大气,也没有植被和活的生命体。

由于月球自转周期和公转周期相等,它始终只有一面朝向地球,人们从来没有机会观测过它的背面。汉森的"适宜居住的月球背面"理论一经提出,就在欧洲科学界引起了广泛的关注。

英国数学家鲍威尔(Baden Powell,1796—1860)、史密斯(Henry J. S. Smith,1826—1883),比利时天文学家里亚格雷(Jean B. J. Liagre),法国天文学家费伊(Hervé Faye,1814—1902),在各自的著作中,对汉森的这一理论表示支持。

与此相对地,科学界的另外一些人士,如克拉普顿(Josiah Crampton)在他1863年出版的《月亮世界》(*Lunar World*)中,里奇(William Leitch)在他1862年出版的《天堂上帝的恩宠》(*God's Glory in the Heavens*)中,普劳克特(Richard Proctor,1837—1888)在他的四本著作中——《土星》(*Saturn*,1865),《地球之外的其他世界》(*Other Worlds than Ours*,1870),《科学边缘》(*Borderland of Science*,1873),《月亮:

她的运行、相位、面貌和物理条件》(*The Moon: Her Motions, Aspect, Scenery, and Physical Condition*, 1873),都不赞同汉森"适宜居住的月球背面"理论。

不过,汉森理论的真正终结者,却是美国天文学家纽康(本书绪论中已经提到过他)。1868年,纽康发表了一篇针对该理论的反驳文章。① 在文章一开头,纽康就不客气地指出,汉森的这个设想之所以能被广为接受,"似乎主要是人们基于对作者的盲信,而不是基于对该理论逻辑基础严格检验的结果"。

纽康认为,汉森理论所存在的逻辑谬误在于,月球理论位置的不均衡(岁动差),即月球运行理论位置和观测位置不相符的原因,其中已经存在一个修正因素(月球围绕地球运行轨道的偏心率)。任何理论上的岁差其实就是月球形心的岁差,而不是月球重心的岁差。因此,月球运行的岁差,不应该用汉森的假想来解释,或者说,即使汉森的假想是成立的,也不能把产生这种现象的原因归结于这个假想。

纽康的反驳很快引起了科学界的注意,并逐渐被接受。此后,汉森"适宜居住的月球背面"理论,开始慢慢淡出了学界视野。

值得一提的是,1897年,纽康还以天文学权威的身份,在《科学》(*Science*)杂志一篇题为《天文学相关问题》(The Problems of Astronomy)的文章结尾,对有关地外生命探讨的论题表达了他个人的看法。②

纽康说,究竟什么类型的具有精神和智力的生命,会存在于遥远的其他星球世界上? 这个问题还没有答案。"我们并不能立刻就认定,我们自己的这颗小星球是宇宙中唯一一颗会产生出文明果实,能

---

① Newcomb, S. On Hansen's Theory of the Physical Constitution of the Moon [J]. American Association for the Advancement of Science Sproceedings, 1868, 17: 167-171.

② Newcomb, S. The Problems of Astronomy [J]. Science, New Series, 1897, 5(125): 777-785.

建立温暖家庭、友谊,并渴望洞察造物主秘密的小行星。"纽康认为,这个问题现在不是一个天文学问题,而且在我们所能看到的将来,它也不会成为一个天文学问题,因为"科学提供给我们的简单理性,没有希望对那种导引我们走向无底深渊的问题给出答案"。纽康建议天文学家们,不要把精力浪费在对不能给他带来任何收获的那种事情的毫无希望的思考上,应该把关于多世界(plurality of worlds)的这个问题留给别的有能力对它进行讨论的人。

在幻想小说中的反映

1984年,贝克(Daniel Back)在一篇论文中对汉森理论的产生过程及影响进行了考察。[①]在同类文章中颇为少见的是,贝克在文中特别注意了汉森理论对当时月球旅行幻想小说所产生的影响。

其中提到,凡尔纳1865年发表的《从地球到月亮》,主要人物阿当(Ardan)为月球旅行作动员演讲,谈及月亮上是否存在大气时,就提到了汉森的理论。[②]在其续篇《环绕月亮》(Around the Moon)中,乘坐大炮飞行器到达月亮上空的三位旅行者,交谈过程中也谈及了汉森的理论,但对该理论并不确定。不过,当大炮环绕月球飞行,到达处于黑暗中的月球背面时,几位旅行者在一颗流星发出的极其短暂的光芒中,终于有幸瞥到了一眼月球背面的景象。凡尔纳这样描写:

> 月面上有几条狭长的地带,在十分稀薄的大气层里有几丝云彩。他们还隐约看见了许多高山、较低的环形山、张着大口的火山以

---

① Back, D. A. Life on the Moon? A Short History of the Hansen Hypothesis [J]. Annals of Science, 1984, 41(5): 464-470.

② Verne, J. From the Earth to the Moon Direct in Ninety-Seven Hours and Twenty Minutes, and a Trip Round It (1865) [M]. New York: Scribner, Armstrong, 1874: 103.

凡尔纳《从地球到月亮》中的大炮飞行器

第二章　伽利略之后的月亮 | 097

THE INTERIOR OF THE PROJECTILE.

大炮飞行器内部

及其他一些在月球看得见的那一面经常可以见到的奇形怪状的地势。在别处,他们还瞥见了一望无际的空地,这里不再是贫瘠的平原,而是真正的海洋。那些辽阔而平静的海洋像一面面镜子似的映射出了天空中这些耀眼的陨星,他们还瞥见了更远处的一些景象,不过那儿非常黑,就像被一块幕遮挡住了似的。只见那儿有一些幽暗的大陆,上面还有一个个朦胧的小黑点,也许那是一片片大森林。①

此外,贝克还提到1870年《旧与新》(Old and New)杂志上的一篇幻想小说《月亮的两个半球》(Two Hemispheres of the Moon),其与众不同之处在于作者的想象完全针对月球背面展开。

几位旅行者乘坐一个由巨大飞轮推动、被称为"砖块月亮"(Brick Moon)的飞行器到达月球背面,发现这里非常适宜居住。一段时间之后,地球人发现,由于一直居住在月球背面,月亮人从来没有观测到过地球,天文学知识非常贫乏。后来,一群被挑选出来的月亮人被地球人带领着乘坐飞行器第一次看到了地球,这次冒险引发了一场发生在月亮上的哥白尼革命。

月球类地讨论的最后高潮

1866年10月16日,雅典天文台(Athens Observatory)台长约翰·施密特(Johann F. J. Schmidt,1825—1884)宣布了一项惊人的发现,他观测到月亮表面被命名为林奈(Linné)的月亮环形山突然消失了,在原来的位置上只能看到一片白斑。②随后,一系列不寻常的月亮观

---

① Verne, J. From the Earth to the Moon and Round the Moon (1865) [M]. New York: Cosimo, Inc., 2006: 267.

② Schmidt, J. F. J. The Lunar Crater Linné [J]. Astronomical Register, 1867, 5: 109–110.
Birt, W. R., Schmidt, J. F. J. Correspondence: The Lunar Crater Linné [J]. Astronomical Register, 1867, 5: 56.

测结果被陆续报告。1868年6月5日,施密特再次报告说,月亮上阿尔佩特尔吉斯(Alpetragius)区域的一个小环形山也消失了。①1870年代早些时候,英国天文学家伯特(William R. Birt,1804—1881)发表的观测记录中也声称,当太阳光线垂直照射的时候,柏拉图(Plato)环形山变得更暗了。②科隆天文台台长克雷恩(Hermann J. Klein,1844—1914)在1877年5月也报告说,他在月亮上的伊吉努斯N(Hyginus N)区域,发现了新的环形山。③

这些反常的月亮观测结果受到天文学界的广泛关注。一些科学人士否认这些观测结果的真实性,另一些科学人士则把这些观测结果当成月球上存在大气甚至存在生命形式的证据。受此影响,这一时期出现了多部和月亮有关的科学论著。其中代表性的有以下几部:

(1) 普劳克特和卡朋特(James Carpenter,1840—1899)的《月亮:她的运行、相位、面貌和物理条件》;

(2) 内史密斯(James Nasmyth,1808—1890)的《月亮:被当作一颗星球、一个世界和一颗卫星》(The Moon: Considered as a Planet, a World, and a Satellite,1874);

(3) 内森(Edmund Neisen,1851—1938)的《月亮》(Moon,1876);

(4) 哈利(Timothy Harley)的《月亮传说》(Moon Lore,1885)和《月亮科学:古代和现代》(Lunar Science: Ancient and Modern,1886)。

与上述科学论著相对应的是,这一时期文学领域涌现出大批月球幻想小说,代表作除前面谈及的凡尔纳的《从地球到月亮》和《环绕

---

① Birt, W. R. Supposed Changes in the Moon-Letter from Schmidt [J]. Student and Intellectual Observer, 1869, 2: 48-52.

② Birt, W. R. Report on the Discussion of Observations of Streaks on the Surface of the Lunar Crater Plato [J]. British Association for the Advancement of Science Report, 1872: 60-97.

③ Neisen, E. The Supposed New Crater on the Moon [J]. Popular Science Review, 1879, 18: 138-146.

月亮》之外，还有英国小说家麦克唐纳(George MacDonald，1824—1905)的《北风吹过》(*At the Back of the North Wind*，1871)，格鲁塞特(Paschal Grousset，1844—1909)的《征服月亮：巴尤大的故事》(*The Conquest of the Moon: A Story of the Bayouda*，1888)，等等(参见附录1)。

第三章

天文学史上"适宜居住的太阳":思想源流及影响

长久以来,和太阳本质结构有关的论题,如太阳光和热辐射的来源、太阳黑子现象的成因,一直是困扰天文学界的难题。19世纪前后,几位科学人士——其中包括当时大名鼎鼎的天文学家威廉·赫歇耳,提出了一种惊人的观点,认为太阳是适宜居住的。本章将在前人工作基础上,探讨"适宜居住的太阳"的科学思想源流,特别是前人未曾关注过的对幻想小说产生的影响。

1 一起袭击事件的不寻常辩护理由

英国《绅士杂志》(The Gentleman Magazine)1787年7月刊的一篇无标题的匿名文章中,记述了一起发生在伦敦的广受关注的袭击事件。[①]

1787年7月9日星期一下午1点至2点间,伦敦市议员博伊德尔(Boydell)先生的侄女玛丽·博伊德尔(Mary Boydell)小姐,同她的男伴、书商尼科尔(G. Nicol)先生在普林斯大街上散步,突然一人从后面跟上,掏出手枪向博伊德尔小姐射击。所幸博伊德尔小姐只是肩膀受到一点擦伤,其他并无大碍。

袭击者随即被扭送到伦敦治安官处,经核实,此人是当时伦敦知识界颇有名气的约翰·艾略特(John Elliot)博士。辩护人试图让法官相信艾略特博士精神不太正常,但是所列出的证据并不足以让法庭采信。

---
① The Gentleman Magazine, 1787-07: 636, 646.

担任艾略特博士精神疾病检验工作的是伦敦的两位绅士,圣卢克(St. Luke)医院的内科医生西蒙斯(Simmons)博士和卡纳比街(Carnaby Street)的药剂师奥唐纳(O'Donnel)先生。西蒙斯博士说,他认识被告已经超过十年了,很长一段时间以来都觉得被告精神不太正常。1月份他接到被告的一封信,主要是讨论天体的,其中一页的内容引起了他的特别注意,上头的内容可以证明,这位惹出乱子的学者确实患有精神错乱的症状。艾略特这样写道:

太阳并不像到目前为止人们所认为的那样,是一个大火球,它的光来自一种密集的、遍及宇宙的光芒,这种光为太阳表面下的居民提供了充足的光源,而从这样的距离之上照射下来,这种光并不会干扰到他们。没有什么理由不相信这颗巨大的发光体上有生命居住着,那儿和地球上一样,也生长着各种植物。太阳上有水,有干旱的陆地,有山,有溪流,有雨,天气晴朗;因为光的缘故,季节一直保持恒常不变;由此很容易设想,太阳应该是整个天球系统中最适宜居住的地方了。

法官没有接受这个举证,并反驳说,如果一个夸张的构想能作为患精神病的证据,是否也可以用同样的方式宣判其他哲学家们全都疯了。

袭击事件随后在伦敦炒得沸沸扬扬,背后的隐情很快被揭开——艾略特与玛丽·博伊德尔是一对旧恋人,袭击事件是感情受挫的艾略特采取的一次极端报复行动。

《伦敦新门监狱完全档案》(*The Complete Newgate Calendar*)记录了这起袭击事件的最终处理结果。[①]在法官否决了西蒙斯博士的辩护

---

① Cook, C. T. The Complete Newgate Calendar [M]. London: Navarre Society, 1926, 4: 165–168.

后，判定艾略特是否有罪的关键随即转移到物证上来。法官需要确定，在艾略特向玛丽·博伊德尔实施袭击时，他的枪是否装上了弹头。陪审团最后宣判，由于在枪内没有发现弹头，艾略特应该被判犯有轻度伤害罪。

不过，这样的判决结果对心理敏感的艾略特仍然是致命的。他无法接受这次袭击事件被宣告为有罪的宣判结果——很可能，无法挽回的爱情也让他心如死灰。艾略特最终决定通过绝食自杀，无论通过劝说还是强迫进食，他到死一直滴水未进。

2 艾略特短暂的学术生涯

艾略特生于1747年,在正值盛年的40岁,以悲剧方式结束了自己的生命。他生前所进行过的科学研究工作,此后便绝少被提起。直至艾略特死后200周年——1987年,剑桥大学实验心理学系的莫伦(J. D. Mollon)博士,在《自然》(Nature)杂志上发表了一篇文章,对艾略特生前在生理光学和物理光学领域所做出的一系列早期基础性研究工作进行了介绍。[①]这位在科学史上被隐埋多年的人物,才为世人重新知晓。

1780年,33岁的艾略特开始在学术上崭露头角。这一年,他出版了生理光学方面的一本论著《视觉和听觉的哲学观测》(Philosophical Observations on the Senses of Vision and Hearing)。书中的内容是艾略特通过进行一系列受虐实验(masochistic experiment)得出的结论。艾略特试图证明:对眼睛和耳朵进行机械刺激,会产生不同的特定感应,这种感应始终是和所施加的刺激方式相对应的。他正确地得出

---

① Mollon, J. D. John Elliot MD (1747–1787) [J]. Nature, 1987, 329(6134): 19–20.

结论:人类不同感觉器官的传感器对应不同的传感频率。

1782年,艾略特发表论文《与医学有关的自然哲学分支原理》(Elements of the Branches of Natural Philosophy Connected with Medicine),对上述观点进行了补充。

1786年,艾略特出版论著《对光和颜色的实验及观测》(Experiments and Observations on Light and Colours),对可见光谱之外存在光辐射的可能性进行了探讨,并介绍了红外线和紫外线的概念。此外,后人从这部书中还能了解到,艾略特曾通过一些简单的实验——从一个小孔或是一条小缝隙,对热体进行了仔细的观测。因此,莫伦认为,在早期光谱学史上艾略特应占有一席之位。因为按照通常的观点,苏格兰博物学家、地理学家赫顿(James Hutton,1726—1797)才是第一个提出不可见光理论的人。1794年,赫顿在一篇论文中明确谈到,可能存在一种低折射率、具有热能,但是视觉感官无法感应到的射线。① 而威廉·赫歇耳在1800年对太阳不可见光即红外线的实测研究,更是众所周知。②

事实上,除了莫伦提到的上述几种论著之外,艾略特的其他学术成果还包括:

(1)《有关生理学论题的几篇文章》(Essays on Physiological Subjects, 1780);

(2)《对英国、爱尔兰以及那些习惯称之为大陆地区的主要矿泉水的性质及医学优点的说明》(An Account of the Nature and Medicinal Virtues of the Principal Mineral Waters of Great Britain and Ireland, and Those Most in Repute on the Continent, 1781);

---

① Hutton, J. A Dissertation upon the Philosophy of Light, Heat and Fire [M]. Edinburgh: Cadell, Junior, Davies, 1794.

② Herschel, W. Experiments on the Refrangibility of the Invisible Rays of the Sun [J]. Philosophical Transactions of the Royal Society of London, 1800, 90: 284-292.

(3)《医学袖珍书,提供一种对人体偶发疾病的症状、病因及治愈方法简短而通俗的解释》(*The Medical Pocket Book, Containing a Short but Plain Account of the Symptoms, Causes and Methods of Cure, of the Disease Incident to the Human Body*, 1781);

(4)《对酒精物质喜好的观察,给理查德·柯万的一封信》(*Observations on the Affinities of Substances in Spirit of Wine, In a Letter to Richard Kirwan*, 1786)。

不过,目前为止艾略特所有学术成果中,真正引起科学史研究者关注的,只有他那篇在不寻常场合下以奇特方式被提到的古怪论文——其中讨论了太阳适宜居住的可能性。

1801年,一位名叫伍德沃德(Augustus B. Woodward, 1774—1825)的人士——此人本行是一名法官,1805年被杰斐逊(Thomas Jefferson)任命为密歇根州第一任审判长,业余则是一位兴致勃勃的科学爱好者,出版了一本名为《对太阳实质进行探讨》(*Considerations on the Substance of the Sun*)的小册子,把艾略特太阳适宜居住的观点当作一种荒谬的看法。伍德沃德认为,从事情发生的情形来看,宣布这种古怪看法的场景是奇特和有趣的,对一些法律人士而言,这是一桩前所未闻的笑谈。①

差不多又过了两个世纪,美国戴维森学院(Davidson College)物理系的曼宁(Robert J. Manning)1993年在《科学年刊》(*Annals of Science*)发表文章《约翰·艾略特和适宜居住的太阳》(*John Elliot and the Inhabited Sun*),才尝试从全新视角重新审视这一事件。②本章将在曼宁研究基础上,对艾略特太阳适宜居住观点的思想来源作进一步考察。

---

① Woodward, A. B. Considerations on the Substance of the Sun [M]. Washington: Way and Groff, 1801: 22.

② Manning, R. J. John Elliot and the Inhabited Sun [J]. Annals of Science, 1993, 50(4): 349-364.

3 艾略特"适宜居住的太阳"观点概述

曼宁所使用的研究史料中,有一本名为《约翰·艾略特生平及死亡记述》(*Narrative of the Life and Death of John Elliot*)的小册子。在艾略特袭击事件发生后,这本由匿名人士撰写的小册子随即在伦敦出现。其中除记录了艾略特的简要生平,他的袭击事件缘由,以及庭审全过程之外,还全文收录了艾略特那篇从未公开发表过的、认为太阳适宜居住的论文。[1]

艾略特阐释他太阳适宜居住观点的文章,主要由四部分组成(原文中译本可参见附录2)。

在第一部分开篇内容中,艾略特先说明了"对太阳表面本质进行探寻的首要动因",是因为,他认为,如果正处于燃烧状态下的太阳和

---

[1] Narrative of the Life and Death of John Elliot [M]. London: printed for J. Ridgway, 1787: 18-28.
曼宁将艾略特的这篇文章全文附于他的论文文末(第361—364页),本书参照的即该版本。

恒星……非常贫瘠，不能被居住，这些无限多数量的巨大星球（包括目前我们已知的宇宙中最大的星球），和我们这个每样事物似乎都充满生气、每个部分都遍布生命的地球，被设计出来所寻求的目的是不同的（这似乎是不合情理的）。

接下去第二部分中，艾略特抛出了三个假设前提，并对其逐一给出了理由：

假设一：太阳在点燃状态下是一颗易燃烧的星球。

仅从字面意思理解，这一假设无疑和接下去的两个假设相矛盾。不过，从艾略特对这一假设给出的文字解释内容中可以明白，他想表达的意思其实是：他认为太阳的光和热是相分离的，基于的理由是，"从太阳光极其光辉夺目、清澈明亮很明显可以推断，这种光是来自一团火焰，或是一种纯净、流动的气体，而不会是来自一个处于点燃状态下的致密体"。而通过类比处于熔融状态下的炭火和一根燃烧的蜡烛——前者发出的光很微弱，但很烫；后者发出明亮的光芒，但是不烫。艾略特得出结论说：尽管太阳发出明亮的光芒，但并不意味着它就很烫。

假设二：太阳球体没有处于燃烧状态。

艾略特认为，太阳并不像一般人们所谈及的那样，始终处于燃烧状态中。他对此给出了两个理由：首先，从太阳发出的光芒来看，它似乎已经持续这个样子好几千年了，而如果太阳一直处于燃烧状态下，完全有理由设想，在此之前很久，太阳所有燃烧的物质就已经燃尽了，因此也就不可能再维持这个过程，"因为，像所设想的那样如此迅速、普遍的一种燃烧，要靠燃烧物质的持续更新代谢来维持这种燃烧，很明显这是不太可能的"；其次，太阳上的植物不可能生长在这种燃烧状态下的酷热环境中。第二点论证理由无疑是艾略特使用循环论证得出的结果——他已经事先假设太阳是适宜居住的了。

假设三：太阳球体根本不会处于燃烧状态。

假设三也是艾略特预先设定太阳是适宜居住的，然后通过循环论证得出的结论。他解释说：这个假设是基于太阳适宜居住的构想之上的，只有这样，太阳上的居民才能享有"看"的感觉。因为，如果太阳球体处于一种发光的状态，无论是点燃到燃烧，或是任何别的原因，要享有明晰的视觉根本不可能。所以，"太阳也许有可能是为我们提供了光亮，但它的确也是适宜居住的"。

在以上三个假设前提基础上，艾略特在第三部分内容中，对太阳发出光亮的缘由进行了解释，他认为，太阳发光可能是通过"两种不同的现象"产生的结果：一种是流星，另一种是极光。

经过上述论证，艾略特最终得到了一些结论，主要观点包括以下几点：

（1）流星发出的光芒是太阳光的来源；流星和太阳表面相隔一段距离，包围着太阳这个巨大的球体。

（2）人们有时在太阳表面观测到的黑子，是一些短暂出现的孔隙，或者也可以说是发出亮光的一些流星有时不连续在一起的缘故。从这一点也可以推知，到达太阳表面的光芒要比一开始想象中的要少，所以在太阳上观看物体和在我们地球上观看物体一样方便。

（3）太阳表面的温度是很温和的，适宜有组织和有生气的生命体存在和繁衍；和地球上一样，太阳上也有矿物质，不过我们得设想它们和太阳的密度是相适应的。

（4）太阳和我们地球一样，有海洋，有干旱的陆地；有树木，有开阔的草原；有山，有溪谷；有雨，天气很适宜；光照和季节一样，保持恒常不变；或者，由于发出亮光的流星有时不连续露出的孔隙，（光照）

在一定距离上也会出现多样性。可以想象,太阳是一个很适宜居住的地方。

（5）如果太阳发出的光亮是前面所设想的那种原因产生的,那同样的道理也可运用到别的恒星上。有些恒星比别的恒星更亮,难道不会是因为照亮它的流星比别的流星要更明亮,密度更大一些?至少在某些情况下是这样的。……这些恒星上的流星可能是各不相同的,它们和太阳上的流星也不相同。

在文章的结尾部分,艾略特进一步推论,通过类比地球大气中发生的现象来进行论证,是能说服他本人的,"太阳和恒星很可能与我们地球温度差不多,和我们地球一样肥沃富饶,被各种各样的生命居住着;因此,这些数目众多、体积巨大的星球,是为了更有用的目的而被创造出来的,它们对伟大造物主恩赐的回馈,远比我们目前所能想到的要更多"。

4 科学思想来源考察

艾略特的文章和"科学探讨"关系最为密切的内容有两点:一是对太阳发光本质的解释;二是关于太阳黑子的观点。这两个问题长久以来一直困扰着天文学界。

艾略特对太阳结构本质的解释

关于太阳究竟是如何发光的问题,在文章的第二个假设中,艾略特先排除了"太阳的燃烧像磷一样缓慢、温和",他认为,"这同它所发出的剧烈亮光和夺目光彩是不相协调的"。[①]然后,在前面三个假设前提的基础上,对这个问题给出解释说:

[①] 值得一提的是,诗人、物理学家查尔斯·达尔文(Charles Darwin, 1809—1882)的祖父伊拉兹姆斯·达尔文(Erasmus Darwin, 1731—1802),在稍后出版于1791年的一本名为《植物花园》(*The Botanic Garden*)的书中,也论及了太阳的结构本质。老达尔文对太阳发光发热的解释与艾略特则截然相反,他认为,太阳也许是由磷质物质组成,它的表面处于燃烧状态中,像其他燃烧的天球一样以巨大的速度向四面八方放出光芒。这些光线作用于不透明的球体,相互结合,不是置换出就是产生出基本的热,然后再和燃素物质化合在一起,结合空气中的氧就放出了光亮。

参见:Darwin, E. The Botanic Garden: A Poem, In Two Parts. Part Ⅰ. Containing the Economy of Vegetation (1791). Part Ⅱ. The Loves of the Plants: With Philosophical Notes (1789) [M]. New York: Printed by T. & J. Swords, Printers to the Faculty of Physic of Columbia College, 1798: 145.

太阳的光芒难道不是来自围绕着太阳整个球体与其相隔一定距离的大气中的流星？难道不是这些流星照亮了太阳本身、行星以及别的星体吗？

艾略特认为，如果在太阳大气中发出亮光的流星区域，存在一种可燃烧的气体（vapour），它们是通过太阳球体持续产生出来的，燃烧就能不间断地进行下去。这种可燃气体的生成过程是，"无论是水或是不流动的空气（fixed air），都是通过这种燃烧过程产生的，它们会因为更大的比重（superior gravity）落到太阳上，随即有可能通过再分解（被植被分解或因别的原因分解），成为含有燃素的空气和不含燃素的空气。后者和一般大气相混合；前者由于比较轻，上升到高空，重新参与到燃烧过程中去"。

曼宁在他的论文第二部分中，对艾略特用流星发出的光亮来解释太阳发光原因的思想来源进行了考察。曼宁认为，艾略特的这一看法，主要受到前英国皇家学会天文学家布拉登（Charles Blagden，1748—1820）流星解释观点的影响。

1783年8月18日，一颗耀眼的流星出现在英国东北部，在其消失前，整个欧洲南部几乎1 000英里的范围内都能观测到它。10月4日，另一颗流星又出现在天空的同一方位上。由于流星在18世纪末还是一个没有被弄清楚的现象，这两颗流星的连续出现，立刻激起了天文学界的极大兴致，《哲学汇刊》连续刊登了6篇与此相关的观测报告。①

---

① Cavallo, T. Description of a Meteor, Observed Aug. 18, 1783 [J]. Philosophical Transactions of the Royal Society of London, 1784, 74: 108–111.

Aubert, A. An Account of the Meteors of the 18th of August and 4th of October, 1783 [J]. Philosophical Transactions of the Royal Society of London, 1784, 74: 112–115.

Cooper, W. Observations on a Remarkable Meteor Seen on the 18th of August, 1783 [J]. Philosophical Transactions of the Royal Society of London, 1784, 74: 116–117.

Lovell, R. An Account of the Meteor of the 18th of August, 1783 [J]. Philosophical Transactions of the Royal Society of London, 1784, 74: 118.

Pigott, N. An Account of an Observation of the Meteor of August 18,1783 [J]. Philosophical Transactions of the Royal Society of London, 1784, 74: 457–459.

其中,天文学家布拉登在他的论文中,对流星本质提出了一种不同于前人的新解释。①布拉登认为,流星的本质是"电",因为"在自然界中人们所了解的事物中,唯一能产生这一现象的就是电"。布拉登列出了以下几条理由作为论据:

(1)电流的速度非常快,这一点排除了哲学家们探测到它的尝试。而流星在天空中的迅速移动——布拉登估计其速度是每秒20英里,当时人们所能设想的实验中没有一件事物能满足这个要求,除了电流之外。

---

① Blagden, C. An Account of Some Late Fiery Meteors [J]. Philosophical Transactions of the Royal Society of London, 1784, 74: 201-232.
在布拉登之前,关于流星现象的解释,代表性的观点有如下两种:
在《气象学》(Meteorologica)中,亚里士多德把流星看成一种大气现象。认为太阳的热使得地球上蒸发出水汽,不同的大气现象,与水汽形成的量以及它们以什么样的方式结合有关。当足够数量的水蒸气聚集在月下区的时候,如果具备适宜的条件,又有新的水汽能恒定地补给进来的话,被点燃的水汽就形成了流星或彗星。
亚里士多德的这一理论,直到17世纪末的时候,还仍然被广泛接受——尽管他的水晶球宇宙模型这个时候已经基本被人们放弃了。1714年,哈雷(Edmond Halley, 1656—1742)在《哲学汇刊》上发表的一篇文章中,对流星现象提出了一种新的解释。
通过对前人众多观测结果的总结,哈雷说,他发现流星通常是来自地球表面之上40—50英里的高空,而根据他本人1680年代中期做的一些实验,地球大气并没有绵延到如此高的高度。换言之,如果如亚里士多德所认为的,流星是从地球上蒸发到高空的水汽形成的,那么,它们所被观测到的高度应该位于地球大气所绵延的范围内。而这与观测事实其实是不符的。
在此基础上,哈雷对流星的形成本质提出了一种新的观点,认为燃烧的流星(fiery meteor),是"一些物质在空中聚集形成在一起,也可以说它们是一些偶然汇集在一起的原子,在穿过地球运行轨道时和地球相遇",产生的情形。
上述内容参考了以下文献:
Beech, M. The Makings of Meteor Astronomy: Part Ⅲ [J]. WGN, The Journal of the IMO, 1993, 21(2): 67-68.
Beech, M. The Making of Meteor Astronomy: Part V [J]. WGN, The Journal of the IMO, 1993, 21(6): 259-261.
Halley, E. A Discourse of the Rule of the Decrease of the Height of the Mercury in the Barometer, According as Places are Elevated above the Surface of the Earth, with an Attempt to Discover the True Reason of the Rising and Falling of the Mercury, upon Change of Weather [J]. Philosophical Transactions, 1686, 29: 159-164.
Halley, E. An Account of Several Extraordinary Meteors or Lights in the Sky. By Dr. Edmund Halley, Savilian Professor of Geometry at Oxon, and Secretary to the Royal-Society [J]. Philosophical Transactions, 1714, 29: 159-164.

（2）流星出现时会产生一些和电现象类似的现象。

（3）流星与北极光之间存在联系。从以往留下的观测记录中，可看出它们有几点相似之处：据记录下的现象，人们看到北极光(northern lights)加入或形成发光球体，以极快的速度划过天际，甚至像常见的流星一样留下一条发光的痕迹；北极光一般也出现在非常高的天区；流星划过天际会发出"嘶嘶"的噪声，在非常寒冷的天气里，北极光也会发出"嘶嘶"的噪声。不过，在布拉登看来，流星和北极光最大的相似之处，也最能说明这些流星本质的地方还在于，流星轨迹的方向，至少非常多数量的流星，都是连续地来自或是朝向非常靠近磁子午圈的天空北方或西北方。布拉登对此解释说，前面一种情形，是大量的电流从处于北方的巨大的聚集团中消散或是爆发出来；后一种情形，则是大量的电流被吸引而聚集在一起。

在论文的结尾，布拉登利用电解释了雷、闪电、流星以及北极光的形成原因，区别只在于它们在高空中所处位置的不同：

雷和闪电是由云层中的不均匀分布的电流引起的；在云到达不了的更高的高空中，我们看到的不同类别的流星(falling stars)就来自这里；在曙暮大气(crepuscular atmosphere)极限之上的高空，足够多数量的电流发生的运动，是生成我们称之为"火球"(fire-balls)的各种现象的决定原因；可能在地球之上更高的高空，聚集在一起的更亮但更不密集的电，产生了各种美丽的光束和光彩夺目的北极光。

按照曼宁的看法，布拉登这篇对流星和极光本质进行解释的论文，为艾略特太阳发光的解释提供了最主要的思想来源：流星产生的亮光和微弱的热，让太阳发射出耀眼的光芒。

在曼宁的考察结论基础上，有必要做一点补充的是：艾略特在对太阳发光现象进行解释的过程中，很可能还引入了布拉登关于极光本质的观点。

作为一种长久以来没有获得解释定论的自然现象，和流星一样，极光也一直是天文学家们很感兴趣的事物。艾略特在接下去论证"太阳发出光亮，但并不意味着它会很烫"这一观点时，从电学实验中"通电的玻璃球火花四溅，但并不是很烫"的例子，联想到了"极光的热似乎并不很烫"的事实。艾略特猜测说：

> 极光现象有时是非常明亮的，它的光芒扫过很大一片天区（当然它一般出现在很高的高空），难道不可以把围绕在太阳周围发亮的流星设想成一种极光（aurora borealis）……

由此可见，是受到布拉登的影响，艾略特在他的论文中把流星和极光也看成了一类事物。在他看来，两者不同处只在于"太阳光普照大地，光线持久，更密集，因此也就更明亮和更光辉夺目"。而"相比于我们所看到的极光的稀有、温和、在局部地区出现，太阳光的持续、耀眼和普照大地，两者的区别只在程度的不同"。

至于这种不同究竟是何原因所致，艾略特承认"我们目前还不知晓：因为，我们至今对地球上的极光现象也还所知甚少"。不过，艾略特还是从太阳的情形方面稍稍猜测说，太阳是整个系统中最重的球体、引力的中心，发光物质在太阳上可能比在行星上要多；此外，太阳大气更大的密度也可能对这个结果有一定的影响。在此基础上，艾略特还补充了极光和太阳光共同点的另一个论据，极光的颜色通常偏黄色多一些，而太阳光和发出亮光的流星也是同样的情形。

艾略特关于太阳黑子现象的观点

值得一提的是,曼宁在他的论文中没有注意到的一点还有:艾略特在论证太阳适宜居住的过程中,除了对太阳发光的缘由提出解释之外,在文章中还谈及了另一种长久以来一直受到关注的太阳现象——太阳黑子。从17世纪初,伽利略、德国天文学家法布里修斯(Johannes Fabricius, 1587—1615)等人观测到太阳黑子开始,科学家们对这一现象提出过不同的解释。但直到18世纪末艾略特所处的年代,它仍然是一个悬而未决的问题。

艾略特认为,人们有时在太阳表面观测到的黑子,是一些短暂出现的孔隙,或者也可以说是发出亮光的一些流星有时不连续在一起的缘故,由此可以推知,到达太阳表面的光芒要比一开始想象中的来得少,所以在太阳上观看物体和在我们地球上观看物体一样方便。可以看出,艾略特把这一结论作为他的太阳适宜居住观点的辅证。

事实上,在此之前,英国天文学家威尔森(Alexander Wilson, 1766—1813)和法国天文学家拉兰德(Joseph Lalande, 1732—1807)曾对此进行过争论。所以不排除这种可能,艾略特关于太阳黑子的观点从中获得了启发。

1771年,拉兰德在他的《天文学》(*Astronomie*)一书中,提到一种解释,认为太阳黑子的暗影(umbra of sunspot)是包围着太阳发出光亮的大洋退潮后暴露出的山峰;半影区(penumbra regions)则是刚好位于大洋表面之下的山峰群(the banks of mountains)。①

威尔森在1774年发表的一篇论文中对拉兰德的观点提出反驳。②按照威尔森的构想,太阳主要由两个部分组成:巨大的、不发出光亮的球

---

① Lalande, J. Astronomie [M]. Paris: Chez la Veuve Desaint, 1771.
② Wilson, A., Maskelyne, N. Observations on the Solar Spots. By Alexander Wilson, M. D. Professor of Practical Astronomy in the University of Glasgow. Communicated by the Rev. Nevil Maskelyne [J]. Philosophical Transactions of the Royal Society of London, 1774, 64: 1-30.

体,覆盖在一层薄薄的、光彩耀眼的外壳之下。太阳黑子的暗影并不是像拉兰德所认为的那样,是包围着太阳发出光亮的大洋退潮后暴露出的山峰,而是位于太阳表面之下的球体因为太阳表面发光物质消退而暴露出来的结果。威尔森还解释说,之所以滚烫的发出亮光的太阳表面的那层外壳,没有把下面不发出光亮的天球烘烤得炙热,是因为,太阳两个部分的温度事实上差不多——暴露出来的太阳黑子的温度,相比发出亮光的外壳温度,只稍稍低一点。

由此可看出,艾略特对太阳黑子的这一构想,与威尔森对太阳黑子的解释其实有着某种异曲同工之处:都是由于太阳表面发光物质消退(或不连续),使得太阳下层不发光的球体暴露出来的结果。

通过以上对艾略特这篇文章背后隐含的思想来源的揭示,可以证明:艾略特在阐释他太阳适宜居住的思想时,完全是有备而来的,并非如他的好友西蒙斯博士在辩词中提到的那样是"精神错乱"所致——当然更可能的情形是,西蒙斯的辩护纯属好意,只是为了让艾略特免于受罚,那又另当别论了。

5 威廉·赫歇耳适宜居住的太阳

艾略特不是第一个讨论太阳是否适宜居住的学者,在他之前的17世纪,至少有两位著名科学人士对该论题进行过讨论。

丰特奈尔在他1686年出版的《关于多世界的谈话》一书中,对他的假想听众——一位有教养的伯爵夫人,表达了关于太阳是否适宜居住的观点。[①]

丰特奈尔认为,太阳不适宜居住。针对伯爵夫人的追问——"为什么太阳是一个例外",丰特奈尔回答,"因为太阳和地球,以及别的行星都不相同"。"太阳有着特殊的性质,但这种性质究竟是什么,我们却很难想象"。除此以外,丰特奈尔还解释说,阻碍太阳适宜居住的另一个障碍还有,太阳上的居民不可能看到任何东西:他们无法忍

---

① Fontenelle, Bernard Le Bovier De. Conversations on the Plurality of Worlds (1686)[M]. Translated from a Late Paris Edition, by Miss Elizabeth Gunning. London: Printed by J. Cundee, Ivy-Lane; Sold by T. Hurst, Paternoster-Row, 1803: 87.

受如此强烈的光,除非,他们的眼睛生得足够结实,或者是在一定距离之外接收太阳的光芒。由此可推断,太阳只能供没有视力的人居住。总之,丰特奈尔相信,"我们有充分的证据证明,这个发光体是不能作为居住之地的"。

荷兰天文学家惠更斯在1698年出版的著作《已发现的天球世界》一书中,也对这个论题发表了看法:

> 由于酷热的原因,没有像我们一样的居民居住在太阳上。太阳是酷热的,这一点毋庸置疑,像我们这样的血肉之躯在这个大熔炉中待一下下都不可能。如果我们一定要设想某种从未见过的奇特的动物(能居住在太阳上),比如和我们所了解的完全不相同的,或是完全超出我们想象之外的:那事实上就等于说,我们压根儿什么也没说。①

艾略特之后,大名鼎鼎的威廉·赫歇耳重拾太阳是否适宜居住的论题,1795年,在《哲学汇刊》杂志上发表论文《太阳和恒星的性质及结构》(On the Nature and Construction of the Sun and Fixed Stars)②。威廉·赫歇耳摘录了他从1792年8月26日至1794年10月13日这段时期内关于太阳的观测报告,从中得出了对太阳结构和性质进行探讨的几点结论。

赫歇耳认为,"太阳周围包裹着一层很厚的大气",是"毫无疑问的"。"这种大气中包含有各种弹性介质(elastic fluid),这些弹性介质或多或少是发光和透明的,透光性使得太阳能为我们提供光亮,并且

---

① Huygens, C. The Celestial Worlds Discover'd [M]. The identity of the translator is unknown. London: Timothy Childe, 1698: 142.

② Herschel, W. On the Nature and Construction of the Sun and Fixed Stars [J]. Philosophical Transactions of the Royal Society of London, 1795, 85: 46–72.

通过它似乎也能对太阳黑子、太阳光斑,以及太阳表面发光的现象,进行充分的解释"。

关于这种发光的"弹性介质",赫歇耳解释说,它们是从太阳大气中生成的,并认为,把其类比于地球大气中云的生成是非常恰当的,因为"我们的云可能是大气中的一些弹性介质分解而成的",因此"可以认为,太阳周围所包裹的那层大气,由于同样的原因,也会有同样的现象发生"。不过,赫歇耳也承认,上述两种现象间也是存在差别的,"这种持久、大量分解的太阳弹性介质,本身具有和磷一样的性质,通过发出光芒,能带来光亮",而地球大气中的介质却不具有这样

威廉·赫歇耳1789年建造的口径1.22米反射望远镜

的效应。

太阳弹性介质的上述特质带来一个疑问,这种剧烈而持续的分解是否会把太阳彻底耗光？因为,地球大气中的弹性介质会分解成云、雨、闪电等各种现象,重新返回地球;而太阳大气中弹性介质的分解非常不一样,介质发出的光照射出去不会再返回太阳。对此,威廉·赫歇耳的回答是,太阳大气中含磷介质分解产生的所有组成物质,除光以外都会返回到太阳。而针对接下去的另一个追问——光的照射可能一样也会对太阳造成损耗,赫歇耳解释说,明显的事实是,太阳本身并不发出光芒。

这个解释无疑过于牵强,赫歇耳补充说,"可能存在其他变通的方法,来弥补太阳光的照射所造成的损耗"。至于"变通的方法"究竟是怎样的,赫歇耳未做进一步设想,他的辩解是,存疑也是有合理性的,"大自然在她伟大实验室里所进行的其他许多操作,我们都还未能理解"。赫歇耳随后干脆把这个难缠的问题撇在一旁,"我的设想并不意味着我就承担了这个义务,解释太阳怎样维持光的消耗问题,以及太阳是否一直发光的问题"。

通过对太阳发光本质不太圆满的探讨,威廉·赫歇耳提出了对太阳黑子和光斑的一种新的解释。赫歇耳认为,太阳黑子是太阳大气中的某个位置,刚好处于分解中的发光弹性介质稀少的区域。换言之,太阳黑子只是太阳的一种地理现象——它是我们通过光芒四射的太阳外壳所窥见的太阳漆黑的内核。而太阳光斑,则是大量这种处于分解中的发光弹性介质集聚在一起时产生的现象,所以它相较太阳一般发光区域要更明亮。

在此基础上,威廉·赫歇耳最终提出了他的太阳结构设想:

从太阳发出亮光的大气,我推测它是一个不透明的球体,通过计算它施予其他行星的力,可以知道它应该是非常坚固的实体;至于太阳黑子现象,它们中的一些之所以会多次被观测到,可能是因为处于很高的位置,这意味着它们的高度是不均等的,我们由此猜测,太阳表面可能布满山峰和深谷。

以这一设想为前提,威廉·赫歇耳得出惊人的推论——太阳适宜居住,"通过以上这种方式对太阳和太阳大气的论述,已经消除了太阳与太阳系中其他巨大天体各自环境的巨大差异"。他在论文中这样描述:

> 太阳,从这个角度来看,只是一颗引人注目的、巨大的、发出耀眼光芒的星体(planet),很明显它居于首位,或者严格说来,它在我们这个系统中位居首位;而所有其他的星体都位居其次。它和太阳系别的星体类似的地方在于,它坚固,它有大气存在,以及它变化多样的表面;它围绕着自转轴运行,它上面的重物也会下落,这些让我们猜测,和其他行星一样,太阳也被其机体组织适应这个巨大球体奇特环境的生命体居住着。

威廉·赫歇耳认为,相较于诗歌中"含混、模糊"的修辞说法,他本人已经基于"天文学法则,为太阳适宜居住找到理论依据"。他自信地宣称,"前面的那些观测,以及我从这些观测所得到的结论,让我相信我完全能充分地回答任何一个针对这个结论的反驳意见"。

不过,赫歇耳同时也意识到,这一惊人推论面临的首要困境是,地球与太阳在相距如此遥远距离的情形下,太阳光线都还能在地球

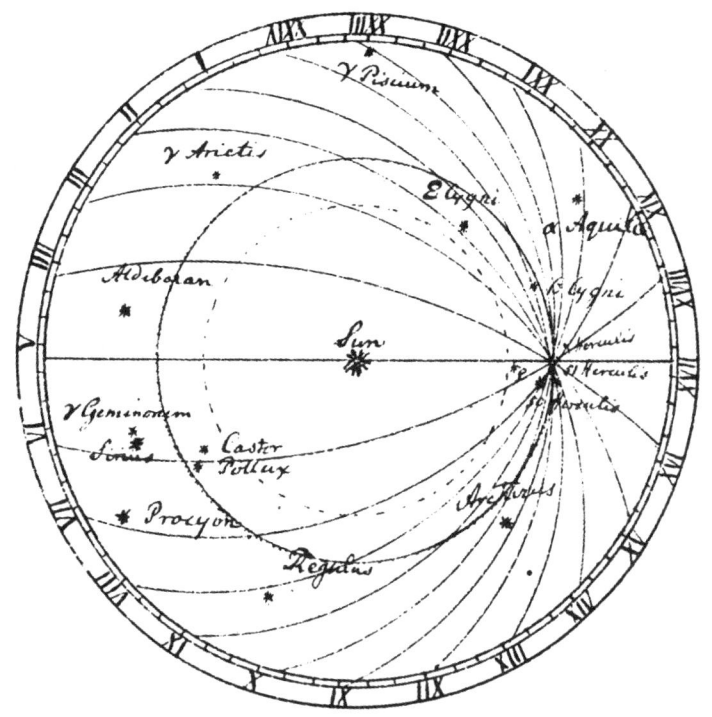

威廉·赫歇耳画的太阳向点示意图

上产生大量热,那太阳实体表面早被烤糊就是毋庸置疑的了。他对这个难题的解答是"只有在太阳光线和生热媒介发生作用的时候,才会产生热",换言之,"太阳光线只有在和包含着能生成热的质料的火物质结合在一起时,才会成为热因",而"在太阳表面,它本身的光线对热这一性质并没有产生过度的影响"。也就是说,太阳本质上是光和热分离的,所以,太阳大气发出的亮光并不妨碍太阳适宜居住。

1801年,威廉·赫歇耳在《哲学汇刊》上再次发表论文,对太阳本质结构作进一步的探讨,新论文有一个冗长的标题:《以考察太阳本质为目的的观测,为了发现其光和热各种辐射特征的缘由;对得自太阳观测结果的可能性运用的评论》。①赫歇耳摒弃了前人关于太阳观测现象的一些旧称呼，自创了一套后来并没有流传下来的新名词，对应他对这些现象的新解释。譬如，他把"太阳黑子"(spots)，称为"开口"(opening)，"光斑"(facula)称为"脊"(ridges)或"节"(nodules)。

和先前一样，赫歇耳仍旧未对太阳能持续发光的原因做出解释，他只提到太阳的发光物质是一种"位于太阳大气最高层的具有大气性质的弹性介质"。

在对太阳现象进行观测的基础上，威廉·赫歇耳提出了一个更为具体的太阳结构模型——太阳实体表面之上存在"双层云"的构想。"双层云"的上层云(superior clouds)是发出亮光的外壳。在此之下与太阳表面相邻的一层是"星云"(planetary clouds)或"下层云"(inferior clouds)，除了极端不透明，还可以把最上面一层亮壳所发出的剧烈强光抵挡在太阳表面之外，这是"造福了整个太阳系的益处"，可以把来自上层云的光亮反射回去，为太阳的光耀夺目提供最主要的光源支持。

通过"双层云"结构模型的构想，威廉·赫歇耳很笃定地宣称，"有充分的证据表明，一定存在太阳大气(solar atmosphere)"。太阳大气延伸到太阳上很高的高空，比地球表面大气的密度要大许多，透明并且很容易被扰动。"上层云"和"下层云"都是由于这种太阳行星大气的支持，飘浮在空中。对"双层云"所处位置的不同，威廉·赫歇耳解释说，这是因为它们各自"重"的不同。在"下层云"与太阳实体之间，则存在一个清澈的大气空间。

---

① Herschel, W. Observations Tending to Investigate the Nature of the Sun, in Order to Find the Causes or Symptoms of Its Variable Emission of Light and Heat; With Remarks on the Use that May Possibly be Drawn from Solar Observations [J]. Philosophical Transactions of the Royal Society of London, 1801, 91: 265-318.

表5 几位科学人士的太阳结构观点对比

人物	威尔森	艾略特	威廉·赫歇耳	
论文	1774年论文	1787年论文	1795年论文	1801年论文
太阳发光	发光的外壳	流星发出的光芒是太阳光的来源	太阳大气中发光、透明的弹性介质	具有大气性质的发光弹性介质
太阳结构	太阳实体之上有发光的外壳	太阳实体之上遍布发光的流星	不透明、坚固、发光的实体,表面布满高山深谷	太阳实体之上"双层云"结构
太阳黑子	太阳发光物质消退的结果	一些短暂出现的孔隙,或者也可以说是发出亮光的一些流星有时不连续在一起的缘故	太阳大气中的某个位置刚好处于分解中的发光弹性介质稀少的区域	太阳上空发出亮光的云偶然的飘移使得太阳实体被暴露所产生的结果
太阳实体温度	暴露出来的太阳黑子的温度,相比发出亮光的外壳温度只稍稍低一点	光和热分离,适宜居住	光和热分离,适宜居住	行星云层隔离了光,适宜居住

资料来源:根据前文出现过的相关论文整理而得。

威廉·赫歇耳把他的太阳"双层云"模型运用到对太阳各种观测现象的解释上,结论与1795年论文也基本一致。他对"开口"(即"太阳黑子")的解释是,"因为太阳上空发出亮光的云偶然的飘移,使得太阳实体被暴露所产生的结果,开口是不透光的,我们通常把通过一般的望远镜所观测到的太阳上的这种孔,误解为黑子或是日核(nuclei)"。

事实上,在威廉·赫歇耳看来,"双层云"这一结构模型除了为各种太阳观测现象的解释提供了更加坚固的理论前提之外,还进一步巩固了他的太阳适宜居住观点。而这一点他在论文开篇就已提到:

在前面发表的一篇论文中,我提出过,我们有非常充足的理由把太阳看作一个最高贵的适宜居住的球体;从现在这篇论文中相关的一系列观测结果来看,我们此前提出的所有论据不仅得到了证实,而且通过对太阳的物理及星体结构的研究,我们还被激励向前迈出了一大步。

6 威廉·赫歇耳的多世界宇宙观

威廉·赫歇耳太阳适宜居住的观点,有时也被当成一位杰出天文学家的偶发怪论。①事实上,这一观点并不是威廉·赫歇耳的突发奇想。因为,相较赫歇耳在天文学领域所取得的诸多令人瞩目的成就,不太为后来的研究者所提起的是,他还是一位坚定的多世界理论(plurality of worlds)支持者。太阳适宜居住的设想,只是他这一思想倾向的其中一个方面的体现而已。威廉·赫歇耳还坚定地相信,月亮也是适宜居住的。

1780年5月,赫歇耳在英国皇家学会宣读一篇论文《关于月亮山脉的天文观测》(Astronomical Observations Relating to the Mountains of the Moon)。文章开篇提到:

---

① Kawaler, S., Veverka, J. The Habitable Sun: One of William Herschel's Stranger Ideas [J]. The Royal Astron. Soc. of Canada, 1981, 75: 46-55.

月亮结构的相关知识让我们得到几个结论……存在极大的可能,有生命居住在那里,虽然这并不是完全确定的。①

1912年,《威廉·赫歇耳科学文集》(Scientific Papers)出版时,在所收入的《关于月亮山脉的天文观测》这篇论文结尾,附有一封赫歇耳当年随同论文一起寄给著名天文学家马斯基林(Nevil Maskelyne,1732—1811)但未能一起发表出来的通信,赫歇耳向马斯基林讲述了他的月亮适宜居住的观点。②

赫歇耳坦陈,"我说的月亮有生命居住的确切的可能性,可能要归结于一个观测者的某种热情"。他恳请马斯基林,"如果你许诺不把我当成一个疯子,我会通过讲述一段过程(大约18个月之前,我对月亮的各种现象进行了一系列的观测),来说明我对这个论题的真实想法"。

接下去威廉·赫歇耳采用类比方式论证了他的月亮适宜居住的观点,并且也意识到这种方法的先天不足,他解释说,"可能从类比得到的结论,与事情的真相是非常不一样的,但对于观测所不能及的事物,除了采取这样的方法,我们没有别的方法去进行了解,所以,这种论证方式所存在的缺陷,应该稍稍被包容一点"。

赫歇耳列出的月球适宜居住的论据有两点:一是月亮"也有光和热",二是月亮"像我们的地球一样,它的土壤显然也是完全适合居住

---

① Herschel, W. Astronomical Observations Relating to the Mountains of the Moon. By Mr. Herschel of Bath. Communicated by Dr. WATSON, Jun. of Bath, F. R. S. [J]. Philosophical Transactions of the Royal Society of London, 1780, IXX: 507-526.

② Herschel, W. Scientific Papers, Including Early Papers Hitherto Unpublished. Collected and Edited under the Direction of a Joint Committee of the Royal Society and the Royal Astronomical Society, With a Biographical Introd. Compiled Mainly from Unpublished Material by J. L. E. Dreyer (2Vols) [M]. London: London Royal Society and the Royal Astronomical Society, 1912, 1: XC.

的"。在此基础上,赫歇耳反问说,"谁说完全没有这种可能性,月球上一定存在某种类型的月亮居民,或是别的生命体?"赫歇耳相信,"在某一天,其他非常有说服力的生命证据将会在月亮上被发现"。

事实上,威廉·赫歇耳甚至认为月亮比地球更适宜居住,理由是:

> 地球就像一辆笨重的四轮马车,携带着更加纤小的月亮,在月亮没有阳光照射的情形下,借给它明亮的光芒。而当我们在漆黑的夜里徒步行走的时候,月亮只能为我们提供微弱的光芒,经常一朵云彩就能把它遮蔽掉。就我而言,在地球和月亮之间做选择的话,我会毫不犹豫地选择月亮作为我们居住的地方。

除1780年的这篇论文及通信外,赫歇耳在1795年那篇讨论太阳本质结构的论文末尾,也谈到了月亮的适宜居住性——赫歇耳把相关的内容作为证明太阳适宜居住的辅证。[①]

赫歇耳先列举了月亮和地球的相似之处,"月球的表面和地球一样,布满了各种山峰和山谷;它相对太阳的位置和地球差不多;通过绕自转轴的旋转,月亮上也有季节和昼夜的变化"。同时,赫歇耳也承认了两者间的差异,他说,"我们没有从月亮上观测到海洋,它的大气(其存在甚至也被很多人怀疑)是极度稀薄的,并不适宜于动物的生存;此外,月亮上的温度、季节和昼夜长短,也完全和地球上不一样;月亮上也没有密集的云,没有雨;可能也没有河流,没有湖泊"。

不过,赫歇耳解释说,以上"两颗星球间存在决定性的差异",不但没有削弱月亮适宜居住的说服力,反而是加强了他的这一论断,因为:

---

① Herschel, W. On the Nature and Construction of the Sun and Fixed Stars [J]. Philosophical Transactions of the Royal Society of London, 1795, 85: 46–72.

我们发现，即便是在我们的这颗星球上，生存于其中的物种的情形也存在令人惊讶的差异。人在路上走，鸟在空中飞，鱼在水中游。如果居住在月亮上的居住者完全适应它的条件，正像我们适应地球的条件一样，我们确实不能否认月亮是适宜居住的。

事实上，赫歇耳认为"前面提及的那些地球和月亮的类似之处，已足以使这变得极为可能，月亮就像地球一样，有生命居住着"。

在此基础上，赫歇耳进一步设想说，月亮上的居民知道地球是适宜居住的，也应该是顺理成章的事情。因为，"如果月亮上的居民没有通过这种类比分析来进行恰当的思考，推测出地球也是适宜居住的，相反只是认为，地球不过是携带着他们所居住的那颗小球体在天空中运行，在其受不到阳光照射的时候，为其提供一点光亮"，那么，月亮上的居民"就太无知了"。

赫歇耳随即把这个推论通过类比法则推广到了整个太阳系，为他的太阳适宜居住这一观点找到了另一个辅证，认为"土星、木星和天王星的月亮居民们……这是确切无疑的，对于这些小卫星上的居民而言，所有的那些携带着卫星的行星和地球一样，行使着一切被赋予的职责"。以此类推，卫星上的居民认为行星是适宜居住的，那么，行星上的居民也同样理所应当认为太阳是适宜居住的，"我们确实不应该，像有些人那样认为，太阳对我们而言只是一个引力中心。……在望远镜帮助下，基于类比分析的结果，很明确就可以达成这样的共识。对于承认太阳上一定是有居民的这一点，我们没有必要再犹豫"。

赫歇耳随后把这样的类比法则延伸到了所有恒星世界：

恒星就是太阳，太阳，根据一般的看法，是发光、温暖，支持一个行星系的球体,所以,我们就会有这样的想法,无数的这些星球也是适宜生命体居住的。

关于威廉·赫歇耳月亮适宜居住的观点,除了在以上两篇发表论文中的论述外,克罗后来还从威廉·赫歇耳生前未发表的一些文章中发掘了一批相关史料。①

---

① Crowe, M. J. The Extraterrestrial Life Debate, 1750-1900: The Idea of a Plurality of Worlds from Kant to Lowell [M]. Cambridge: Cambridge University Press, 1986: 61-65.

7 科学界人士的讨论

威廉·赫歇耳作为当时最具名头的天文学家,以严肃论文形式发表太阳适宜居住的观点,立刻引来一些科学人士的关注。

英国著名物理学家托马斯·杨(Thomas Young,1773—1829)在一次演讲中评价赫歇耳太阳适宜居住的观点,认为无论赫歇耳所设想的行星云云层有多厚,作为隔热层都是不可能的,何况"如果别的环境能够允许人类居住在太阳的表面,他们自己的体重将造成一个不可克服的障碍,因为人在太阳上的重量将是地球表面上重量的将近30倍,一个中等身材的人体重将达到3吨"。[1]

不过,英国的另一位物理学家布鲁斯特(David Brewster,1781—1868)在他1854年出版的论著《多世界:哲人的信条与基督徒的希望》(*More Worlds than One: The Creed of the Philosopher and the Hope of the Christian*)中,不仅全盘接受了赫歇耳太阳适宜居住的观点,还替

---

[1] Young, T. A Course of Lectures on Natural Philosophy and the Mechanical Arts [M]. London: Printed for J. Johnson, 1807, 1: 501–502.

赫歇耳对托马斯·杨的反驳进行逐一答辩。①

针对杨的第一个反驳,"无论赫歇耳所设想的行星云云层有多厚,作为隔热层都是不可能的",布鲁斯特辩驳,如果太阳发出的光和它的热是成比例的,即使太阳看上去虽然光芒四射,但它的内核仍然是凉爽的。因为,按照赫歇耳的估算,只有千分之七的光通过不透明的"下层云"到达太阳实体,这就使得甚至连人类都适宜居住在太阳的坚固内核上进行生活和呼吸。

杨的第二个反驳,"人类居住在太阳的表面,他们自己的体重将造成一个不可克服的障碍",布鲁斯特认为这无关紧要,因为"威廉爵士从未宣称,也从不相信,太阳上的生命形式会是人类",而是与此相反,太阳上的生命体"适应他们的环境,就像我们适应地球上的环境一样"。

至于其他反驳观点,"由于太阳上空整个苍穹被双层云遮蔽起来,太阳居民对行星知识和身处其中的恒星宇宙将一无所知"。布鲁斯特不乏想象力地解释,太阳居民"可以通过太阳大气中无数的缝隙(opening)观测到行星和恒星"。他最后总结道:

> 太阳适宜居住的可能性,通过对其巨大体积的考虑无疑能得到很大的提升。如果承认威廉·赫歇耳所说的太阳有着生命机体能适应的温度,那就很难让人相信,体积如此巨大的一个球体,居于如此引人注目的一个位置,上面却没有智慧生命来研究围绕在它四周的那些庄严高贵的布置;也就更难让人相信,幅员如此辽阔、永恒享有祝福的太阳,如果是适宜居住的,就不会被最高级的智慧生命所居住着。

---

① Brewster, D. More Worlds Than One: The Creed of the Philosopher and the Hope of the Christian [M]. New York: Robert Carter & Brothers, 1854: 100-107.

与布鲁斯特同时代的另一位有声望的人物——法兰西科学院院长、巴黎天文台台长阿拉果,对威廉·赫歇耳的太阳适宜居住观点也表示赞同。他在出版于1854年的四卷本大部头著作《大众天文学》(*Astronomie Populaire*)第二卷中,评价威廉·赫歇耳的观点:

对此我没什么好说的。但是,如果有人要问我,太阳能否被机体组织和居住在我们这颗球体上类似的那种生命形式居住,我会毫不犹豫地作肯定回答。太阳中央漆黑的内核被包围在一层不透明的大气中,远离发出亮光的大气,这种设想完全能自圆其说。①

---

① Arago, F., Barral J. A., Flourens P. Astronomie Populaire [M]. Paris: Gide et J. Baudry, 1855: 181.

8 在文学领域生出的幻想成果

相较月亮和火星(下一章将会谈及),太阳题材的星际幻想小说数量很少,目前只发现2部。

第一部是伯杰瑞克(Cyrano de Bergerac,1619—1655)的《月亮和太阳世界》(*Worlds of the Moon and Sun*)。这是伯杰瑞克另一部幻想小说《月球旅行记》(*The Voyage to the Moon*,法语原书名为 *Histoire Comique Des Extats Et Empires De La Lune*)的续篇,他生前并未能将其完成,去世后1662年才首次发表。

故事讲述《月球旅行记》中从月球归来的主人公,四处与人讲述他的冒险经历,被当作蛊惑人心的魔法师投入监狱。他随后在监狱中偷偷造了一架飞行器并乘坐它逃脱,旅行到太阳上,进行了一番惊心动魄的探险。[1]

---

[1] Green, R. L. Into Other Worlds: Space-Flight in Fiction, from Lucian to Lewis [M]. Manhattan: Arno Press, 1958: 50–52.

伯杰瑞克通过这部小说表达了他对哥白尼日心说的支持。主人公在旅行途中亲眼证实,地球和行星都是围绕着太阳运行的,它们本身并不发光,而是反射来自太阳的光芒。

除此以外,伯杰瑞克在书中对太阳发光的本质进行了想象,主人公靠近太阳还没有被烤焦,是因为"太阳燃烧的并不是火,而是一种附着的物质,太阳的火是不能和其他物质混合的"。而当时流行的一种对太阳黑子的解释观点,也被小说所借鉴。科学人士猜测,黑子是一些围绕太阳做圆周运动的行星,当它们朝向地球背对太阳的时候,就产生了黑子效应。①书中主人公朝太阳旅行四个月后,到达了"数学家们把它们叫作'黑子'的围绕着太阳飞转的其中一颗小星球上",并且发现上面也有居民。

伯杰瑞克之后,英国人怀汀(Sydney Whiting)1855年发表的《氦粒温达:太阳历险记》(*Heliondé: Or, Adventures in the Sun*),是目前所知19世纪唯一一部和太阳旅行有关的幻想小说。②

怀汀在书前还附上一篇给布鲁斯特的献词,其中对布鲁斯特极尽赞美,崇敬之情溢于言表。考虑到布鲁斯特曾对威廉·赫歇耳太阳适宜居住的观点进行过辩护,怀汀写作这部幻想小说应该是受到赫歇耳思想的启发(*Heliondé: Or, Adventures in the Sun*, iii-iv)。

故事共分七章,讲述主人公梦游太阳乌托邦世界的过程。其中第二章最能体现作者的科学想象精神——主人公在一位使者带领下,亲自对太阳本质结构进行实地了解,最终搞明白了困扰地球天文学家们多年的太阳黑子难题(*Heliondé: Or, Adventures in the Sun*, 49-51)。

---

① Fontenelle, Bernard Le Bovier De. Conversations on the Plurality of Worlds (1686)[M]. Translated from a Late Paris Edition, by Miss Elizabeth Gunning. London: Printed by J. Cundee, Ivy-Lane; Sold by T. Hurst, Paternoster-Row, 1803: 87.

② Whiting, S. Heliondé: Or, Adventures in the Sun [M]. London: Chapman and Hall, 1855.

太阳居民把自己的星球称为"氦粒奥波利斯"(Heliopolis),它本身是一个发出剧烈电光(electrical light)的巨大球体,越往中心密度越大——怀汀此处借用了他的前辈赫歇耳等人关于太阳光热分离的思想,太阳发出的这种强光并不热,只有当和固体物质相遇的时候才产生热。太阳表面辽阔的区域和宽广的海洋底部,覆盖着一层草皮(like-turf)一样能遮住光的致密物质,太阳居民可以正常生活在上面。不过覆盖区域相较太阳巨大球体表面只占很少的比例,太阳中心的电光从透明区域泄漏出去进入太空,从地球上看,它就是一个大火球。

主人公在了解了上述情形之后恍然大悟:原来这些星罗棋布在太阳透明表面上的不透光区域,就是地球上的天文学家们所观测到的黑子。

除了假想太阳黑子的成因,怀汀关于太阳的其他想象也很有意思。比如,他设想尽管太阳上是永恒的白昼,但神奇的是,太阳居民有着特殊的感光神经,他们通过周期循环对光的感知来调节白天和黑夜的交替。用太阳使者的话讲,夜晚存在于大脑中,而不存在于外部世界中。至于太阳上的季节交替,则是因为太阳在一年中不同时期大气的稠密程度是不一样的,这导致大气所含有的光和热的总量也会发生变化,到达峰值就是夏天,处于谷值就是冬天。

除了小说文本对太阳居民的想象,报刊有时也会在这个题材上凑凑热闹。1869年11月30日,新西兰《北奥塔哥时报》上出现一篇题为《适宜居住的太阳!》(The Sun Inhabited!)的小短文。[①]文章声称消息来自美国宾夕法尼亚州一位名叫安斯利(Ainslie)的教授,他从发生日食时拍摄下的一张相片中发现了太阳上的居民。

---

① The Sun Inhabited![N]. North Otago Times, 1869-11-30, XIII(471): 3.

不过，报纸杂志刊登与此相关的文章，很大程度上则是希望通过制造一点耸人听闻的消息来增加一点发行量——1835年"月亮骗局"事件已经树立了先例，不过这则消息似乎并没引起人们太大的关注。

9 余音未了的一场闹剧

太阳发出光和热的原因,作为一个困扰科学界的"百年难题",吸引了诸多科学人士(其中不乏第一流的人物)参与探讨:

1855年,德国柯尼斯堡大学的物理学教授亥姆霍兹(Hermann von Helmholtz, 1821—1894)在一次演讲中,提出太阳辐射出巨大能源是因为恒星质量引力收缩,引力能在转化为热能的过程中导致太阳发光。

1862年,著名的开尔文勋爵(Lord Kelvin, 1824—1907)提出一个观点:太阳是一个逐渐冷却的固体,在此过程中释放出内部储存的热量。

1868年,诺曼·洛克耶(Norman Lockyer, 1836—1920,《自然》杂志的第一任主编)在太阳光谱中发现氦元素——几乎同时,法国物理学家朱尔斯·詹森(Jules Janssen, 1824—1907)也获得了相同的结论,他们两人随后共同分享了这一荣誉。

1904年,卢瑟福(Ernest Rutherford, 1871—1937)认为,太阳能量输出可能是来自其内部元素发生放射性衰变生成的热能。

1920年,阿瑟·爱丁顿(Arthur Eddington)爵士提出一种观点,太阳核子内部的压强和温度产生的核聚变反应,把氢质子聚合成氦原子,导致巨大的能量产生。

1925年,佩恩(Cecilia Payne,1900—1979)证实了太阳内部存在数量极其丰富的氢元素。

1930年代,天体物理学家钱德拉塞卡(Subrahmanyan Chandrasekhar,1910—1995)和贝特(Hans Bethe,1906—2005)对爱丁顿的核聚变反应理论进行了进一步的发展。贝特后来在他一篇重要论文中,提出了恒星内部质子-质子链反应和碳氮氧循环两种核反应过程,并对太阳能量来源的原理进行了阐释。①

1957年,伯比奇(Margaret Burbidge)等人在《恒星内部元素合成》(Synthesis of the Elements in Stars)这篇如今被奉为经典的论文中,很有说服力地解释了宇宙中大部分元素都是通过恒星(如太阳)内部的核反应合成的。②

与科学界对太阳本质结构的逐渐揭示相对应,太阳适宜居住的猜想开始成了一些民间科学爱好者喜欢谈论的话题。

1909年,一位名叫达斯(Sree Benoybhushan Raha Dass)的人士,自费出版了一部著作《太阳像地球一样是适宜居住的星球》(The Sun a Habitable Body Like the Earth)。尽管书名有些危言耸听,但它其实是一本对各种太阳现象进行介绍的书籍,其中某一章提到了威廉·赫歇耳讨论太阳适宜居住的理论。③

---

① Bethe, H., Critchfield, C. On the Formation of Deuterons by Proton Combination [J]. Physical Review, 1938, 54(10): 862.

Bethe, H. Energy Production in Stars [J]. Physical Review, 1939, 55(1): 434-456.

② Burbidge, E. M., Burbidge, G. R., Fowler, W. A., Hoyle, F. Synthesis of the Elements in Stars [J]. Reviews of Modern Physics, 1957, 29(4): 547-650.

③ 可参见《自然》杂志上关于此书的简短书评:The Sun a Habitable Body Like the Earth [J]. Nature, 1910, 83: 125.

1950年代，德国奥斯纳布吕克市(Osnabruck)一位名叫博伊伦(G. Bueren)的专利局工程师，重新捡起威廉·赫歇耳当年的观点，并最终将其演变成了一场著名的闹剧。天文学家欧匹克(E. J. Opik)在他的一篇文章中记述了整件事情的经过。①

博伊伦声称自己同意赫歇耳的观点，太阳黑子并不是斑点，而是太阳表面的一些缝隙。它们之所以是黑色的，是因为太阳的内部温度比太阳外部温度要低。所以太阳上一定生长植被，太阳的内核一定适宜居住。

据博伊伦的回忆，当第一次读到爱丁顿在一篇文章中估计"太阳内部温度可能达到40万摄氏度"，他笑坏了，决定对这种荒谬的观点进行反驳。

在一次应邀到当地一所高中进行的讲演中，博伊伦选取了相关内容作为演讲题目，并期望他的观点能够引起科学团体的注意，但科学团体对此完全淡漠视之。大失所望的博伊伦决定通过高额悬赏的方式来引起关注。他宣布，任何人只要能解决以下两个问题中的一个，就可获得25 000马克的奖励：①证明太阳是不适宜居住的；②测出太阳或天狼星的内部温度和压强。

博伊伦这一次终于得到了他想要的回应，德国天文学会(Astronomische Gesellschaft)的三位著名天文学家，汉堡天文台台长赫克曼(Otto Heckmann，1901—1983)教授，图宾根大学的比尔曼(Ludwig Biermann，1907—1986)教授和西登托普夫(Hans Siedentopf)教授，接受了博伊伦的挑战。他们选取了第一个问题——证明太阳是不适宜居住的，作为解决的对象。与此同时，著名理论物理学家海森堡(Werner Heisenberg)和来自汉堡的法律专家费舍(Fischer)，被邀请作

---

① Opik, E. J. Is the Sun Habitable? [J]. Irish Astronomical Journal, 1965, 7(2/3): 87-90.

为这次打赌的裁判员。为了公平起见,他们都不是天文学会的成员。

1951年9月,三人裁判团在汉诺威裁定,几位科学家对太阳不适宜居住的证明是有效的。按照事先约定,博伊伦得付给科学家们25 000马克。但博伊伦拒绝兑现承诺,理由是他本人没有被几位科学家的证明说服。

事情最终到了双方对簿公堂的地步,三位科学家将博伊伦告上了奥斯纳布吕克当地法庭,这场官司在公众中引起了很大的轰动。法官判定博伊伦败诉,他必须得如数付给三位科学家25 000马克的悬赏金额。

不服判决结果的博伊伦向奥登堡高级法庭申请二次裁定。据称,在辩论过程中,博伊伦试图进入论题本身的讨论,但法官制止了。法官坚持,问题只在于他是否被迫支付25 000马克,至于其他关于太阳是否适宜居住的问题,第一次庭审和裁判团已经裁定生效,没有必要在此进行复述。当博伊伦逮住一次机会开始阐释他的科学观点,天文学家一方的律师请求对此进行答辩,法官皱着眉头埋怨道,"这就是我最头痛的事情"。旁听席发出一阵爆笑。

二次裁定最终还是以博伊伦败诉告终。执着的博伊伦再一次向卡尔斯鲁厄(Karlsruhe)最高法院申请裁定,结果仍然败诉。就在法院即将宣布最终裁定结果前,博伊伦去世了。1956年,德国天文学会最终从博伊伦的遗产中获得了25 000马克,除去7%用于打官司的诉讼费用,天文学会利用余下的金额成立了一个用博伊伦名字命名的奖励基金会——博伊伦基金(Bueren Fund),专用于对德国青年天文学家的奖励。

第四章

火星运河及与火星假想文明尝试沟通的科学探索

19世纪,讨论火星上是否有"运河",与火星上的文明进行沟通是否可能,都被当作认真的科学活动来进行,是非常时髦的论题,阐述这些方案的文章也大都发表在当时的学术刊物上,而且参与者中不乏在科学史上大名鼎鼎的人物。也就是说,在当时这是一个严肃的科学课题,是一个被主流科学共同体接纳的研究方向。

但是,随着科学的进展,人类对火星的了解越来越深入,这些课题和活动就逐渐被遗忘在了故纸堆中。因为现在大家知道火星上几乎没有液态水,几乎不可能存在类似我们在地球上所见到的生命,当然也就不会有什么"火星文明",于是"火星文明"从一个科学课题变成一个幻想主题。本章将对这一历史过程进行考察。

1 关于火星运河的争论

早期对火星类地的讨论

威廉·赫歇耳可能是最早基于观测结果对火星类地(terrestrial)问题进行讨论的天文学家。1784年,在一篇对火星观测结果进行论述的文章中,他从火星的公转及自转运动、轨道倾角、公转周期等方面和地球作了比较,指出"在整个太阳系中,火星和地球的相似性可能是最大的",他的这些意见都得到了后来天文学发展的证实。在文章结尾,他甚至认为"火星有着充沛而又非常适宜的大气条件,它上面的居民享受的环境在许多方面和地球是一样的"。[1]

1867年2月,天文学家哈金斯(William Huggins,1824—1910)通过观测,在火星光谱中发现了作为参照光谱的月亮光谱中没有的地球大气吸收谱线(telluric line)。哈金斯由此认为,火星大气中可能存

---

[1] Herschel, W. On the Remarkable Appearances at the Polar Regions of the Planet Mars, the Inclination of Its Axis, the Position of Its Poles, and Its Spheroidical Figure; With a Few Hints Relating to Its Real Diameter and Atmosphere [J]. Philosophical Transactions of the Royal Society of London, 1784, lxxiv: 233-273.

在水汽(aqueous vapour)。①

对于证明火星类地性质而言,火星大气中是否存在水汽是一个很基本的问题。随着1877年天文学界对火星运河展开的争论,这一问题再次引起了天文学家的关注。一些著名天文学家,包括沃格尔(Hermann Carl Vogel,1841—1907),塞奇(Angelo Secchi,1818—1878),皮埃尔·詹森(Pierre Janssen,1824—1907)和蒙德(Edward W. Maunder,1851—1928)等人,对火星光谱进行验证性观测后,表示支持哈金斯当年的结论。

1894年,美国里克天文台(Lick Observatory)的威廉·坎贝尔(William W. Campbell,1862—1938),经过新的光谱分析测定后,得出的主要结论认为:火星光谱和月亮光谱是一致的;观测结果并不能证明不存在火星大气(Martian atmosphere),但坎贝尔对火星大气的含量,设置了一个基于观测仪器局限范围内的上限。②

坎贝尔的这一结论立刻引起了哈金斯的回应。③哈金斯凭借多

---

① Huggins, W. On the Spectrum of Mars, With Some Remarks on the Colour of that Planet [J]. Monthly Notices of the Royal Astronomical Society, 1867, 27: 178.

② Campbell, W. W. The Lick Observatory Photographs of Mars [J]. Publications of the Astronomical Society of the Pacific, 1894, 6(35): 139-141.

Campbell, W. W. The Spectrum of Mars [J]. Publications of the Astronomical Society of the Pacific, 1894, 6(37): 228.

Campbell, W. W. Concerning an Atmosphere on Mars [J]. Publications of the Astronomical Society of the Pacific, 1894, 6(38): 273.

Campbell, W. W. A Review of the Spectroscopic Observations of Mars [J]. Astrophysical Journal, 1895, 2: 28.

Campbell, W. W. On Selecting Suitable Nights for Observing Planetary Spectra [J]. The Observatory, 1895, 18: 50-52.

Campbell, W. W. On Determining the Extent of a Planet's Atmosphere [J]. Astrophysical Journal, 1895, 1: 85.

③ Huggins, W. Note on the Spectrum of Mars [J]. The Observatory, 1894, 17: 353-354.

Huggins, W. Note on the Atmospheric Bands in the Spectrum of Mars [J]. Astrophysical Journal, 1895, 1: 193.

年的恒星和星云光谱分析方面的研究,此时已身居天文学权威之列,在叶凯士天文台台长海耳(George Ellery Hale,1868—1983)的斡旋之下,坎贝尔退出了这场争论。在随后的许多年中,通过光谱分析测定火星大气一直没有定论,天文学界围绕这个问题展开了持续的争论。①

夏帕雷利的火星运河观测

1877年火星大冲期间,美国海军天文台的天文学家霍尔(Asaph Hall,1829—1907)观测到了火星的两颗小月亮,一颗命名为"戴莫斯"(Deimos),另一颗命名为"福伯斯"(Phobos)。②这一观测结果在天文学界广受关注。

也就是在这次火星大冲过程中,意大利天文学家夏帕雷利(Giovanni Schiaparelli,1835—1910)在米兰的布雷拉天文台(Brera Observatory),利用8英尺长的反射望远镜,发现了火星表面布满纵横交错的网状线形结构。1878年,在一篇很长的论文中,夏帕雷利用"canali"这个词,形容他在火星上所观测到的这种现象。③

在意大利语中,"canali"一词,可以表示"channel"(河道、水道),也可表示"canal"(运河)。两者不同之处在于,前者是自然地理现象,后者是人工成果。在流传过程中,夏帕雷利的这项观测成果被当成了"canal"(运河)。

---

① 对这场争论过程进行细致考察的文章,可参见:Devorkin, D. H. W. W. Campbell's Spectroscopic Study of the Martian Atmosphere [J]. Quarterly Journal of the Royal Astronomical Society, 1977, 18: 37-53.

② Hall, A. Observations of the Satellites of Mars [J]. Astronomische Nachrichten, 1877, 91: 11.

③ 转引自Crowe, M. J. The Extraterrestrial Life Debate, 1750-1900: The Idea of a Plurality of Worlds from Kant to Lowell [M]. Cambridge: Cambridge University Press, 1986: 485.

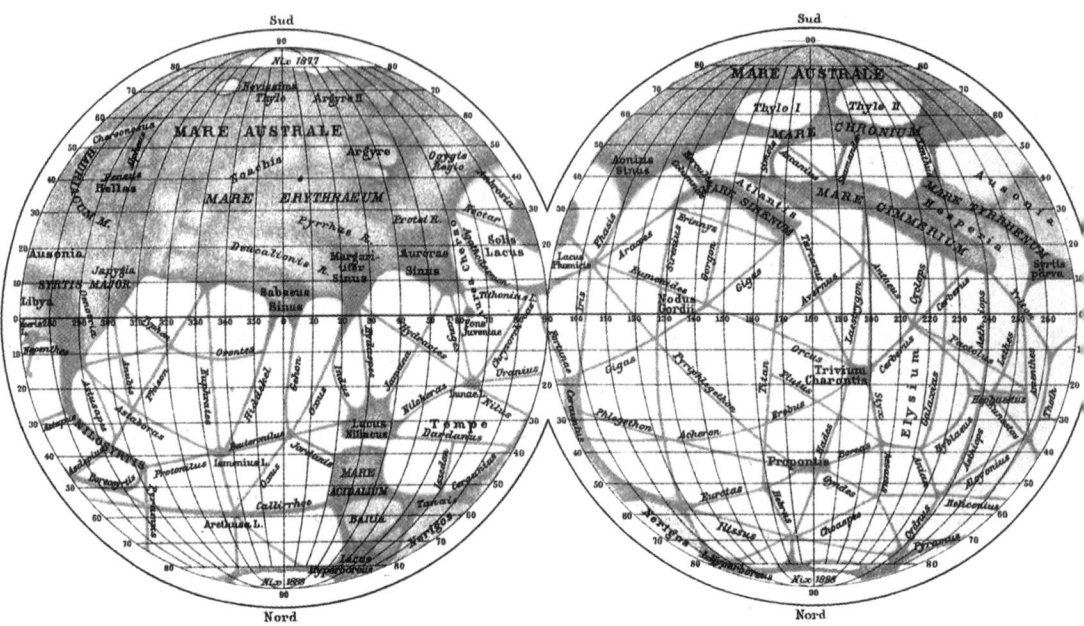

夏帕雷利绘制的火星图(Celestrial Treasury by Marc Lachièze-Rey and Jean-Pierre Luminet)

在接下去的1879—1880年火星大冲期间,夏帕雷利又进行持续观测,并发表了一篇附有火星运河地图的、更详细的观测报告。在这篇论文中,夏帕雷利还提及他观测到一种新的火星地貌——"双运河"(gemination),[①]这一观测结果在后来同样引发了激烈争论。夏帕雷利对火星的关注一直持续到1910年他去世为止。

夏帕雷利的火星运河观测结果,被当成了火星与地球相似的主要观测依据,在欧洲天文学界引起广泛的关注和讨论。先后加入这场讨论的主要人物有:法国天文学家卡米拉·弗拉马利翁,帕洛汀(Henri Perrotin,1845—1904),梭罗(Louis Thollon,1829—1887);英国天文学家丹宁(William F. Denning,1848—1931),威尔逊(Herbert

---

① Surface Characters of the Planet Mars [J]. Marcus Benjamin(Tr). Popular Science Monthly, 1883, 24: 249-253.

C. Wilson，1858—1940），普劳克特，艾格妮丝·克拉克，英国画家、天文学家纳撒尼尔·格林(Nathaniel E. Green，1823—1899)，托马斯·韦伯(Thomas William Webb，1807—1885)，《自然》杂志的主编诺曼·洛克耶；美国天文学家霍尔，霍尔顿(Edward S. Holden，1846—1914)，巴纳德(Edward Emerson Barnard，1857—1923)，皮克林(W. H. Pickering)；比利时天文学家特比(François J. Terby，1846—1911)等人。

其中，对推广夏帕雷利火星运河观测成果最得力的人士，是法国天文学家卡米拉·弗拉马利翁(本书绪论已经谈到过他)。1885年，弗拉马利翁主持成立法国天文学会(Société Astronomique de France)，除担任第一任会长之职，还主编《法国天文学会会刊》(*Bulletin de la Société Astronomique de France*)。他的第二任妻子加伯利亚·弗拉马利翁(Gabrielle R. Flammarion，1877—1962)，也是一位知名的女天文学家，曾担任法国天文学会常务秘书之职。

1882年，弗拉马利翁在法国朱维西镇(Juvisy-sur-Orge)建立了一座私人天文台，并在自己主办的杂志《天文学》(*Astronomie*)第一卷一篇讨论火星的文章中，表示认可夏帕雷利的火星运河观测结果，声称他也观测到了60多条"运河"和不下于20条的"双运河"(gemination 或 doublings)，弗拉马利翁认为火星"运河"或"双运河"不可能是视觉幻象，他说"我完全确信我所观测到的"。在这篇文章中，弗拉马利翁还附上了一幅表面布满运河的火星图片。[1]

此后，弗拉马利翁开始积极加入到火星运河的讨论中，并发表了大量与此相关的文章。其中，最为人所知的是他1892年出版的《火星和它适宜居住的环境》(*La planète Mars et ses conditions d'habitabilité*)

---

[1] 转引自：Crowe, M. J. The Extraterrestrial Life Debate, 1750-1900: The Idea of a Plurality of Worlds from Kant to Lowell [M]. Cambridge: Cambridge University Press, 1986: 489.

第一卷。1909年,弗拉马利翁出版了此书第二卷。

不太为人所关注到的是,除了其知名天文学家的身份,弗拉马利翁业余还写作幻想小说,其中最知名的有1872年出版的《鲁门》(*Lumen*)和1893年出版的《欧米加:世界末日》(*Omega: The Last Days of the World*,法文书名 *La Fin du Monde*)。《鲁门》以哲学对话形式写成,描写了一位名叫鲁门的宇宙精灵,向一位求知者揭示了宇宙天空的科学奥秘。书中涉及的对话内容非常庞杂,有转世、时空旅行、可逆历史、外星球的社会形态描述,等等。《欧米加:世界末日》讲述的是,在人类的25世纪,一颗彗星冲撞了地球,导致地球在接下去的几百万年中逐渐死去,而这一事件随即对整个人类社会的各个方面产生了巨大的影响。

洛韦尔的火星运河观测

1894年,又一次火星大冲来临。随着一位美国天文爱好者洛韦尔的加入,火星讨论被推向高潮。

洛韦尔出身于波士顿富商家庭,1876年从哈佛大学数学系毕业后,他进行了长达数年的游历,先后到达过朝鲜、日本等国家。返回美国后,洛韦尔开始对天文学萌生兴趣。1894年,凭借家族雄厚财力,并在哈佛天文台帮助下,洛韦尔建立了弗拉斯塔夫(Flagstaff)私人天文台,亲任台长之职。

从洛韦尔发表在《波士顿联邦杂志》(*Boston Commonwealth*)上的建台宣言来看,他对地外生命问题怀有异乎寻常的兴趣,这也许是他在几近"不惑之年"还选择投身天文学的主要动因。①

---

① Lowell, P. The Lowell Observatory [J]. Boston Commonwealth, 1894-05-26: 3-4.
Lowell P. Announcement of Establishment of the Lowell Observatory [J]. Astronomical Journal, 1894, 14(324): 96.

洛韦尔在宣言中宣称,天文台的工作计划,其"主要的目标是研究我们的太阳系"。具体而言,就是"研究别的行星世界上的生命环境",这些行星对于"像(或不像)人类一样的生命存在",是否具有可居住性。洛韦尔相信,地球并不是唯一存在智慧生命的星球。因为:

> 类比让我们有合理的理由这样认为,我们所居住的这颗太空海洋中的小星球,不会是宇宙中拥有智慧生命的唯一运载工具,尽管它一度被认为是整个宇宙系统运行的支点。正如我们现在所知道的,它是围绕着太阳运行的许多行星中的一颗,所以,毫无疑问,它不过是刚好进化出生命现象的许多星球中的一颗。

洛韦尔对他确定的这个研究目标颇有信心,这"并非某些人所认为的不靠谱的研究,相反,有充分的理由相信,我们即将获得对这个问题清晰的认识"。

但是,在职业天文学家的眼里,洛韦尔的这篇建台宣言,却显出了一些业余爱好者的自大和轻狂。很快,里克天文台台长霍尔顿对此做出了回应。①

霍尔顿在引用了洛韦尔原文中的几段原话后指出,洛韦尔宣言中的一些说法是对读者的误导:①火星、金星等星体是可以居住的吗?②这些星体上的居民像(或不像)人类?霍尔顿认为,洛韦尔文章中引用的那些话让人感觉,这些问题似乎不久就会得到解决。"而事实上,每个活着的天文学家都会同意他的这个观点:以上两个问题在目前没有一个得到合理的解释,而且在非常遥远的未来也不会得

---

① Holden, E. S. The Lowell Observatory in Arizona [J]. Publications of the Astronomical Society of the Pacific, 1894, 6(36): 160-165.

到解决"。

除此以外,霍尔顿还非常不客气地指出了洛韦尔在基本科学认识上所犯的一些错误。比如,洛韦尔在宣言中提及,"如果星云假说是正确的,那么现在就有很好的理由相信,一般而言,进化出或多或少类似我们的生命,一定是太阳系家族所有成员的定数,这并不会被单纯的物理因素、体积之类的东西所限制"。霍尔顿纠正说,星云假说和生命起源问题,或者说和任何类型的有机体进化,没有任何关系,它解释的是太阳系内非有机体目前的组成和情形的形成过程。

至于洛韦尔在宣言中提及的,"智慧生命的劳动成果"是夏帕雷利观测到的火星运河的唯一合理解释的说法,则彻底激怒了霍尔顿。霍尔顿语气激烈地质问:

我没有发现一丝证据来支持那种观点。作者所说的火星运河,这些在红色背景下绵延、漆黑的狭窄斑纹,它们有几百甚至几千英里长,几乎都不少于50英里宽。它们有时能看见,有时不能看见,有时消失,有时又出现,有时成双,有时成单。前面这些描述听起来像是对"运河"的描述吗?如果是,我们想想这些水道是被像我们一样的智慧生命修建的,还是被疯子修建的?为什么一条50英里宽的运河还容纳不下火星的航运?如果需要更宽的河面,为什么不拓宽运河?却要去挖另一条和它平行的运河?就一个正常的工程而言,为什么要隔一段时间就填平它,然后在下一个季节又去修造它?

霍尔顿在文章最后强调,对火星运河唯一知道的就是"关于这样的假想存在许多争论,但它们都还没有定论"。

洛韦尔没有因为霍尔顿的批评停下步伐,相反,他很快在1895年就出版了一本专著《火星》(Mars)①。该书由五章组成:第一章介绍相关知识背景;第二章讨论火星大气;第三章讨论火星上的水;第四章讨论火星运河;第五章讨论火星绿洲(oases)。洛韦尔在书中表达的主要观点可概述为:火星上有大气,有云,还有大量的水;极地融化的积雪供给整颗行星水源,水流通过交错纵横的运河网络,被导引到整个行星表面;我们观测到并称之为运河的东西不是水,而是河渠两边的植被;运河可能是火星居民的劳动成果,行星上可能居住着高级智慧生命形式,灌溉问题是它们的首要问题。

《火星》出版后立即成为一本科学畅销书,不过同时也招致了一些天文学家的严厉批评,其中态度最激烈的是坎贝尔。

在发表于《科学》杂志上的一篇书评中②,坎贝尔先针对洛韦尔在书中谈到的世人并不欢迎火星上存在智慧生命的说法反驳说,在这个问题上,洛韦尔"站到了一个四处传播着的最流行的科学问题的流行的一面去了"。相反,"世人普遍还是渴望在火星上发现智慧生命的,每一位鼓吹这个话题的人立刻就拥有大批听众"。科学人士们非常愿意相信,在任何环境适宜的星球上存在生命的可能性。然而,目前只有两个样本能得到足够的观测:地球和月亮。地球是可以居住的,但可以有把握地确定,月亮是不能居住的。坎贝尔认为,火星的物理条件和地球的月亮差不多。他警告,这些对"火星可以居住吗?"这个问题给出肯定回答的人,有为这个答案提供证据的责任。而洛韦尔在这点上给出的论证,显然并不令人满意。

至于洛韦尔在书中设想的,运河是火星上的智慧生命所开凿的灌溉系统,坎贝尔也提出了质疑。

---

① Lowell, P. Mars [M]. London: Longmans, Green and Co., 1896.
② Campbell, W. W. Mars by Percival Lowell [J]. Science, New Series, 1896, 4(86): 231-238.

按照洛韦尔书中的说法,在火星南半球的夏天,洛韦尔观测到的行星表面四处蜿蜒的运河,从南极极点延伸到北纬43°,这是1894年大冲时地球上所能观测到的火星区域。在火星北半球的夏天,夏帕雷利的运河系统从北极极点延伸到南纬30°,这是他当初所能观测到的火星区域。洛韦尔的看法是,两个半球的运河系统是对称的。

坎贝尔分析,由此可以推想,在火星赤道区域附近有一条大约宽70°的地带,被从南极和北极延伸而至的运河系统共同灌溉。因为对称的两个半球的运河流程是相似的!

对应于地球上的情形就是,位于北半球的旧金山、芝加哥、纽约、罗马、东京,被北极融化的雪水灌溉;位于南半球的智利中部城市瓦尔帕莱索、好望角、澳大利亚,被南极融化的雪水灌溉;而从所有位于北半球纽约的地区到所有位于南半球的好望角的区域,被分别从北极和南极延伸而至的运河,以相同的方式共同灌溉。这从水利工程的施工方案上设想,是非常不合理的。

除此以外,坎贝尔认为,洛韦尔的运河灌溉系统中,怎样让水流在巨大而复杂的行星表面进行分派,也是一个难题。

坎贝尔在文章中对夏帕雷利的火星观测结果倒是给予了很高的评价。事实上,他认为洛韦尔《火星》一书中所描述的一系列关于火星的情形,不过是夏帕雷利观测结果的重复而已。在文章结尾处,坎贝尔评价,洛韦尔著作的写作风格轻松愉快,文字印刷和图解方面也无懈可击;但大多理论却是前人已经提出过的,"它们已被夏帕雷利、皮克林和其他天文学家提到过了,还有一些则已经被弗拉马利翁等天文学家详细阐述过了",洛韦尔书中只是"充分而又富有启发性地呈现了它们"。

坎贝尔最后不客气地指出,"从科学方法上来看,这本书最主要的缺陷在于:第一,作者如此详细阐释的关于存在火星智慧生命的论断,援引了季节改变的复杂系统作为论据,但该论据却仅仅建立在对四分之一个火星年的观测基础上;第二,书中的许多论证,明显表明作者对相关论题并不熟悉"。

洛韦尔的追随者道格拉斯(Andrew E. Douglass,1867—1962),随后发表了一篇简短的文章对坎贝尔的批评进行答辩。① 但答辩中却没有回应坎贝尔对洛韦尔火星运河系统构想的质疑。坎贝尔尖刻地嘲笑道格拉斯的这篇文章,说前一篇文章结语处的那句话——《火星》一书中的许多论证,明显表明作者对相关论题并不熟悉,已经是他所能说出的最仁慈的话了。②

《火星》发表后,洛韦尔又在1906年和1908年出版了两本同样很受关注的著作:《火星和它的运河》(*Mars and Its Canals*)和《作为生命居所的火星》(*Mars as the Abode of Life*)。与此同时,洛韦尔还发表了大量火星观测报告及论文。

火星运河的支持者们

随着洛韦尔的加入,火星运河存在与否,以及与此相关的一系列问题——火星生命、火星大气、火星上的水,成了19世纪末20世纪初天文学领域最被关注的问题。众多的天文学家,包括业余人士,加入了这场讨论。

先前的夏帕雷利,卡米拉·弗拉马利翁,皮克林,诺曼·洛克耶和

---

① Douglass, A. E. The Lick Review of "Mars"[J]. Science, New Series, 1896, 4(89): 358-359.

② Campbell, W. W. Mr. Lowell's Book on "Mars"[J]. Science, New Series, 1896, 4(91): 455-456.

他的儿子威廉·洛克耶(William Lockyer，1868—1934)等科学人士，形成了对火星运河持支持观点的主阵营。其他后来加入的主要人物还包括美国天文学家托德(David Todd，1855—1939)，斯莱弗(Vesto M. Slipher，1875—1969)以及奥地利的雷奥·布伦纳(Leo Brenner)等人。

其中雷奥·布伦纳的经历最为奇特。赫姆(Michael Heim)在《斯皮尔迪翁·格普科维克：生平及著作》(Spiridion Gopcevic: Leben Und Werk)一书中，对布伦纳的经历进行了详细的考察。[1]

布伦纳出生在奥地利，原名斯皮尔迪翁·格普科维克(Spiridion Gopcevic)，此前是一位政论作家。1893年，格普科维克与奥地利一位有钱的女士结婚后，更名雷奥·布伦纳，随后，他用妻子的名字在意大利马利洛希尼(Mali Lošinj)建立了一座天文台，取名马诺拉天文台(Manora Observatory)，并于1894年5月9日，正式开始他的天文观测。

此后不久，布伦纳开始在《天文消息》(Astronomiche Nachrichten)、《天文台》(Observatory)、《英国天文杂志》(The Journal of the British Astronomical)上，陆续发表关于火星、木星的观测报告，并引起了一些职业天文学家的关注。1896年，洛韦尔去意大利的时候，还专程拜访了布伦纳。

但与此同时，布伦纳所报告的观测结果也变得越来越离谱。1895年，他在一篇论文中报告说，他观测到金星的自转周期为23小时57分钟36.239 6秒，随后一年，他把秒值修正为36.377 3。1896年，他又一次令人惊讶地向外界宣布，水星的自转周期为33小时15分钟，天王星(Uranus)的自转周期是8小时17分钟。这些结论都是天文学

---

[1] Heim, M. Spiridion Gopcevic: Leben Und Werk [M]. Wiesbaden: O. Harrassowitz, 1966.
Ashbrook, J. The Curious Career of Leo Brenner [J]. Sky & Telescope, 1978, 56: 515-516.
Stangl, M. The Forgotten Legacy of Leo Brenner [J]. Sky & Telescope, 1995, 90: 100-103.

家们完全无法接受的。随后,在1896—1897年间,布伦纳又宣称,他一共观测到了不少于164条火星运河,它们大部分是以前的天文学家没有观测到的。布伦纳后来还说,他观测到了34条火星运河。而仅在1897年一年中,布伦纳就发表了17篇科学论文,52篇报刊文章,还有一本408页的著作。

《天文消息》的主编、著名天文学家克劳茨(Heinrich Kreutz, 1854—1907)宣布,拒绝再发表布伦纳的与天文学相关的任何文章。而布伦纳与天文学界的其他一些著名人物也相继交恶。由于洛韦尔不同意布伦纳的金星自转周期结论,布伦纳反过来开始攻击洛韦尔的火星和金星研究成果。此外,布伦纳还树立了两位劲敌——已担任里克天文台台长的坎贝尔和著名天文学家安东尼亚第(Eugène M. Antoniadi, 1870—1944)。

由于感觉自己在天文学界不再受欢迎,1899年,布伦纳自创了一本月刊《天文学评论》(Astronomische Rundschau),主要用于发表他本人的天文观测和研究成果。后来的发现表明,布伦纳大部分文章中的结论其实都是伪造的。

《天文学评论》持续了十年,由于布伦纳对天文学的兴趣逐渐消退,此外还有资金问题——奥地利政府停止了对布伦纳的资助,该杂志于1909年停办,马诺拉天文台的设备也随后相继被拍卖。

和当初进入天文学界一样,布伦纳最终的退出也很有戏剧性。在《天文学评论》的最后一期上,布伦纳向世人宣布,他真实的身份是斯皮尔迪翁·格普科维克,并声称由于政府和科学团体用令人羞愧的方式对待他,他决定永远从天文学界消失。他最终的确做到了这一点。

火星运河的反对者们

对火星运河持反对观点的代表人物有:著名美国天文学家纽康,英国叶凯士天文台台长、《天体物理学杂志》(Astrophysical Journal)创办人海耳,瑞典化学家阿雷纽斯(Svante Arrhenius,1859—1927),生物学家华莱士(Alfred Wallace,1823—1913)等人。

火星运河的反对者中,除以上这些人物之外,需重点提及的还有其他几位:

第一位是英国著名天文学家蒙德。1881—1887年,蒙德担任《天文台》杂志的主编;1890年,他倡导成立了英国天文学会(British Astronomical Association),并担任第一任会长,主编该学会会刊《英国天文学会杂志》(Journal of British Astronomical Association)。在随后的十几年中,《英国天文学会杂志》和该学会的《英国天文学会论文集》(British Astronomical Association Memoirs),一直是关于火星争论的主要论坛。

早期时候,蒙德也是一位火星运河积极的支持者。1877年,在得知夏帕雷利的观测结果后,蒙德曾声称,早在夏帕雷利之前,他就观测到了火星上的一些已为人们所熟知、现在被称为"运河"或"绿洲"的斑纹。[1]在另一篇论文中,蒙德则表示支持哈金斯的火星大气中存在水蒸气的火星光谱分析结果。[2]

1894年,蒙德在一篇论文中,首次提出了火星运河可能是一种"视觉幻觉"的结果。他在先承认了火星"运河"数量众多的优秀观测证据之后,委婉地提出,"不同观测者之间的观测结果存在巨大的差

---

[1] Maunder, E. W. The Canals of Mars: A Reply to Mr. Story [J]. Knowledge, 1904-05, 1, n. s. 87-89.

[2] George, B. Airy Physical Observations of Mars, Made at the Royal Observatory, Greenwich, 1877, 38: 34-36.

异",火星运河系统改变得"太巨大、太突兀"了。①

但事实上,蒙德这一时期在火星"运河"究竟是"真实"还是"幻觉"两种结论之间,还是徘徊不定的。这一点从他随后于1895年发表的一篇文章中即可看出。②

在这篇文章中,蒙德对火星上的"太阳湖"(Lacus Solis)和"眼"(Oculus)两个区域不同观测者多年来的制图结果进行了比较。蒙德把一些比较结果的差异归结于"有缺点的观测和有缺点的制图"。而另一些差异,蒙德则认为是火星上的实际变化导致的。为了解释这种变化,蒙德把其归结为,火星非常平坦的表面被浅浅的运河所分割,这样的运河大多太狭窄了,以致不能被我们拥有的这种精度的望远镜观测到。蒙德还猜测说,有可能在火星上,陆地和海床之间的高度存在差异,但这种差异不会太大。冬雪融化导致海平面的变化,会使得大片的陆地被淹没。

不过到了1903年,蒙德反对火星运河的观点就完全坚定下来了。在这一年英国皇家天文学会会议上宣读的一篇文章中,蒙德报告了他与格林尼治皇家医学院院长J. E. 埃文斯(J. E. Evans)共同做的一个实验。他们让一群12岁至14岁的小男孩,通过望远镜对火星进行仔细的观测。实验结果发现,这群"具有良好视力,没有任何事先偏见"的观测者,在火星图画上原本并不存在运河的地方也画上了运河。蒙德宣布,这一实验结果支持了他的这个观点,即所谓的"运河",只是火星表面复杂地貌细节的一种大体印象,这些细节太微小了,以至于都无法被单独区分开来。③

---

① Maunder, E. W. The Canals of Mars [J]. Knowledge, 1894, 17: 249-252.
② Maunder, E. W. The "Eye" of Mars [J]. Knowledge, 1895, 18: 54-56.
③ Evans, J. E., Maunder E. W. Experiments as to the Actuality of the "Canals" Observed on Mars [J]. Monthly Notices of the Royal Astronomical Society, 1903, 63: 488-499.

在随后许多年里，蒙德一直撰写文章反驳火星运河的观点。1910年，他在一篇重要论文中，提出视力处于极限时看物体可能存在的问题。蒙德说，因为夏帕雷利和其他观测者都是处于这样的情形下得到的观测结果，所以，运河、双运河，或是人们所观测到的其他一些改变，都有可能是视觉幻觉的结果。蒙德提出一个重要警告——"我们不能假定我们看到的一定是我们所观测物体的最终结构"。①

值得一提的是，1913年，蒙德出版了一本对地外生命进行专门探讨的书——《行星可以居住吗？》(Are the Planets Inhabited?)。蒙德在书中的结论是，宇宙中可以居住的世界必定非常稀少，在这些世界上存在生命的可能性极其微小。②

除了蒙德之外，另一位应该提及的人物是道格拉斯。1896年，火星争论局面出现的一个引人注目的变化是，洛韦尔阵营里的几位重量级人物先后倒戈，道格拉斯就是其中一位。

道格拉斯先前是皮克林的助手，弗拉斯塔夫天文台建台以后，他就一直追随洛韦尔。由于洛韦尔四年以来一直遭受神经衰弱症状的折磨，所以他把弗拉斯塔夫天文台的一些事宜都交给道格拉斯打理。道格拉斯一面继续着手他的观测，一面接手编辑天文台的《年刊》(Annals)。

逐渐地，道格拉斯开始关注起洛韦尔的许多火星观测结果的精确性，并考虑与此相关的观测方法。在随后发表的一篇文章中，道格

---

① Maunder, E. W. The "Canals" of Mars [J]. Scientia, 1910, 7: 253–263.
② Maunder, E. W. Are the Planets Inhabited? [M]. London and New York: Harper & Brothers, 1913.
  Reviewed work(s): Are the Planets Inhabited? by E. Walter Maunder. Bulletin of the American Geographical Society, 1915, 47(2): 148.

拉斯说,他怀疑火星双运河的观测结果可能是一个"主观结果"。①

1901年早些时候,道格拉斯在给威斯康星大学著名的心理学家贾斯特罗(Joseph Jastrow,1863—1944)的一封信中提及,"洛韦尔先生无视天文学工作中所涉及的心理学问题"。道格拉斯还举了一个自己的例子,说他在距离望远镜1英里之外的地方放置几颗人造的小球体,就像观测真的行星一样去观测它们。"我立刻就发现,人们所熟知的一些行星现象,至少部分是非常有疑问的……"②

随后3月12日,道格拉斯在给洛韦尔的堂兄普特南(W. H. Putnam)的一封信中直接指出洛韦尔的"方法不科学","写的许多东西对他而言是有害而无利的",还说洛韦尔太急于求成,出版的都是经过挑选与预想相符的观测结果,结论也太笼统。尽管道格拉斯在信中也向普特南表达了他对洛韦尔的忠诚,但他确实低估了普特南和洛韦尔的交情。在普特南随后把这封信给洛韦尔过目后,道格拉斯遭到了解雇。他后来曾向洛韦尔请求过复职,但洛韦尔冷淡地拒绝了他。③

在后来1907年的文章中,道格拉斯仍然坚持己见,表示"因为晕轮和光线干扰了我们对火星的观测,我们对所有的运河,除最明显的之外,都应持怀疑态度"。④

道格拉斯离开弗拉斯塔夫天文台后,在亚利桑那州一个叫普雷

---

① Douglass, A. E. Observations of Mars in 1896 and 1897 [J]. Annals of the Lowell Observatory, 1900, 2: 441.

② 此处转引自: Hoyt, W. G. Lowell and Mars [M]. Tucson: University of Arizona Press, 1976: 124.

③ 此处转引自: Hoyt, W. G. Lowell and Mars [M]. Tucson: University of Arizona Press, 1976: 124.

④ Douglass, A. E. Is Mars Inhabited? [J] Harvard Illustrated Magazine, 1907, 8: 116-118.
Douglass, A. E. Illusions of Vision and Canals of Mars [J]. The Popular Science Monthly, 1907, 70: 464-474.

斯科特（Prescott）的小镇上担任过遗嘱法官。1905年，道格拉斯返回亚利桑那，在北亚利桑那师范学校（Northern Arizona Normal School）教授科学课程和西班牙文。1906年，道格拉斯受聘于亚利桑那大学。1916年——洛韦尔在这一年去世，他被任命为亚利桑那大学新建的斯图尔德天文台（Steward Observatory）台长。后来的一些年中，道格拉斯把学术兴趣逐渐转向他年轻时的一项业余爱好上，研究树木年龄问题，并创立了一门新的学问——树木年代学（dendrochronology）。事实上，他在这一领域获得的名声，远远超越了他作为一位天文学家所获得的名声。

与道格拉斯情形类似的另一位人物则是安东尼亚第。安东尼亚第早年是弗拉马利翁的追随者，1896年，安东尼亚第由于他出色的观测技能，被提名继任蒙德之后的卡梅尔（Bernard E. Cammell）之职，成为《英国天文学会论文集》火星专栏（Mars Section）的负责人。

在随后的一些年里，安东尼亚第开始提出火星"双运河"可能是视觉幻觉的结果，他将与此相关的论文陆续发表在1898—1999年和1900—1901年的《英国天文学会论文集》上。安东尼亚第这一观点在天文学界引发了极大的争论。

不过，对于火星运河，安东尼亚第则是另一番态度。1903年7月，他还仍然坚持，至少有一些运河是无可争辩的事实。直至1909年火星大冲期间，安东尼亚第通过进一步观测才最后得出结论：所谓的"运河"其实并不存在。他说"毫无疑问，我们从未在火星上看到过一条单独的真实的运河"。①

---

① Antoniadi, E. M. Fifth Interim Report for 1909. Mars Section, Fifth Interim Report [J]. Journal of the British Astronomical Association, 1909, 20: 136-141.

同一时期，曾被夏帕雷利考虑为自己火星观测事业接班人的意大利天文学家切鲁利（Vincenzo Cerulli，1859—1927），也发表了对火星运河观测结果的批评意见。与前面几位遮遮掩掩的态度不同的是，他明确质疑，"火星运河"可能是视觉幻象的结果。切鲁利的这一观点招致了夏帕雷利的反驳，与此同时，他的理论也赢来了一些支持者，其中包括安东尼亚第。

2 19世纪末被认为是火星信号的几次观测结果

被认为是火星讯息的观测结果

在洛韦尔的推动下,有关火星"运河"的讨论成了19世纪末最受关注的天文学问题,它构成了支持火星生命设想的最主要的观测证据。

事实上,除火星运河之外,这一时期的天文学家们还对另一种观测结果——火星喷射现象(projection of Mars),也很感兴趣。针对这一现象,天文学界曾提出了不同的解释,其中最为激进的是火星信号的解释——在有确切文献记载的众多观测结果中,曾有三次被认为是来自火星的讯息。

和当下情形类似,在直接涉及外星文明的问题时,19世纪正统的学术界也倾向于将其斥为怪力乱神、荒诞无聊,很少会把它当作一个正经的学术问题来对待。但有几次被认为是火星信号的火星喷射现象(见表6),不仅受到当时正式科学杂志的关注,一些有声望的科学人士还参与了讨论,并在传媒界和科幻作品创作领域产生了深远持

表6　被认为是火星信号的四次火星天文观测结果

观测时间	观测者	观测现象	观测地点	消息来源
1894年7月28日	雅韦尔	火星喷射	法国尼斯天文台	《自然》杂志
1900年11月7日	道格拉斯		美国洛韦尔天文台	《美国哲学学会学报》
1903年5月26日	斯莱弗		美国洛韦尔天文台	《图阿皮卡时报》等
1897年11月14日、18日		太空陨石		《纽约时报》

资料来源：根据下文论述过程中所涉及文献整理而得。

久的影响。

(1) 第一次被认为是火星信号的天文观测结果

其中第一次的消息来源于英国的科学杂志《自然》。1894年8月2日，该杂志刊登了一篇名为《火星上的奇怪亮光》(A Strange Light on Mars)的未署名文章。[①]文中提到，德国基尔(Kiel)通讯社7月28日向外界发布了一条来自法国尼斯天文台(Nice Observatory)的观测消息：

7月28日16时，雅韦尔观测到火星南部边缘处喷射出明亮的光芒。

作者分析说，这一现象可能的"物理原因"，有火星上的极光(aurora)、连绵起伏、积雪覆盖的高山或大面积的森林起火。至于"人为原因"(human origin)，作者以隐晦的方式把可能性指向了来自火星的

---

① A Strange Light on Mars [J]. Nature, 1894, 50(1292): 319.

讯息，认为"可以猜测的是，火星人在向我们发射信号的古老思想又在复苏了"。

事实上，无论匿名作者认为雅韦尔(Stephane Javelle，1864—1917)的观测结果是火星上的"物理原因"还是"人为原因"所致，其观点都很激进，因为它们分别指向了两条结论：①火星上有高山，有森林，意味着火星和地球相似，可能是适宜居住的；②喷射现象是来自火星的信号，意味着可能存在火星人。

由于文章涉及火星信号这一敏感话题，而且发表在当时已经有些影响力的《自然》杂志上，消息很快就在多家报刊上流传开来。其中包括新西兰的《丰盛湾时报》(*Bay of Plenty Times*)。[1]《纽约时报》(*The New York Times*)在1896年5月17日的一篇文章中还旧事重提，对雅韦尔的这一观测结果又进行了讨论。[2]文中特别提到了这种说法，即认为这一现象是火星上的居民在向地球发射闪光信号。

1894年这一年的火星大冲非常适宜观测，雅韦尔这一观测结果随即引起了天文学界的注意。接下去的8月6日和8月9日，尼斯天文台台长帕洛汀和美国天文学家威廉姆斯(Stanley Williams，1861—1938)，先后报告他们也观测到了这一现象。随后加入观测行列的天文学家还有美国里克天文台的霍尔顿，凯勒(James E. Keeler，1857—1900)，赫西(William J. Hussey，1826—1926)以及坎贝尔等人。[3]

(2) 第二次被认为是火星信号的天文观测结果

1901年12月，《美国哲学学会学报》(*Proceedings of the American Philosophical Society*)也刊登了一篇和火星讯息有关的文章。不过，与

---

[1] A Strange Light on Mars [N]. Evening Post, 1894-10-13, XLVIII(90): 2.
The Strange Light on Mars [N]. Bay of Plenty Times, 1894-12-21, XXII(3210): 7.
[2] A Signal from Mars? [N]. The New York Times, 1896-05-17(26).
[3] The Bright Projections on Mars [J]. The Observatory, 1894, 17: 295-296.

《自然》杂志上的文章不同,这篇文章是美国天文学家洛韦尔对相关传言进行澄清。①

洛韦尔在文中谈道,1900年11月的某个早晨,美国多家报纸的版面上刊登了一则消息:火星在头天晚上向地球发送了信号。他对此解释说,这一传言的起因是他的私人天文台向外界发布的一则11月7日得到的观测结果:

在火星的伊卡洛斯海(Mare Icarium)区域上方观测到喷射,持续了70分钟。

按照洛韦尔的澄清,报道中有关火星发射信号的部分,其实是新闻记者添加上去的一段小故事,"是他们的职业使然"。对于喷射现象的原因,洛韦尔认为这是行星大气中飘浮云彩导致的现象。在此之后,洛韦尔和他的助手道格拉斯又分别写过两篇文章,继续对火星人向地球发射信号的传言进行澄清。②

作为火星运河最积极的支持者,洛韦尔在被认为是火星信号的喷射现象这一事件上,却积极地站在了反对的一方。究其缘由,或许是因为把火星喷射现象直接解释为火星信号,尽管能博取媒体大众的眼球,但却很难得到科学共同体的认同——它甚至还很可能被当成一种轻率的观点招致科学共同体的反感,而这正是在天文学专业上半道出身、需要证明自己是一位真正天文学家的洛韦尔,所需要极

---

① Lowell, P. Explanation of the Supposed Signals from Mars of December 7 and 8, 1900 [J]. Proceedings of the American Philosophical Society, 1901, 40(167): 166–176.

② Lowell, P. Explanation of the Supposed Signal from Mars [J]. Popular Astronomy, 1902, 10: 185–194.

Douglass, A. E. The Message from Mars [J]. Annual Report of the Smithsonian Institution for 1900, 1901: 169–171.

力避免的。

与此相对应,洛韦尔用火星上空的云朵来解释喷射现象,其实却是以一种委婉的方式继续表明他的一贯立场:火星适宜居住,可能存在智慧生命。因为参照地球的情形,云朵意味着火星上空具备完整的大气循环系统,会形成刮风下雨等自然现象,因此也就存在产生生命的可能性。

(3) 第三次被认为是火星信号的天文观测结果

洛韦尔的澄清其实收效甚微,因为在1903年5月26日,第三次认为火星向地球传送信号的传言又卷土重来了。按照新西兰当地一家报纸《图阿皮卡时报》(*Tuapeka Times*)的报道,事情仍然是起因于洛韦尔天文台发布的一份电报:

5月26日,格林尼治标准时间15时35分,在方位角200°的位置,斯莱弗①观测到火星出现剧烈的喷射,共持续了35分钟。

文中还提到,当地科学家并没有被电报上所报道的关于火星的消息说服,认为只有作进一步的观测,才能再下结论。新西兰几家报刊随即也报道了相关消息。②③④

洛韦尔又一次写文章进行澄清,他坚持此前的看法,声称火星喷

---

① 此处指美国天文学家斯莱弗(Vesto M. Slipher, 1875—1969),1926年到1952年间他曾任洛韦尔天文台台长之职。
② Is Mars Signalling the Earth? [N]. Tuapeka Times, 1903, XXXVI(5068): 3.
③ Scientific Notes and News [J]. Science, New Series, 1903, 17(440): 917.
Pickering, E. C. Projection on Mars [J]. Astronomische Nachrichten, 1903, 162: 131.
④ A Message from Mars? [J]. Colonist, 1903-05-30, XLVI(10731): 3.
Mars not Signalling [J]. Wanganui Herald, 1903-06-02, XXXVII(10964): 5.
The Mars Projection [J]. Otago Witness, 1903-06-10, 2569: 17.

射是一团云,它被观测到后,飘向北方很快就消散了。①而《纽约时报》6月19日在提及这一观测结果时,却没有采用洛韦尔的观点,而是沿用了火星发射讯息这种更引人关注的解释。②

(4) 其他

在19世纪末的最后十年中,除了火星喷射这样的观测现象被媒体渲染成是来自火星的信号之外,另一种现象——太空陨石(Aerolite),有时也被当成来自火星的信使。1897年11月14日和18日,《纽约时报》就先后报道过与此相关的两则新闻。③④

引起的争论及对科幻小说产生的影响

1873年,英国业余天文学家柯诺柏(E. Knobel,1841—1930)在《皇家天文学会月刊报告》(*Monthly Notices of the Royal Astronomical Society*)上的一篇文章中,提到他好几次"在火星边缘的地方观测到一颗白色的亮点","像极冠上的冰反射出的亮光"。⑤从所收集资料来看,这应该是比较早的火星喷射观测记录。

相关观测活动在1894年达致顶点后,天文学界对火星这种现象主要存在着两种不同的解释:一种是洛韦尔和皮克林等人所持的观点,他们认为火星上出现的这种亮光,是飘浮在火星上空被阳光照亮的云所导致的结果;⑥另一种是里克天文台的坎贝尔所持的看法,他认为这种火星喷射现象是位于火星边缘连绵起伏的山峰所导致的视

---

① Lowell, P. Projection on Mars [J]. Lowell Observatory Bulletin, 1903, 1: 1-4.
② More Signals from Mars [N]. The New York Times, 1903-06-19(8).
③ Message Perhaps from Mars [N]. The New York Times, 1897-11-14(1).
④ Wiggins on the Aerolite [N]. The New York Times, 1897-11-18(5).
⑤ Knobel, E. B. Note on Mars [J]. Monthly Notices of the Royal Astronomical Society, 1873, 33: 476.
⑥ Pickering, W. H. Mars [J]. Astronomy and Astro-Physics, 1892, 11: 668-672.

觉效果。①

相较而言，坎贝尔的观点在学界获得了更多的支持。里克天文台台长霍尔顿在1894年8月24日写成、12月份发表的一篇文章，以及英国天文学家威廉·洛克耶稍后9月4日发表在《自然》杂志上的文章，都对坎贝尔的观点表示赞同。②③

值得注意的是，霍尔顿和洛克耶两人在文章结尾处，不约而同都提到了8月2日发表在《自然》上的那篇引起广泛关注的文章。霍尔顿提出批评意见，认为"文章那位未署名的作者"，显然对火星喷射现象的背景知识缺乏起码的了解，他在一个"令人惊讶的题目下"，对火星喷射的起因进行了各种猜测——其中还提及了火星向地球发射信号的可能性，但却对坎贝尔此前的相关重要研究工作只字未提。

洛克耶则与霍尔顿的看法不同，他为文章作者辩护说，之所以作者会把德国基尔通讯社向外界发布的、尼斯天文台雅韦尔所观测到的现象，称为火星上的"奇怪亮光"，是因为它确实是一种非常异常的现象，而并非在1894年以来被频繁观测到的、人们所熟悉的那种火星喷射现象。

洛克耶尽管没有明显接受雅韦尔的观测结果是火星上的"物理原因"或"人为原因"所致，但他确实主张不应把这次观测结果与其他火星喷射现象同等视之，这无疑给人留下了很大的臆想空间。

火星喷射现象被认为是来自火星人的讯息，除了引起科学界和

---

① Campbell, W. W. An Explanation of the Bright Projections Observed on the Terminator of Mars [J]. Publications of the Astronomical Society of the Pacific, 1894, 6(35): 103–112.

② Holden, E. S. Bright Projections at the Terminator of Mars [J]. Publications of the Astronomical Society of the Pacific, 1894, 6(38): 285.

③ Lockyer, W. Bright Projections on Mars Terminator [J]. Nature, 1894, 50(1299): 499–501.

大众媒体的广泛关注,它还对当时的科幻作品也产生了明显的影响。

1898年,威尔斯发表了外星人入侵地球这一故事类型的开山之作——《世界之战》。在小说首章交代的故事背景中,威尔斯描绘了书中主人公和一些天文学家所观测到的火星上出现的一系列奇异天文现象。[①]

其中提到,1894年火星大冲时,先是美国里克天文台,接着法国尼斯天文台和其他观测者相继观测到火星表面的发光部位出现剧烈亮光。小说中特别交代,英语读者是从8月2日《自然》杂志上的一篇文章中第一次得知这一消息的。但是,让小说中的地球人始料未及的是,上述这一切奇怪的现象,其实是生存条件恶化、已濒临灭亡的火星人派遣先头部队入侵地球的前兆。

从中可看出,威尔斯在小说中所描绘的一系列上述火星观测结果,并非杜撰而得。书中提到的8月2日发表在《自然》杂志上、让英语读者知道"火星上出现剧烈亮光"的文章,其实就是前面谈到的《火星上的奇怪亮光》那篇文章。

除了《世界之战》之外,同期的另一部幻想小说——曼罗(John Munro)发表于1897年的幻想小说《金星旅行记》(*A Trip to Venus*),开篇也同样借用了这则火星观测信息作为故事背景。[②]

而上文提到,《纽约时报》曾报道过来自火星的陨石信号,尽管现在已经很难对这类消息的真伪进行核证,但有意思的是,威尔斯在《世界之战》中,也同样借用了这一事件作为故事背景。

在小说后来发展的故事情节中,当人们正对火星上频繁出现的喷射现象百思不解的时候,不久之后的一个早上,英国一个小镇上的

[①] Wells, H. G. The War of the Worlds [M]. Rockville, MD: Arc Manor LLC, 2008: 9-14.
[②] Munro, J. A Trip to Venus [M]. Carolina: BiblioBazaar, LLC, 2008: 11-42.

几百人看到,一个发光物体划过东方的天空,坠落到离小镇不远的地方。好奇的人们一开始以为落下的是一块大陨石,但谜底揭开却令人大吃一惊——这正是技术文明远较地球人先进的火星人包藏祸心的设计,"陨石"其实是一种太空飞行器,火星人乘坐它穿越了3 500万英里(这是火星大冲时能与地球相距最近的距离)的太空,降落到地球上,展开了对地球人的大肆屠杀。[①]

本书所讨论的火星喷射现象,其实只是19世纪末火星运河争论的一个附属论题。随着火星运河讨论热潮的慢慢退去,这一现象也不再引起天文学界人士的兴趣。从所搜集的资料来看,只有《纽约时报》在1921年9月18日的一篇报道中提到,洛韦尔后来对火星喷射现象又提出了一种新的解释,认为这种现象是由于火星极冠上的冰反射太阳光所导致的视觉效果。[②]

火星运河在经过长久的争论后,最终被认为是观测过程中产生的视觉幻觉的结果;而火星喷射现象究竟是什么原因导致的——或者也只是一种视觉幻觉的结果,目前暂时没有发现相关文献给出最后的定论。

---

① Wells, H. G. The War of the Worlds [M]. Rockville, MD: Arc Manor LLC, 2008: 14-24.
② Mars Inhabited? 924 May Reveal It [N]. The New York Times, 1921-09-18(25).

3 对假想火星文明的科学探索及其影响

1890年代至1920年代这段时期内,一批科学人士曾尝试向假想中的火星文明接收(发送)讯息,以此证明火星和地球一样也存在智慧生命形式。该活动除持续时间长、参与人士众多、设想方案丰富多样之外,还引起了当时科学共同体重要成员的广泛关注和讨论。

一些学者曾对这一论题作过零星论述,科学史家克罗和迪克在各自的论著中,分别用了一节内容进行论述。[1][2]其他的成果还包括杰克逊(C. Jackson)、霍曼(R. Hohmann)以及德雷克(Frank Drake)发表的论文等。[3][4]这些前人的成果虽然有着重要的启发意义,但它们对相关

---

[1] Crowe, M. J. The Extraterrestrial Life Debate, 1750–1900: The Idea of a Plurality of Worlds from Kant to Lowell [M]. Cambridge: Cambridge University Press, 1986: 393–400.

[2] Dick, S. Life on Other Worlds: The 20th-Century Extraterrestrial Life Debate [M]. Cambridge: Cambridge University Press, 1998: 399–413.

[3] Jackson, C., Hohmann R. A Historic Report on Life in Space: Tesla, Marconi, Todd [J]. Paper Presented at 17th Annual Meeting of the American Rocket Society, Los Angeles, 1962, 11: 13–18.

[4] Drake, F. A Brief History of SETI [J]. Third Decennial US–USSR Conference on SETI. ASP Conference Series, 1993, 47: 11–18.

论题仅作了零散的讨论，并未进行深入、系统的考察和分析。

本小节内容除了系统使用前人工作中尚未使用过的一批科学杂志及报纸——《自然》《科学》《大众天文学》《纽约时报》上的相关材料作为研究历史文献之外，所选择的另一个主要研究切入点，即从科学与幻想的互动关系出发，探讨和假想中的火星文明尝试进行交流的科学探索与文学领域内的星际旅行幻想作品之间，究竟是通过怎样的方式产生相互影响的，也是前人工作中没有涉及过的。

接收来自假想火星文明的信号

著名优生学创始人高尔顿（Francis Galton，1822—1911）很可能是第一位发表文章表达接收火星信号设想的科学人士。1896年，他在《双周评论》(The Fortnightly Review)的一篇文章中，虚拟了火星人主动发送光信号与人类进行沟通的场景，并设计了一组两颗星球之间进行简单语义沟通的莫尔斯代码。[1]而特斯拉1901年在《科里尔周刊》(Collier's Weekly)上发表了一篇名为《和行星交谈》(Talking with the Planets)的文章，则使得这样的想法受到了普遍关注。他在文中除了宣布已经发明出一种向火星发射无线电信号的设备之外，还声称自己在偶然情形下观测到这架机器接收到了来自火星的无线电信息。[2]不过，这些说法后来都没得到确切的证实。

相较而言，更有想象力的看法来自《纽约时报》1909年5月6日刊登的一封署名"外行"的读者来信。这位匿名人士认为，天文学家所观测到的火星上神秘的"运河"并非一直以同样的面貌出现，所以不排除

---

[1] Galton, F. Intelligible Signals Between Neighboring Stars [J]. The Fortnightly Review, 1896, 60: 657-664.

[2] Tesla, N. Talking with the Planets [J]. Collier's Weekly, 1901-02-19: 4-5.

这样的可能性——火星科学家的能力已经远远超越我们的想象,他们正通过某种非同寻常的方式,在他们的行星表面留下标识,希望我们能够破译。①值得一提的是,美国天文学家皮克林在《大众天文学》上发表的一篇文章中,对来自火星的信号所表达的看法,与《纽约时报》上这种貌似耸人听闻的观点居然完全吻合。②

除了以上这类纯粹的假想结果,一些当时很有影响力的科学人士还试图身体力行,投身到搜索火星无线电信号的实践中。

美国天文学家托德对接收火星信号的探索活动保持了长时间的热情。据《纽约时报》报道,在1909年到1921年期间,他曾先后三次(1909年,1919年,1920年)宣布要乘坐气球升到高空接收来自火星的信号。不过,托德的这一系列计划最终很可能都未能真正成行,因为《纽约时报》并未对他声称的每次尝试过程作相关的报道。

另一位热衷尝试接收火星信号的人物是著名发明家马可尼(Guglielmo Marconi, 1874—1937)。和特斯拉一样,马可尼在1919年也声称接收到了"来自其他星球的无线电信号"。由于马可尼的声望,这一消息立刻引来关注,美国奥马哈市的两位无线电爱好者在1920年4月22日和23日两个晚上,还进行了接收火星无线电信号的实验,结果一无所获。③马可尼本人最终也决定进行接收火星信号的实验。据《纽约时报》报道,1922年6月16日,他乘私人游轮"伊莱克特雷号"(Electra)穿越大西洋,希望在自己的海上实验室里接收到来自火星的信息。不过,在随后接受的记者采访中,马可尼回答"没有令人激动的消息要向

---

① Perhaps Mars Is Signaling Us [N]. The New York Times, 1909-05-06(8).
② Pickering, W. H. Signals from Mars [J]. Popular Astronomy, 1924, 32: 580-581.
③ Listens for Mars Signal [N]. The New York Times, 1920-04-22(2).
No Sound from Mars Greets Experimenters [N]. The New York Times, 1920-04-23(17).

外宣布"。①

向火星发送信号的方案

与前面那一类探索活动——思考火星人主动和人类进行交流的可能性——相对应的是,一些人士也在设法主动与假想中的火星文明进行交流。这类方案大体可以归纳为以下两种:几何图形构想和光电信号构想。

第一类:几何图形构想。

有确切历史文献证据表明,数学家高斯很可能是第一个设想和假想中的月亮人进行交流的科学人士。1826年10月,《爱丁堡新哲学杂志》刊登了一篇题为《月亮和它的居住者》的匿名短文,其中提到高斯和天文学家格鲁伊图伊森在一次谈话中认为,在西伯利亚平原建造巨型几何图形作为和月亮人交流的标识物是可能的(参见本书第二章相关内容)。②

高斯设想的这两种方案很大程度上与他数学家的职业背景有直接关系,在他看来,几何图形法则应该是一种月亮智慧生命能够理解的原理,把它作为一种交流手段既简洁又有效。这两种方案成为后来一些天文学家想象与火星文明沟通时,不断被反复借鉴的经典构想。

1909年,美国天文学家皮克林在《大众天文学》上发表文章,提出通过巨型镜面反射日光到达火星作为交流信号的构想,在当时受到了广泛关注。③《纽约时报》甚至辟出版面进行了连续报道,一些科学人士在参与讨论的过程中提出了各种替代方案,而它们实质上都是高斯当

---

① No Mars Message Yet, Marconi Radios [N]. The New York Times, 1922-06-16(15).
② The Moon and Its Inhabitants [J]. Edinburgh New Philosophical Journal, 1826, 1: 389-390.
③ The Astronomy of Mars [J]. Popular Astronomy, 1909, 17: 459.

年的另一方案——巨型几何图形方案的复本。

如美国弗劳尔天文台台长多利托(Eric Doolittle，1870—1929)就认为,皮克林的方案不太现实,比较容易办到的还是在西伯利亚平原上建造各种巨大的几何图形反射镜面。而约翰斯·霍普金斯大学的伍德(Robert W. Wood，1868—1955)教授则建议,把一块巨大的黑布片裹在一根长轴上,以宽阔的白色场地为背景,通过电动控制让布片有规律地卷拢或打开,呈现出让火星人观测到的闪烁效果。①②事实上,直到1920年,英国物理学家、曾任新伯明翰大学第一任校长的罗基(Oliver Lodge，1851—1940)还认为,可以在撒哈拉沙漠画一个巨大的几何图形作为和火星人建立联系的方式。③

第二类:光电信号构想。

1869年,法国发明家、诗人克洛斯(Charles Cros，1846—1888)在他个人出版的一本名为《和火星交流的方法研究》(*Etudes Sur Les Moyens De Communication Avec Les Planetes*)的小册子中,提出使用电灯和火星人进行交流的构想。④克洛斯很可能是第一个设想利用电灯和假想中的火星文明进行交流的人士,因为在他提出这一方案的时候,电灯还不是一种商业普及之物——耐用的钨丝电灯泡十年后才被爱迪生发明出来。

克洛斯的第一种设想是,火星或金星上的居民如果具备望远镜手段,可以观测到地球上一个抛物镜面所聚焦的一盏或多盏电灯光线所发出的光亮。他的第二种方案则建议把循环闪烁的灯光作为向其他星球发

---

① Way to Signal Mars [N]. The New York Times, 1909-05-03(1).
② Science Seeks to Get into Communication with Mars [N]. The New York Times, 1909-05-02, Section: Part Six Fashions and Dramatic Section, Page X7.
③ Believe Marconi Caught Sun Storms [N]. The New York Times，1920-02-09(2).
④ Pernet, J. Charles Cros, Et Le Problème De La Communication Avec Les Planetes [J]. Observations Et Travaux, 1988, 16: 31.

射的信号。此种方案后来也被美国天文学家斯坦利(Hiram M. Stanley)、英国牧师哈维斯(Hugh R. Haweis,1838—1901)以及美国荷巴特学院天文台台长布鲁克斯(William R. Brooks)等人士先后反复提议。①②③

除电灯之外,另一项新发明——无线电,也是科学人士们认为可能的一种方案。从留下的历史文献来看,美国物理学家、发明家多贝尔(Amos Dolbear,1837—1910),很可能是最早设想通过无线电代码和假想中的火星文明进行交流的人士。1893年,他在《多纳霍杂志》(*Donahoe's Magazine*)上一篇展望电报发展前景的文章中谈及,"把波长比光波更长的电磁波发射到火星或是别的星球"是可行的,因为"两颗行星之间理应不存在什么障碍来阻挡电磁信号的发射"。④

而无线电交流方案最积极的探索者则是著名发明家特斯拉。1900—1921年的20多年间,特斯拉在科学杂志和报纸上先后发表10篇文章,阐释他向火星发送无线电信号的构想。⑤1937年,他甚至在自

---

① Stanley, H. M. Communication with Other Planets [J]. Science, 1891, 18(452): 192.
② Lockyer, J. N. The Opposition of Mars [J]. Nature, 1892, 46(1193): 443-448.
③ Brooks, W. R. Signaling to Mars [J]. Collier's Weekly, 1909, 44: 27-28.
④ Dolbear, A. E. The Future of Electricity [J]. Donahoe's Magazine, 1893-03: 291-295.
⑤ 特斯拉向火星发送无线电信号构想的相关文章:
The Problem of Increasing Human Energy [J]. The Century Illustrated Monthly Magazine, 1900-06.
Talking with the Planets [J]. Collier's Weekly, 1901-02-19: 4-5.
The Transmission of Electric Energy without Wires [J]. Electrical World and Engineer, 1904-03-05.
The Transmission of Electrical Energy without Wires as a Means for Furthering Peace [J]. Electrical World and Engineer, 1905-01-07: 21-24.
Signalling to Mars: A Problem of Electrical Engineering [J]. Harvard Illustrated Magzine, 1907-03: 119-121.
Can Bridge the Gap to Mars [N]. The New York Times, 1907-06-23(6).
How to Signal to Mars [N]. The New York Times, 1909-05-23(10).
My Inventions [J]. Electrical Experimenters, 1919-06: 112-113, 148, 173, 176-178.
Signals to Mars Based on Hope of Life on Planet [J]. New York Herald, 1919-10-12.
Interplanetary Communication [J]. Electrical World, 1921-09-24: 620.

第四章　火星运河及与火星假想文明尝试沟通的科学探索 | 181

1901年纽约发行的一张唱片的封面,主题就是"来自火星的信号",反映了火星在当时流行文化中的影响

己81岁生日宴会上,宣布已经成功制成一架"星际传送装置",并声称通过这一装置把几千马力的能量传送到另一颗行星上,无论距离多远都有可能。他还透露,可能即将签订一项制造这项设备的合约。[①]不过,这项特斯拉所声称的"将被永久铭记"的星际发射装置发明,直到1943年他去世时,始终没有出现在世人面前。

很可能是受到上述这些方案的激励,1920年1月31日,《纽约时

---

① Sending of Messages to Planets Predicted by Dr. Tesla on Birthday [N]. The New York Times, 1937-07-11: 13.

报》刊登了一则消息,报道说1月30日这天美国斯伯利陀螺仪公司(Sperry Gyroscope Company)公布了一项计划,宣称他们的工程师正在着手与火星建立联系。公司创始人、著名机械发明家斯伯利(Elmer A. Sperry,1860—1930)认为,向火星传送信号整个问题的关键就在于能量的传输,只需启动大量陀螺仪,把它们的能量集中在一起,就可以把信号发射到火星上。[①]不过,这一项目很可能也没有真正启动,因为此后并未有相关报道再出现过。

值得一提的是,在所有交流方案中,最大胆、最有创意的设想当数1909年7月23日刊登在《科学》杂志上的一篇文章——尽管署名"T. C. M."的作者声称,他的本意是打算通过这一不着边际的构想对各种不切实际的交流方案进行嘲讽。

这位匿名作者建议说,可以在地球背向火星、朝向太阳的方向上"对穿打出一个洞来",然后对穿过洞穴到达火星的阳光进行间歇性智能阻断,通过莫尔斯代码或是别的可选择的方法,闪烁的阳光就可以作为一系列信号来使用,和火星交流的问题就解决了。[②]

在科学界引起的激烈争论

上述科学人士提出各种和假想中的火星文明进行交流的方案,在科学界引起了广泛的讨论。从对相关历史文献的整理结果来看,参与讨论人士的意见主要可分为四类:

第一类,不相信火星人存在的可能性,认为尝试与火星人进行交流的做法或声称接收到火星人信号的观测结果都是不切实际的。如美国地理学家、天文学家戴维森(George Davidson,1825—1911),瑞典化

[①] Opposing Views on Mars Signals [N]. The New York Times, 1920-01-31: 24.
[②] T. C. M. Communicating with Mars [J]. Science, New Series, 1909, 30(760): 117.

学家阿雷纽斯(1900年诺贝尔化学奖获得者),以及巴黎天文台台长巴劳德(Jules Baillaud,1876—1960)等科学人士,就持这样的观点。

第二类,不否认火星人的存在,但对交流方案的技术可行性存有疑问。持这种观点的代表人物是法国著名天文学家弗拉马利翁。

尽管弗拉马利翁对当时在天文学界引起激烈争论的火星运河观测结果持支持态度,并且猜测火星人在几十万年前就已经尝试反复向地球发射信号进行交流了,[1]但他对当时各种版本的与假想中的火星人进行交流的方案却持保守态度。如他对皮克林的方案就很不以为然,认为尽管和火星的交流可能在未来的某一天会实现,但"在我们的时代不会实现"。[2]他也不接受马可尼接收到的无线电信号是火星信号的说法,认为那可能是太阳磁暴干扰的结果。[3]

第三类,对交流方案持赞同观点。持这种观点的人士里不乏非常知名的人物,如英国著名天文学家诺曼·洛克耶、戴森(Frank W. Dyson,1868—1939),以及美国电气工程学家斯坦梅茨(Charles P. Steinmetz,1865—1923)就认为,与火星进行交流非常有可能实现。[4]

洛克耶还在他主编的《自然》杂志上发表文章,对高尔顿的镜面反射日光方案和哈维斯以电灯光亮作为信号的方案进行了认真的比较。他的结论是哈维斯的方案比较可行,认为当火星位于地平线之上,处于近日点位置的时候,点亮地球处于黑暗半球上直径10英里的一片空间,让其光亮程度和太阳光照射的效果差不多,从火星上通过和当时里克天文台最大放大倍数差不多的望远镜,是能观测到这一现象的。[5]

---

[1] Martians Probably Superior to Us [N]. The New York Times, 1907-11-10: Part Five Magazine Section: SM8.

[2] Talk of Signals to Mars [N]. The New York Times, 1909-04-21:1.

[3] Marconi Testing His Mars Signals [N]. The New York Times, 1920-01-29:1.

[4] First Mars Message Would Cost Billion [N]. The New York Times, 1920-01-30:18.

[5] Lockyer, J. N. The Opposition of Mars [J]. Nature, 1892, 46(1193): 443-448.

第四类,认为和其他行星的交流更有可能。从所掌握的文献来看,持这种观点的人士只有美国史密森尼天体物理天文台台长阿伯特(Charles G. Abbot,1872—1973)。他在评论马可尼声称从其他行星接收到了无线电信号的消息时认为,信号更可能是来自金星,因为相较火星,金星更满足存在生命的必要条件。①

在当时的科幻作品中产生的影响

和假想中的火星文明进行交流的方案,除了引起众多科学界人士的广泛关注和讨论,对当时的科幻作品也产生了明显的影响,此处以两部科幻作品为例。

第一部是1903年出版的《火星来世确证》。小说假托出自一位业余天文学家和无线电爱好人士之手,以回忆录形式写成,其中掺入作者大量带有神秘主义色彩的设想:不同行星上生命认知水平所能达到的演进程度是不同的,地球人还处于科学认知阶段,火星人已经达到精神认知阶段,人死后灵魂从低级星球到达高一级星球依附到新的肉身上得到再生。小说讲述主人公的父亲死后,灵魂到达火星得到新生,然后通过先前约定的无线电代码,以无线电交流的方式向儿子讲述了在火星上的所见所闻。②

小说的作者格拉塔卡普并非专职作家,而是一位享有盛誉的博物学学者,曾长期担任美国第一任自然历史博物馆馆长,《火星来世确证》是他业余创作的第一部科幻作品。1906年,他发表了另一部科幻作品《冰河世纪的女人》(*A Woman of the Ice Age*)。小说除深受特斯拉等人

---

① Suggests Venus Is Source of Signals [N]. The New York Times, 1920-01-30:18.
② Gratacap, L. P. The Certainty of a Future Life in Mars: Being the Posthumous Papers of Bradford Torrey Dodd [M]. New York: Brentano's, 1903.

提出的通过无线电向火星发射信号的想法影响之外,当时科学界对火星的讨论在书中也得到了反映。格拉塔卡普不仅在书中第二章用了相当的篇幅对当时火星争论的情形进行了回顾,甚至在书末还附上了一篇夏帕雷利发表于1893年后来被皮克林翻译成英文从而广为流传的论文《行星火星》(The Planet Mars)。

第二部是1911年出版的科幻小说《经由月亮到达火星:一个天文故事》。作者马克·威克斯是一名业余天文爱好者,在有关火星运河的争论中,他站到了洛韦尔一方,这部作品是他对其火星运河观测结果表示支持的一种方式——在献词中,威克斯特别向洛韦尔表达了敬意。

故事讲述一位天文学家和他的一位忘年交以及另一位工程师,三人乘坐共同设计的太空飞船先到达月亮——证实了月亮确实不能居住,然后旅行到火星上的故事。威克斯除了借这部小说发挥自己对火星世界的想象之外,还向读者普及了大量有关月球、火星的天文学知识。小说第九、第十、第十一章,主人公向他的同伴讲述关于火星研究的历史和火星运河观测结果所引发的一系列争论。第十七章中,亲临火星的主人公终于看到了火星运河的图景,这些图景与洛韦尔在《火星》一书中的设想完全一致。

其中对特斯拉通过无线电和火星进行交流方案的介绍出现在第十四章中,旅行到火星的主人公对接待他们的火星人介绍了特斯拉的方案后,火星人评价说,这个消息意味着他们与地球人类进行交流的尝试最终会取得成功,因为地球上至少还有一个人能够设计出一种必要设备来接收或发送交流信息。从纯技术的角度而言,电磁干扰从另一颗行星到达火星是确切无疑的,相较而言,通过光线不可能达成有效的交流,火星和地球两颗行星的相对位置,永远不会让这种发射信号的方法具有可行性。①火星人的这些评论,某种程度上也代表了威克斯对特斯拉无线电交流方案的看法,他对这一方案是持支持态度的。

值得一提的是,以上两部科幻作品出版后,都引起了科学界的关注。除《自然》杂志对《火星来世确证》发表书评文章之外,②《大众天文学》和《现代电学》(*Modern Electrics*)等科学杂志也对《经由月亮到达火星》进行了评论。

几点结论

作为探索火星与地球类似的观测证据,火星上是否存在"运河"是19世纪末期最受关注的天文学问题。而前面提及的科学人士们之所以热衷尝试和假想中的火星文明进行交流,无疑和当时所处的这种科学历史背景有着直接关系——成功接收来自火星人的讯息(或向火星人发送讯息),事实上是以更加直接的方式证明火星和地球相类似。

随着火星运河讨论热潮的慢慢退去,这样的探索活动也逐渐不再引起天文学界人士的兴趣。不过,和假想中的火星文明进行交流的尝试在1960年代,却以SETI计划(以及后来的METI计划)的方式得到了进一步的延伸和继续(参见后文)。

从前面的考察可看出,对与假想中的火星生命进行交流的尝试表示支持和反对的观点,主要来自两方面:一是基于天文学原理分析得出的结论;二是对交流方案本身的技术可行性进行估计。至于这类尝试可能带来的一些社会影响及后果,则很少被论及。从收集的文献来看,只有在《纽约时报》1919年1月21日的一篇文章中,作者针对马可尼所

---

① Wicks, M. To Mars via the Moon: An Astronomical Story [M]. London: Seeley and Co. Limited, 1911: 190-192, 194-206.

② The Certainty of a Future Life in Mars [J]. Nature, 1904, 69: 221-222.

认为的古老行星上的生命应该了解一些对我们而言有巨大价值的知识,告诫说:

很有可能,天空和地球还有很多事物是哲学家们也还没想到过的,不过最好还是让我们用自己缓慢、笨拙的方式去发现它们,而不是由先进的智慧生命仓促告知一些我们还没有准备好去了解的知识。

这种想法在今天看来颇具超前性——它正是当代一些持谨慎态度的人士对地外文明探索给出的一个重要反对理由:在人类还没有做好准备之前,贸然从外星文明那里接受一些我们还掌控不了的新知识,带来的结果很可能是灾难。

当然,20世纪初期的人们在尝试探索地外文明的过程中,不去关注这样的问题实属情理中的事情。毕竟,在科学技术刚刚蓬勃兴起的那个年代,用拥抱姿态去迎接新兴事物才是当时主流的想法,至于思考其负面结果的可能性,对人们而言确实还是一件无暇顾及的事情。

第五章

科幻作品中时空旅行之物理学历史理论背景分析

17世纪,科学人士和幻想作家对月球旅行的可能性进行了若干探索和想象,这样的探索和想象延续至19世纪,除旅行目标从月球拓展到火星、金星、木星等其他星体之外,旅行的手段也得到了进一步的丰富和发展。

　　20世纪以来,时空旅行呈现两个特点:第一,1895年,威尔斯发表《时间机器》,从此打开了时间旅行主题的想象之门;第二,空间旅行距离从太阳系拓展到银河系乃至河外星系,要完成这样的旅行,只有依靠超空间旅行手段——其中最典型的有两种,即翘曲飞行和虫洞。

1 时间旅行的方向

前往未来

有关前往未来的时空旅行作品中,最具代表性的是英国人威尔斯1895年创作的《时间机器》。小说叙述了一个简单的故事:一位科学家乘坐自己研制出的时间机器,旅行到了公元802701年的未来世界,那时的世界存在两类人:一类是在地上的花园和宫殿里过着舒适安逸生活的"埃洛依",另一类是在地下的黑暗中辛勤劳作的"莫洛克"。但科学家无意间的揭秘却让人大为吃惊,"埃洛依"不过是一群"莫洛克"豢养起来作为食物的美丽废物而已。

《时间机器》第一次正面触及时空旅行的技术手段,"时间机器"为后来科幻作品反复借用。不过,在大量把时间旅行方向设置为前往未来的科幻作品中,《时间机器》却一枝独秀——所有的后来者都不能与其相提并论,而这一类型作品最终也彻底萎缩。理由也许正如一些科幻研究者所说的,在绝大多数科幻电影中,事情发生的时间预先就已被设置在未来——这已是科幻创作的一条默认定则,剧作

《时间机器》电影海报

者们用不着一定要主人公通过时空旅行才能去到未来,或是让生活在未来的人去到更遥远的未来。①

值得一提的是,基于《时间机器》获得的广泛声誉,它的同名电影目前已有三个版本(1960年、1978年、2002年),在此之后,出现了多部借用原著中的时间旅行者或是时间机器进行再创作的衍生作品。在《时间机器归来》(*The Return of the Time Machine*,1972)中,故事主人公去到不同时代,寻找原著中那位未能归来的科学家。电影《一次又一次》(*Time after Time*,1979,1985)是一个幼稚的故事,主人公偷走时间机器逃到1979年,威尔斯追寻而至,被当作来自乌托邦的大傻瓜。

---

① [英]约翰·克卢特.彩图科幻百科[M].陈德民,魏华,罗汉,等,译.上海:上海科技教育出版社,2003:60.

回到过去

1889年,马克·吐温(Mark Twain)创作了一部小说《康州美国佬在亚瑟王朝》(*A Connecticut Yankee in King Arthurs Court*),故事讲述主人公昏迷醒来后,发现自己回到了1300年前的亚瑟王朝,成为一个回到过去的时空旅行者。[①]马克·吐温的这部小说在科幻中的影响远不及《时间机器》,但它的那些把时间方向设置为回到过去的后来者却是后劲十足,很多优秀的时空旅行作品都来自这一类型。

这种情形的出现,很大程度上归结于回到过去的时空旅行会遇到的一个逻辑难题——时间佯谬。它最极端的例子就是著名的"(外)祖父佯谬"(grandfather paradox):假如你对自己的现状非常绝望,但是你又不想自杀,你希望自己从来就没有来过这个世界,你于是选择通过时空旅行回到过去,在你的(外)祖父和你的(外)祖母相遇之前,杀死你的(外)祖父,你父母两人中的某一位就不会出生,你也就不会出生。可如此一来,就会产生一个逻辑难题:如果没有你的出生,你就不可能回到过去杀死你的(外)祖父,所以,要完成这一任务,你还是得出生——而这正是你不想要的结果。

英国著名幽默杂志《笨拙》(*Punch*)1923年曾发表过一首与时间佯谬有关的打油诗:[②]

[①] 中译本参见:[美]马克·吐温.康州美国佬在亚瑟王朝[M].何文安,张煤,译.南京:译林出版社,2002.

[②] 该诗发表于1923年11月23日的《笨拙》,作者布勒(A. H. R. Buller)是一位著名的植物病理学家。原诗为:
 There was a young lady girl named Bright
 Whose speed was far faster than light
 She traveled one day
 In a relative way
 And returned on the previous night

> 一个女孩叫贝瑞,
> 她的速度光难追。
> 相对论啊是捷径,
> 今日出门昨夜归。

从物理学或哲学角度而言,"今日出门昨夜归"这样的时间佯谬的确令人棘手,但就科幻创作而言,它却包含着极丰富的故事元素,很多科幻作品都是以此为原材料创作的。这些故事情节虽然千差万别,但其实都可以看成"(外)祖父佯谬"的多版本延伸。如1980年代的电影《终结者》(The Terminator)系列、《回到未来》(Back to the Future)系列就是这一类型的代表作品。不过,这些都属于回到过去的时空旅行故事的较传统演绎方式。

时空旅行科幻作品中回到过去的类型还有另外两种演绎方式,它们完全避开了时间佯谬的产生:一种直接借鉴于量子理论中的"多宇宙解释",另一种则借鉴于后来的"诺维科夫自洽原则"。前者改变历史却不产生佯谬,后者不允许改变历史,自然也就不会产生时间佯谬了。

2 《时间机器》与第四维理论

在威尔斯1895年发表《时间机器》后,《自然》杂志上即出现一篇书评,文章特别强调这篇科幻小说的科学性在于,"帮助人们对持续进化的过程所产生的可能结果获得连贯的认识"。[①]事实上,小说中另一个重要的设想——时间就是"第四维"的观点,也很值得进行探讨。书中神通广大的主人公造出一架机器在过去、未来的时间轴上来回穿梭的时候,依据的就是这一构想。

在小说开篇,威尔斯借助主人公之口,表达了他的第四维(four-dimension)观点:

> "很清楚,"这位时空旅行者继续说道,"任何真实的物体在四个方向上都有外延:它必须有长度、宽度、厚度和时度。但因为人们的一个弱点,我们倾向于忽略这个事实。四维真的存在,其中的三维是空间的三个平面,第四维是时间。"

---

① Wells, H. G. The Time Machine [J]. Nature, 1895, 52: 268.

1905年,爱因斯坦(Albert Einstein)提出狭义相对论的统一时空观思想,他早年的老师数学家闵可夫斯基(Minkowski)随后用数学语言对这种绝对四维时空结构进行了描述。如此一来,威尔斯在小说中把时间表述为第四维的思想,似乎就具有了超前的预见性,但事实上,早期第四维概念的产生并非凭空而出,它的发展过程乃至通俗化和形象化已经经历了一番有趣的过程。

1854年,黎曼(G. F. B. Riemann, 1826—1866)在德国格丁根大学作了一次就职演讲①,主要内容是他对弯曲表面和多维空间所进行的探索和思考。黎曼认为,所有这些空间其实都可以被自洽地明确定义。黎曼的这次演讲开拓了高维几何研究的新领域,在数学史上的意义不言而喻,它吸引了一些数学家对多维空间的热情关注,德国著名的物理学家亥姆霍兹就是它的积极宣扬者。这个理论一开始也如同绝大多数其他数学理论一样,是专属学术界的讨论对象,抽象的数学符号使它远离普通大众。然而,不同寻常的是,关于高维理论的这种情形在稍后却被彻底改变。

1876年7月,一位叫斯莱德(Henry Slade)的美国灵媒人士访问伦敦,为很多名流举行降神会表演魔术,如让两个没有断缝的木质环一个套进另一个,在两头拴在固定位置的绳索中间打结,或是让物体在没有支撑的情况下飘浮在半空,等等。斯莱德的表演在伦敦引起极大轰动,此种情形引得新当选为英国科学促进会特别委员会成员的兰基斯特(Ray Lankester)教授大为不满,在一次降神会上,他当场指责斯莱德在表演过程中作弊,并随后在《泰晤士报》上发表揭露文章。

---

① 黎曼的演讲题目是《关于构成几何基础的假设》(On the Hypotheses Which Lie at the Bases of Geometry),后由英国数学家克利福德(William Kingdon Clifford)将其由德文译为英文。

伦敦市治安法庭涉入此事，在听取双方辩护之后，斯莱德被判定有罪，并根据移民法被判处了三个月的劳役监禁。出狱后，他辗转欧洲到达德国，被著名天文学家策尔纳（Johann Zöllner，1834—1882）[①]接见。策尔纳对当时数学上的四维概念很感兴趣，他通过受控试验测试斯莱德的通灵术后，认为斯莱德的特异功能实际证明了第四维的存在。因为，他那些本领在三维世界中无法想象，在第四维中却是轻而易举的事情——就如同在二维情形下无法做到的事情，在三维世界中却很容易实现。在策尔纳1878年出版的《先验物理学》（*Transcendental Physics*）中，还有对斯莱德通灵术的解释，认为一些自然界中原本不可能发生的事情可以被居住在第四维中的幽灵变为现实。

涉入此事并参与控制试验的还包括一些当时大名鼎鼎的科学家，如著名物理学教授威廉·韦伯（Wilhelm Eduard Weber，1804—1891）[②]，费希纳（Gustave Theodore Fechner，1801—1887）[③]，莱比锡大学的著名心理学、哲学教授冯特（William Wundt，1832—1920）[④]和数学教授施伯纳（W. Scheibner）。整个事件在当时备受关注，但总体而言，策尔纳对斯莱德通灵术的第四维解释并没有得到主要科学家团体的接受和认同，也引来了一些评论家的嘲讽。然而，第四维概念却因此在大众中开始广为流传开来。[⑤]

[①] 德国莱比锡大学物理学和天文学教授，1858年发明了在天文学上有重要意义的测量恒星亮度的光度计。国际天文学联合会（IAU）为纪念策尔纳，特别将月球上的一座环形山（crater，或译"月坑"）命名为"策尔纳"。关于策尔纳和第四维的关系，比较详细的介绍还可见北京大学教授刘华杰所著的《理性的彷徨：介入"超科学"的著名科学家(I)》，http://shc2000.sjtu.edu.cn/article3/lxdph.htm.

[②] 任职于德国格丁根大学，在电磁学方面作出重要贡献，磁通量单位"韦伯"就是以他的姓氏命名的。

[③] 莱比锡大学物理学教授，精神物理学的奠基人，与韦伯一起提出著名的经验公式：韦伯-费希纳对数定律。

[④] 实验心理学和认知心理学的奠基人。

[⑤] [美]加来道雄.超越时空：通过平行宇宙、时间卷曲和第十维度的科学之旅[M].刘玉玺，曹志良，译.上海：上海科技教育出版社，1999：59—64.

为了满足公众对第四维的好奇心，当时的一些流行杂志，如《哈珀周刊》、《大众科学月刊》(*Popular Science*)甚至《科学》都不惜版面掺和进来，积极培养公众对第四维的兴趣。在19世纪末的几十年间，第四维成为一个很时髦的话题。

英国数学家欣顿(Charles Hinton，1853—1907)①甚至终生致力于第四维的通俗化和形象化，除了撰写出一系列和第四维相关的文章和一部科幻小说《科学冒险故事》(*Scientific Romances*)，他还花去很多年的时间设计出一个能让人们从中"看见"第四维的"超立方体"(tesseract，也叫"欣顿立方体")，它曾出现在达利著名的油画《基督的超立方体》中。后来的很多科幻作品中都涉及超立方体，罗伯特·海因莱茵(Robert Heinlein，1907—1988)②有不少作品和超立方体有关，其中最著名的是《他造了一所变形屋》(*And He Built a Crooked House*，1940)和《光荣之路》(*Glory Road*，1963)。而电视系列剧《胡博士》(*Doctor Who*)中的时间机器其实就是一个超立方体，另外，电影《异次元杀阵ⅠⅡ》(*Cube: Hypercube* Ⅰ Ⅱ，1997，2002)讲的则是一群人迷失在超立方体中的故事。

与欣顿同时期的其他科幻作家也纷纷创作和多维相关的作品，艾勃特(Edwin A. Abbott)在1884年写的《平面国：正方形在多维中的传奇故事》(*Flatland: A Romance of Many Dimensions*)③，是这方面当之无愧的代表作。小说的主人公是一位正方形先生，他身处一个专制的二维国度，这里等级森严，女人是线条，贵族是多边形，主教是圆

---

① 英国数学家，还发明了棒球机，同时也写科幻小说，作品有《科学冒险故事》(*Scientific Romances*)，http://www.ibiblio.org/eldritch/chh/hinton.html 有全文。

② 罗伯特·海因莱茵、阿瑟·克拉克(Arthur C. Clarke)和艾萨克·阿西莫夫(Isaac Asimov)，并称"科幻三杰"。

③ 中译本参见：[英]埃德温·艾勃特.平面国[M].朱荣华，译.南京：江苏人民出版社，2009.

圈,最主要的是,讨论第三维是被严厉禁止的,犯者会被施以极刑。正方形先生偶尔会自以为是一下,但其实他性格本分,从未打算向任何权威发起挑战。可某一天,当一位球形勋爵把他带往三维国度一游之后,他的思想世界被彻底颠覆了,这也成为他人生悲剧的开始。

威尔斯后来在《时间机器》中,也表达了他对第四维的观点。不过,威尔斯的构想并非独一无二,因为欣顿在《科学冒险故事》的第一个故事《什么是第四维?》(What is the Fourth Dimension?, 1884)中,就已经把第四维描述为"时间"。

威尔斯的另一部小说《隐身人》(The Invisible Man, 1897),表达的则是他对第四维的另一种想象方式。和当时绝大多数科幻作品一样,第四维在这里和某种具有神秘主义色彩的超能力联系在一起——从中可以看出策尔纳用第四维概念解释通灵术的思想影响。相较而言,《时间机器》中"第四维是时间"的构想其实属于少数派,在当时也没有引起很大关注。这一点可以从后来的一个事件中看出:1908年,《科学美国人》(Scientific American)发起一次独特的竞赛,悬赏500美元,主题是"给第四维的最佳通俗解释"。竞赛的规则是"用2 500个单词的文章来阐明第四维的意义,以便一般的非专业读者能理解它"。[1]这次竞赛吸引了来自世界各地的大量立论严肃的文章,但是,结果让人惊讶——即便是在狭义相对论已经发表了四年之后——关于第四维的解释,它们中没有一篇提及"时间"。[2]

---

[1] A $500 Prize for a Simple Explanation of the Fourth Dimension [J]. Scientific American, 1908, 66: 351-352.

[2] [美]丹尼斯·奥弗比.恋爱中的爱因斯坦:科学罗曼史[M].冯承天,涂泓,译.上海:上海科技教育出版社,2005:225.

3 爱因斯坦场方程

1949年，哥德尔（Kurt Gödel，1906—1978）发现爱因斯坦场方程的一个解，描述了一个旋转但既不膨胀也不收缩的全宇宙，这后被称作"哥德尔宇宙"。从理论上而言，它允许时间旅行。

事情起因颇具偶然性，这一年3月14日刚好是爱因斯坦70岁诞辰，作为爱因斯坦晚年私交甚好的朋友，哥德尔应邀为著名的《在世哲学家文库》(Library of Living Philosophers)中的"爱因斯坦卷"撰文以作纪念。哥德尔虽然以数学家身份闻名于世，但他早年在维也纳大学上大学时主攻的却是物理专业，写一篇关于广义相对论的论文对他而言算是重操旧业。可是，哥德尔的偶然客串却得到了意想不到的结果。

他在《爱因斯坦引力场方程一类新宇宙论解的一例》(An Example of a New Type of Cosmological Solution of Einstein's Field Equations of Gravitation)中宣称，他为爱因斯坦引力场方程给出了一个新解，它是一个比其他已知的解都复杂的精确解。这个解把宇宙中的整个物质看作不可压缩的理想流体物质，在这个模型中，宇宙以不变

的角速度绕着一个固定的坐标系旋转。①在这个构想前提下,哥德尔对"时空旅行"进行了表述:

> 这个解中的每一条物质的世界线都是一条无穷长的不封闭的曲线,它们永远不会再与它前面的任何一点相接近;但是,也存在封闭的类时曲线。特别是,如果 P 和 Q 是物质的一条世界线上的任何两点,而且 P 在 Q 之先,就存在一条连接 P 和 Q 的类时线,而 Q 在 P 之先。即理论上,在这个世界中回到过去旅行(或者影响过去)都是可能的。②

哥德尔的解一公布就受到很大关注,因果性问题此后一度成为物理学的争论焦点,物理学家后来在哥德尔宇宙中找到了不足,那就是他假定宇宙中的气体和尘埃缓慢转动,但在实验中并没有宇宙尘埃和气体有任何转动,相反,宇宙正在膨胀,但并没有呈现出转动。③

哥德尔并不是第一个从场方程中找到允许时空旅行解的人,1937年,荷兰物理学家斯托库姆(J. Van Stockum)就已从爱因斯坦场方程中得到一个解④,得出了一根快速旋转而又无限长的柱体的重力场,这样一个场将会违反因果律,它允许出现连接两个时空的闭合类时间曲线,这意味着这根无限长柱体能够起着时间机器的作用。但

---

① Gödel, K. An Example of a New Type of Cosmological Solution of Einstein's Field Equations of Gravitation [J]. Rev. Mod. Phys. D, 1949, 21: 447—450.

② [奥]约翰·卡斯蒂,[奥]维尔纳·德波利.逻辑人生:哥德尔传[M].刘晓力,叶闯,译.上海:上海科技教育出版社,2002:121.

③ 在他后来的《广义相对论中的旋转宇宙》中,哥德尔得出一个膨胀的宇宙模型,并且不允许时空旅行。该文是1950年8月31日他在马萨诸塞州剑桥召开的国际数学家会议上应邀发表的演说,此文1952年发表在那次会议的《纪事》上,第1卷第175—181页。——此处转引自《逻辑人生:哥德尔传》,第121页。

④ Van Stockum, W. J. The Gravitational Field of a Distribution of Particles Rotating Around an Axis of Symmetry [J]. Proc. Roy. Soc. Edinburgh, 1937, 57: 135.

是，物理学家从来就认为宇宙间不存在无限长的东西：他们猜测（但没有证明），如果柱体长度有限，它就不会是时间机器。①

1974年，物理学家蒂普勒在一篇论文中重新提到斯托库姆的解②，对旧解进行重新分析后，蒂普勒认为一根有限长度并接近光速旋转的柱体也可能成为时间机器，这通常被称为"蒂普勒柱体"（Tipler Cylinders）。

而在蒂普勒之前，物理学家纽曼（E. Newman）和他的两名助手在1963年也发现了一个允许时空旅行的爱因斯坦场方程解，这后来用三位作者——E. Newman、L. Tamburino 和 T. Unti 的姓氏首字母，命名为"NUT真空解"（NUT vacuum）。③到蒂普勒的理论提出时，基于爱因斯坦场方程所预言的黑洞、引力波和时空奇点都已被证明确实存在，所以，物理学界虽然对它允许时空旅行的这些非正常解（pathological solution）不一定接受，却已是见怪不怪了。

以上几个理论研究成果，被科幻作品所借用的主要是"蒂普勒柱体"，它在一些小说或电脑游戏的情节中时常会出现，如德克兰西尔（John De Chancie）的科幻小说《星际坞工》（Starrigger, 1983），安德森（Poul Anderson）的《化身》（The Avatar, 1978），普拉切特（Terry Pratchett）的《碟形世界》系列（Discworld, 1983），日本电脑游戏《超级机器人大战》（Super Robot Wars, 1991），等等。

而"哥德尔宇宙"和"NUT真空解"尽管在理论物理学界非常著

---

① [美]基普·S. 索恩, 黑洞与时间弯曲[M]. 李泳, 译. 长沙：湖南科学技术出版社, 2005：465.

② Tipler, F. J. Rotating Cylinders and the Possibility of Global Causality Violation [J]. Phys. Rev. D, 1974, 9(8): 2203–2206.

③ Newman, E., Tamburino, L., Unti, T. Empty-Space Generalization of the Schwarzschild Metric [J]. J. Math. Phys., 1963, 4: 915.

名,但在科幻作品中却不太常见。究其原因可能是,要把它们合理嵌入作品情节中并不是一件太容易的事情。

4 《接触》与虫洞理论

《接触》(Contact)是著名的天文学家和科学作家萨根1995年根据他创作的同名小说拍摄成的一部电影。为了避免和很多科幻片一样,仅为追求艺术的精致而失去了科学的真实,萨根在拍摄过程中专门聘请了科学界的一些知名人士,组成影片的科学顾问班底,并为他们开列了一套有分量的科学参考读物,其中包括索恩(Kip S. Thorne)的《黑洞与时间弯曲》(Black Holes and Time Warps)和加来道雄(Michio Kaku)的《超越时空:通过平行宇宙、时间卷曲和第十维度的科学之旅》(Hyperspace: A Scientific Odyssey Through Parallel Universes, Time Warps, and the Tenth Dimension)。①影片公映后,《自然》杂志发表了专门影评。②

这部影片的主要内容和萨根感兴趣的领域有关——探索地外文明,这个题材在科幻作品中通常都会涉及超空间旅行,因为超空间旅

---

① [美]凯伊·戴维森.展演科学的艺术家:萨根传[M].暴永宁,译.上海:上海科技教育出版社,2003:622-623.

② Sage, L. Aliens, Lies and Videotape [J]. Nature, 1997, 388: 637.

行是探索地外文明时到达其他星球的基本技术手段。《接触》中多处提及时间机器，相关的情节一波三折——第一次造出的那架价值300亿美元的时间机器曾毁于一位宗教狂热分子手中，直到影片最后，对SETI(Search for Extra-Terrestrial Intelligence，即"地外文明探索")计划满怀热忱的女主人公才终于一遂心愿，通过时空旅行到达了织女星。为了体现其科学真实性，影片动用多组画面对时间机器和女主人公的时空旅行过程进行直接描述——在其他影片中，这样的情节通常都是稍带提及的。

事实上，萨根创作《接触》原著时，就曾在时空旅行这个细节上颇费了一番心思。按照他一开始的构想，女主人公落进地球附近的一个黑洞，然后通过超空间旅行，1小时后出现在26光年外的织女星上。因为在当时，大多数科学家和非科学工作者都不知道黑洞中心的性质，所以许多大众文章和一些专业文献声称，穿过黑洞的中心并且在宇宙的其他地方现身，是可能的。[①]

从爱因斯坦广义相对论中推导出时空旅行的可能性，似乎已被大多数人认识到——很大程度上这得归功于科幻作品的传播效应，但事实上对其具体细节的认识则是相当模糊和含混的。10年前——也就是1976年，英国培根基金会(Francis Bacon Foundation)还曾悬赏300英镑来专门征求一个相关问题的解：

按照目前的理论，转动黑洞是通往其他时空区域的真实入口，那么一个飞行器怎样才能通过一个转动黑洞进入另一个时空区域，而不被奇点的引力摧毁？[②]

[①] [美]基普·S.索恩.物理定律容许有星际旅行虫洞和时间旅行机器吗?[M]//[美]耶范特·特奇安，[美]伊丽莎白·比尔森.卡尔·萨根的宇宙：从行星探索到科学教育.上海：上海科技教育出版社，2000：150.

[②] [法]约翰-皮尔·卢米涅.黑洞[M].卢炬甫，译.长沙：湖南科学技术出版社，2000：164.

当然，这个问题从未获得过圆满解决。萨根不是相对论专家，他对自己设置的利用黑洞作为时空旅行手段的技术细节并不是太有把握，为了寻找科学上能站住脚的依据，他向著名物理学家索恩求助。尽管之前已有哥德尔等一些科学家从爱因斯坦场方程中得到允许时空旅行的解，但更多的物理学家则把时空旅行当作和科幻小说中的流行情节一样来对待——差不多归入UFO一类，可以意趣盎然地去阅读，但如果把它纳入物理学范畴来进行探讨，那无异于进行学术冒险，更为保守的物理学家则根本就把它看作无稽之谈。所以，当索恩欣然应允萨根的要求时，还真需要点特立独行的勇气才行。

索恩和他的学生经过论证得出结论，进入黑洞的所有物体都会被强大的潮汐引力撕得粉碎，作为时空旅行手段，这是不可跨越的障碍，并建议萨根在小说中，把黑洞改称"虫洞"。

"虫洞"的性质很早就被发现了：1916年，爱因斯坦广义相对论发表后的几个月，史瓦西（Karl Schwarzschild）在爱因斯坦引力场方程里发现了一个解——著名的史瓦西解，同年，弗拉姆（Ludwig Flamm）对其数学推导过程进行重新诠释以后，揭示出它的虫洞本质——它事实上是描述了空的球形虫洞。[1]1935年，爱因斯坦和其学术助手罗森（N. Rosen）在一篇论文[2]中，把连接宇宙中两个遥远区域的假想通道称为"桥"——后来这被称为"爱因斯坦-罗森桥"，其实也就是"虫洞"。

---

[1] [美]基普·S.索恩.物理定律容许有星际旅行蛀洞和时间旅行机器吗?[M]//[美]耶范特·特奇安,[美]伊丽莎白·比尔森.卡尔·萨根的宇宙:从行星探索到科学教育.上海:上海科技教育出版社,2000:152.

[2] Einstein, A., Rosen, N. The Particle Problem in the General Theory of Relativity [J]. Physical Review, 1935, 48: 73-77.

通过虫洞穿越时空想象图

萨根的小说中,地球距离织女星 26 光年,但若通过一个虫洞连接它们的话,也许就才 1 千米。但是,以虫洞作为时间机器,也还面临一个棘手问题:按照爱因斯坦场方程的预言,虫洞在某个时刻产生,短暂地打开,然后关闭、消失——从产生到消失,时间极短,没有事物能在这么短的时间内从一个洞口穿过它到达另一个洞口。除了因为无法从自然界推导出虫洞的生成方式外——而黑洞则已被证明是恒星的坍塌结果,这也是物理学界长期对虫洞持怀疑态度的另一个主要原因。索恩最终设想以具有"负能量密度"的奇异物作为保持虫洞持续开放的物质条件,并把实现条件设置在高级智慧生物无限先进的文明背景下。换言之,索恩在这个问题上考虑的主要是数理上的自洽性,而非现实可能性。

索恩把这一系列和时空旅行相关的研究成果,以论文形式主要发表在顶级的物理学杂志《物理学评论》(*Physical Review*)上。这样的杂志每年都会收到大量宣称制造出时间机器的文章,但从来没有一篇被接受发表过,因为它们没有建立在爱因斯坦场方程上的严密推导过程,而索恩的这些论文则很好地满足了这一条件。所以,像《虫洞、时间机器和弱能量条件》(Wormholes, Time Machines, and the Weak Energy Condition)这样的论文,尽管文章摘要让人感觉科幻味儿十足——"本文讨论的是,如果物理法则允许一个高级文明智慧生物在空间中制造和维持一个虫洞,那么这个虫洞将被改造成违背因果律的时间机器用于星际航行",题目中也直接就有"时间机器"的字样,但最后还是被接受发表。① 而在此之前,为了避免引人注目并被冠以"科幻物理学家"的头衔,科学家们在参与时空旅行的相关讨论时,通常都把"时间机器"说成"类时闭合曲线"(closed time-like curve)。

对那些有兴趣研究时空旅行的物理学家而言,索恩对时空旅行研究取得的进展无疑令人鼓舞。一些人在之后开始参与其中,他们中有俄罗斯物理学家诺维科夫(Novikov)、普林斯顿大学的高特(Richard Gott)以及霍金。不过,值得一提的是,很多物理学家还是一如既往地拒绝讨论和时空旅行相关的任何问题。

萨根也许未曾预料到,他当初的这一提问会在科学领域内打开这样的局面,引发物理学界对时空旅行新的关注。其中,维持虫洞持续开放的奇异物质的相关研究甚至成为该领域内的一个重要课题。而"(外)祖父悖谬",也找到了新的解决途径:索恩和诺维科夫相对于

---

① Morris, M. S., Thorne, K. S., Yurtsever, U. Wormholes, Time Machines, and the Weak Energy Condition [J]. Phys. Rev. Lett., 1988, 61(13): 1446–1449.

"平行宇宙"理论,提出了一套更为保守的方案。

关于萨根对时空旅行研究的间接推进——尽管这已被他其他方面更为耀眼的成就所掩盖,索恩曾有过这样的评价:

一本像《接触》这样的小说,在科学研究上促成一个重要的新方向,这很少见,也许真是绝无仅有的。(《物理定律容许有星际旅行蛀洞和时间旅行机器吗?》,第145页)

事实上,《接触》并非真的"绝无仅有",电视连续剧《星际迷航》(*Star Trek*),也是同样的情形。

5 《星际迷航》与翘曲飞行理论

《星际迷航》讲述的是发生在20世纪以后,一组太空人员驾驶太空飞船"企业号"在银河系中进行探险的多系列故事。《星际迷航》初始系列[1]一开始由美国全国广播公司(NBC)播出,但却收视平平,乃至第三季播放还未结束,NBC即将其撤下。意想不到的是,停歇了差不多10年之后,随着第二系列《星际迷航:下一代》(*Star Trek: The Next Generation*)[2]的播放,该剧却在全美掀起热潮,编剧兼制作人罗顿伯里(Gene Roddenberry,1921—1991)晚熟的天才终于得到承认。此后,《星际迷航》又连续出了3个系列[3],播放档期一直排到2005年,加上它早期的动画系列[4],《星际迷航》前后共出了6个系列,它改编成的电

---

[1] Star Trek: The Original Series,三季共79集,首映日期:1966—1969年。
[2] Star Trek: The Next Generation,七季共176集,首映日期:1987—1995年。
[3] Star Trek: Deep Space Nine,七季共176集,首映日期:1993—1999年;Star Trek: Voyager,七季共172集,首映日期:1995—2001年;Star Trek: Enterprise,四季共98集,首映日期:2001—2005年。
[4] Star Trek: The Animated Series,两季共22集,首映日期:1973—1974年。

影自1979年至2003年前后共上映了10部片子,其电脑游戏从1974年开发以来也一直在不断升级换代。《星际迷航》在全世界范围内培养了数目庞大的"迷航迷"。

在《星际迷航》一、二系列的每集开头(少数几集例外),一个画外音都会响起,"探测未知新世界,寻找新的生命形态和文明形式,勇敢探索那些人类之前从未到达的地方",这是《星际迷航》中"企业号"在太空中的探险目的。很多幻想技术在这个过程中被涉及,如翘曲飞行、虫洞、三维传输器、全息幻觉甲板,等等,其中翘曲飞行是《星际迷航》里太空船进行超空间旅行的技术手段。

"企业号"在银河系中的太空航程几乎都是光年量级的,剧情发展不容许它花费太多的时间在星际航行上,所以,打破光速壁垒进行超空间旅行就成为"企业号"必备的一项基本技能。根据《星际迷航》编剧别出心裁的想象,"企业号"通过翘曲飞行从出发点到达目的地时,能使两地之间的空间发生卷曲并建立一条翘曲通道,以此来实现超光速旅行。在《星际迷航》的专门技术手册中能看到制作者为"企业号"翘曲飞行编写的基本公式,随着电视新系列的推出,"企业号"的升级换代,这个公式还被不断加入新的参数来进行修正和完善。尽管它从未直接在电视画面中出现过,但在"迷航迷"中却广为流传,从每一集中寻找与之不符的疏漏,也就成为"迷航迷"们乐此不疲的一项娱乐活动。

翘曲飞行很容易让人联想到索恩为小说《接触》构想的虫洞理论。不过,虫洞作为时空旅行手段,毕竟是出自物理学家的有理论依据的建议,一出来就备受关注。而翘曲飞行理论则完全是幻想的结果,除了"迷航迷"们会认真对待它——这也是纯粹出于娱乐目的,很少会有物理学家对这个杜撰理论加以认真考虑。

1994年，英国威尔士大学(University of Wales)的一名博士生埃尔库比尔(Miguel Alcubierre)，在《经典与量子引力》(Classical and Quantum Gravity)杂志上发表了一篇论文，对翘曲飞行进行了认真的讨论，这种情形开始有所改变。① 在这篇论文中，埃尔库比尔并不讳言他的研究对象其实就是科幻中"翘曲飞行"的旧话重提，他认为，通过对太空飞船尾部的时空区域进行局部扩展，相对地就会在飞船前方形成一个压缩区域，这种情形下，飞船超光速旅行是可能的。埃尔库比尔的这个结论也是建立在对爱因斯坦场方程求解的基础上，并且，和索恩的虫洞理论一样，要让飞船前后部位的局部时空区域发生扭曲，也同样需要负能量密度的奇异物的支持。

　　翘曲飞行在物理学上的解释与《星际迷航》中的原本构想已是迥然不同，现在一般也被称作"埃尔库比尔飞行"(Alcubierre drive)，它引发了关于时空旅行新的研究热潮②，后来的讨论重点主要集中在翘曲飞行的能量条件——奇异物上。

　　埃尔库比尔在1994年得出翘曲飞行的研究成果时，也正是索恩的虫洞理论在物理学界掀起时空旅行研究热潮之后，前者的讨论主要在《经典与量子引力》，后者则集中于《物理学评论》，两份刊物都是物理学的顶级杂志。虫洞研究所带来的影响还波及《星际迷航》新系

---

① Alcubierre, M. The Warp Drive: Hyper-Fast Travel Within General Relativity [J]. Classical and Quantum Gravity, 1994, 11: 73–77.

② 埃尔库比尔的文章发表后，到2002年，已有不少于10篇的相关论文对翘曲飞行作了进一步的讨论。其中主要参见：

Krasnikov, S. V. Hyperfast Travel in General Relativity [J]. Phys. Rev., 1998, 57(8): 4760–4766. 这篇论文最早的形式是一篇演讲稿，稍后才正式发表。

Everett, A. E., Roman, T. A. Superluminal Subway: The Krasnikov Tube [J]. Phys. Rev. D, 1997, 56: 2100–2108.

Natario, J. Warp Drive with Zero Expansion [J]. Classical and Quantum Gravity, 2002, 19: 1157–1166.

列的创作,在第三系列《星际迷航:第九外层空间》(*Star Trek: Deep Space Nine*)中,罗顿伯里的新任接班人不仅对剧情进行大胆拓展改编,而且还引入了时髦的虫洞作为故事核心,该系列整个剧情都是围绕着在银河系中发现的一个虫洞所引发的冲突展开的。

此外,"三维复制"在《星际迷航》中也是进行时空旅行的另一种重要手段,这种设想在剧中曾频繁出现。为了不在细节上耗费太多时间,"企业号"被设想为永远处于航行状态,从不着陆,编剧为此专门设想出三维传输器,如果飞船中的船员打算亲自探访其他星球,只需对着那装置说一声"将我发射出去"[①],就能实现。在《重返中世纪》(*Timeline*, 1999)的原著中,作者克莱顿(Michael Crichton)是通过三维复制来让小说中的人物回到中世纪的,针对这一点书中还有详细的"科幻式"解释。[②]

时空旅行中的另外两种类型——前往未来和回到过去,在《星际迷航》的故事系列中占了相当大的比重,据一位资深"迷航迷"的大略统计[③],在它的前两个系列中,就有至少不下22集是涉及时空旅行的。第三系列开始,《星际迷航》的创作由罗顿伯里的接班人继任,他们对时空旅行的兴趣依然非常浓厚。而在《星际迷航》所改编成的10部影片中,公认故事讲得最成功的《星际迷航Ⅳ:抢救未来》(*Star Trek Ⅳ: The Voyage Home*, 1986),也是一个和时空旅行相关的故事。

值得一提的是,相对超空间旅行所达到的"超光速"(Faster Than

---

① "Beam me up, Scotty",有意思的是,这句话其实在电视剧中从未以这种组合方式直接出现过,但它在美国家喻户晓。物理学家劳伦斯·克罗斯在《星球旅行的奥秘》前言中,说自己曾针对这句话作过随机调查,完了幽默地总结说:不知道这句话的人和不知道番茄酱的人一样多。此书中文版2001年已由中国对外翻译出版公司出版。

② [美]迈克尔·克莱顿.重返中世纪[M].祁阿红,等,译.南京:译林出版社,2000:138.

③ [美]劳伦斯·克罗斯.星球旅行的奥秘[M].董成茂,译.北京:中国对外翻译出版公司,2001:12.

Light，简称FTL），在其他影片中，对"超光速"还有别的描述方式。例如：著名影片《超人Ⅱ》（*Superman Ⅱ*）中，超人以超光速飞行回到过去，重新对事件的发生进行干扰，挽救了女朋友的生命；在国产片《无极》中，也有通过超光速奔跑回到过去的时空旅行情节。不过，这里的超光速与虫洞和翘曲飞行中的超光速，完全不是一个概念。前者指的是绝对速度大于光速，后两者则是改变空间物理结构，建立捷径缩短空间距离，让太空船在时间上"打败光速"航行。事实上，在物理学家针对时空旅行所进行的研究中，光速壁垒不能被打破是首先要遵从的物理法则之一。

6 时间佯谬的解决：
多世界理论和诺维科夫自洽原则

回到过去的时空旅行所引发的因果律背反所造成的时间佯谬，作为一个很好的故事材料，在回到过去的时间旅行类科幻作品中被反复使用。一个问题也由此引出：如果可以回到过去，如果历史可以被改变，这个世界将是怎样的情形？科幻作家瓦利(John Varley)在他的小说《千禧年》(*Millennium*, 1982)中，曾从"技术滥用"的角度表达过这种担忧：

> 时空旅行是如此之危险，以至于氢弹也成了孩子们和低能儿的相当安全的礼物了。我的意思是，对于核武器而言，能发生的最坏的情况是什么？几百万人口的死亡——微不足道，而有了时空旅行，我们可以毁坏整个宇宙，根据这个理论大抵如此。[1]

---

[1] [俄]伊戈尔·诺维科夫.时间之河[M].吴王杰,陆雪莹,闵锐,译.上海:上海科学技术出版社,2001:240.

在《时间警察》(*Timecop*)这样的影片中,这一思想则被演绎到极致:在未来的某一天,时空旅行成为现实,这时候,世界上出现了一种职业——时间警察,他们专门追捕那些通过时空旅行回到过去干涉历史的罪犯。

这的确是一个难题。尽管从1949年哥德尔开始,不少科学家已经先后在爱因斯坦场方程中找到了允许时空旅行的解,但时间佯谬还是被作为排除人类通过时空旅行回到过去的一个有力反证,也是因为这一点,一些物理学家断然拒绝进行与时间机器论题相关的任何研究[①]。

事实上,时间佯谬还是存在解决方案的。

1957年,埃弗里特(Hugh Everett,1930—1982)在博士论文中提出"多世界解释"(many worlds interpretation)[②],这是针对量子测量中波函数坍塌的疑难提出的。他认为,在量子测量过程中,观察者的观察状态分裂成不同的分支,每一分支对应客体系统中的一种本征态,代表观察者所得的特定的测量结果,所有分支是共存的,具有同等的实在性,结论是波函数并没有坍塌。

埃弗里特的"多世界解释"发表后,虽然有导师惠勒(John Wheeler,1911—2008)的推荐和修改,但在物理学界仍然反应冷淡。受到冷落的埃弗里特逐渐退出物理学界,而他的"多世界解释"见解也长期不为人们所重视,直到20世纪70年代,德威特(Bryce S. DeWitt)重新发掘了这个理论并在物理学家中大力宣传,它才开始为人所知。

---

① [俄]伊戈尔·诺维科夫.时间之河[M].吴王杰,陆雪莹,闵锐,译.上海:上海科学技术出版社,2001:252.

② Everett Ⅲ, H. "Relative State" Formulation of Quantum Mechanics [J]. Reviews of Modern Physics,1957,29(3): 454-462.

"多世界理论"是其支持者德威特后来取的名字,埃弗里特在开始则称它为"相对态超理论"(relative-state metatheory)或是"宇宙波函数理论"。

多世界解释后来被时空旅行故事作为背景广为借鉴。在莫尔考克(Michael Moorcock)的科幻小说《永恒斗士系列》(*Eternal Champion Stories*)中,多世界理论有了一个新的科幻名称"多元宇宙"(multiverse),它被后来的小说家们一直沿用,它的其他别称也相继在科幻作品中产生,如"平行宇宙""平行世界""更替宇宙"等等,名称大同小异,思想主旨也基本一致:事件发展的每一种可能性都会导致不同的结果产生,从而构成各自的历史事件并独立共存着。

"(外)祖父悖谬"从中也找到了解决方案:时空旅行者回到过去,在他的(外)祖父遇到他的(外)祖母之前将其杀死后,一个新的历史分支随即产生,这个分支中,时空旅行者父母中的一方没有出生,时空旅行者自然也不会出生;而与此同时,原有的那个历史分支也平行存在着,在这个分支中,时空旅行者从没有回到过去杀死过他的(外)祖父。

与这个理论相关的科幻作品中最受称道的——特别对崇尚"硬科幻"的人而言,是本福德(Gregory Benford)的《时景》(*Timescape*, 1980)[①]。小说故事被设置在1998年,主人公使用了一个超光速粒子向1963年发送了一个信号,告知那时的科学家1998年将出现席卷全球的生态灾难,让他们预先采取措施以改变事情的发展方向,把历史事件扭向另外一个发展轨道上。高特[②]一篇论文中的内容,还作为制作超光速粒子发射器的重要线索在小说中被提到。

此外,电影《蝴蝶效应》(*The Butterfly Effect*)也很典型,主人公一次一次通过日记本回到过去更改历史,使事情行进到平行的另外一

[①] 它最初由西蒙-舒斯特出版社出版,由于这部小说取得了相当大的成功,此后该出版社把它出版的所有科幻小说均命名为"《时景》系列"。

[②] Gott Ⅲ, J. R. A Time-Symmetric Matter, Antimatter [J]. Tachyon Cosmology Astrophysical Journal, 1974, 187: 1–4.

高特还有专门讨论时空旅行的书:《在爱因斯坦的时空旅行》,长春出版社2003年出版。

个时间分支中发展。而表达方式更为极端的影片《土拨鼠日》(Groundhog Day),则让主人公每天清晨醒来发现自己又很怪异地回到了头一天,"土拨鼠日"被不断重复。相类似的《十二点零一分》也是如此,同一件事总是在每天的"十二点零一分"重复出现,处置方式不一样,整个事件的发展也完全不一样。而电影《救世主》(The One)则讲述了来自多个宇宙的同一人之间决斗的故事。

"多世界理论"对时间佯谬的解决通常被认为比较激进。后来的索恩和诺维科夫在研究虫洞理论时,对时间佯谬提出了新的解决方法①:"诺维科夫自洽原则"(Novikov Self-consistency Principle)。同样,这个原则主要基于物理学上的自洽,而非现实中的事件情形,这里想回避的是自由意志的问题,用索恩的话来说:

> 即使宇宙中没有时间机器,自由意志现在也是令物理学家手足无措的问题。我们通常总是逃避它,认为它不过是把原本清楚的事情弄得更复杂罢了。在时间机器上,更是如此,所以……坚持不在文章中讨论人类穿越虫洞的事情,我们只谈简单的非生命旅行……②

在新的解决方案中,"(外)祖父佯谬"中那位回到过去想杀死自己(外)祖父的主人公,无论如何也不会得逞,因为他会被种种因素所

---

① 这个问题引发了一系列讨论,主要论文可参见:
Echeverria, F., Klinkhamme, G., Thorne, K. S. Billiard Balls in Wormhole Spacetimes with Closed Timelike Curves: Classical Theory [J]. Phys. Rev. D, 1991, 44(4): 1077-1099.
Friedman, J., Morris, M. S., Novikov, I. D., et al. Cauchy Problem in Spacetimes with Closed Timelike Curves [J]. Phys. Rev. D, 1990, 42(6): 1915-1930.
② [美]基普·S.索恩.黑洞与时间弯曲[M].李泳,译.长沙:湖南科学技术出版社,2005:475.

干扰限制,这是由时间旅行者进入时间机器前的初始条件决定了的,所以,过去的历史不会被更改。按照诺维科夫的说法[①],物理定律不允许时间旅行者杀死自己的(外)祖父,就像物理定律不允许人们行走在天花板上一样,只不过前者加在自由意志上的约束是"不寻常的、神秘的",但与后者相比并非全然独一无二的,"虽然有所不同,但不是根本的不同"。

相较多世界理论,自洽原则通常被认为较为保守,但它在科幻作品中仍然被广泛运用。在电影中,《十二只猴子》(Twelve Monkeys)属于这一类型,主人公回到过去,他最终没有改变历史而是被击毙;2002年新版《时间机器》中,科学家多次乘坐时间机器回到过去,希望改变未婚妻被杀害的事实,但这件事却无论如何都会发生。

任职于NASA的科学家兰迪斯(Geoffrey A. Landis)在他的小说《狄拉克海上的涟漪》(Ripples in the Dirac Sea, 1989)[②]中设置了"时间旅行准则",把诺维科夫自洽原则成功地和整个故事情节结合起来:①旅行只能前往过去;②传送对象要回到精确的出发时间和地点;③把过去的对象传送到现在是不可能的;④过去的行为不能改变现在。准则①限制人们不能预知未来,准则④则是专门针对时间佯谬的。故事中那位发明时间机器的天才科学家,在公布他的成果之前,却被困在一个发生火灾的旅馆中,尽管他可以一次又一次地乘坐时间机器逃到过去,但他却不能改变历史,所以,火灾还是会发生,死亡还是在一步步逼近——最重要的是,时间机器也将被毁掉。

---

① [俄]伊戈尔·诺维科夫.我们能改变过去吗?[G]//[英]史蒂芬·霍金,等.时空的未来.长沙:湖南科学技术出版社,2005:66.

② [美]杰弗里·兰迪斯.狄拉克海上的涟漪[J].科幻世界,2002, 10: 6.

7 物理学家对时空旅行的看法

通过上述对科幻作品中时空旅行物理学历史理论背景的分析，不难看出：该题材科幻作品在不断涌现中，其创作与相关科学理论研究始终保持着密切联系。科幻作品从物理学理论前沿成果中不断获取创作灵感——这是时空旅行题材的科幻作品能够持续涌现的主要原因，与此同时，物理学研究也在接纳吸收科幻作品所带来的启发性思路。

相关的讨论也还远未结束，在物理学界对时空旅行持否定态度的观点也一直存在着。事实上，早在哥德尔公布他允许时空旅行的场方程解时，爱因斯坦就曾对此做出过回应：

这里涉及的问题还在建立广义相对论的时候已经搅得我心烦意乱了，我一直没能把它澄清。完全撇开相对论与唯心主义哲学、与所论问题的任何哲学提法之间的关系不谈，权衡一下有没有物理根据去排除这些解将是令人感兴趣的。①

最主要的是,尽管时空旅行的能量条件在科幻小说家那里几乎都不太成问题,但却是物理学家最为关注的问题,由于所有的理论表明时空旅行只有在高速运动的世界中才有可能发生,非凡的能量条件就是时空旅行所必备的条件之一。理论物理学家鲁佩茨伯格(Heinz Rupertsberger)针对这种情形曾表达了他颇具代表性的担忧:

> 时间旅行所需的速度需要超过光速的70%;所需要的能量是巨大的。如果把地球想象为火箭,把它的物质想象为以光速喷射的火箭燃料,这件事就变得清楚了。非常粗略地估算,要进入一条物质世界线过去100年中旅行——旅行者需要在其中旅行100年——至少旅行结束时,需要消耗相当于使地球变成一个半径为6米的天体所需要的那么大量的地球物质。②

索恩在研究虫洞时,一开始就预料到他的理论将面临这一难题,所以他一再强调把实现时空旅行的计划交给无限高级的先进文明去完成,只单纯探讨物理学理论法则允许物理学家们对此做些什么。即便这样,虫洞理论也还是没有避免来自理论层面的质疑。霍金提

---

① 出自 Paul Schilpp (ed). Albert Einstein: Philosopher-Scientist [M]. New York: Tudor, 1957. 转引自王浩. 哥德尔[M]. 康宏逵, 译. 上海: 上海译文出版社, 2002: 254.
② [奥]约翰·卡斯蒂, [奥]维尔纳·德波利. 逻辑人生: 哥德尔传[M]. 刘晓力, 叶闯, 译. 上海: 上海科技教育出版社, 2002: 122.

出了时序保护猜想(Chronology Protection Conjecture)[①],经过论证,霍金认为,物理定律会以某种方式阻止时间旅行成为可能——无限先进的文明也不可能制造出时间机器,在机器启动的那一刻,它会被强大的量子真空引力击碎。

这个思想也可追溯到科幻作品:前面提及的电影《时间警察》、阿西莫夫(Isaac Asimov,1920—1992)的著名小说《永恒的终结》(*The End of Eternity*,1955)、斯特罗斯(Charles Stross)的小说《奇点星空》(*Singularity Sky*,2003),都是涉及这一主题的作品,电视系列剧《胡博士》和《星际迷航》自然也不会放过这一题材。著名连环漫画《奇迹宇宙》(*Marvel Universe*,1961)更是把这一思想夸张到了极致,它里面类似于时间警察的TVA(Time Variance Authority)主要职能就是管理并存的多宇宙和修剪那些有危险存在的时间线,以及防范那些打算改变过去或未来历史的犯罪行为。

索恩在60岁生日时提出了10个猜想和预言。[②]猜想9听起来还不无乐观:

[①] Hawking, S. W. The Chronology Protection Conjecture [J]. Phys. Rev. D, 1992, 46: 603–611.

此文发表后,针对这个问题也引发了一系列的争论,主要参见:

Visser, M. From Wormhole to Time Machine: Comments on Hawking's Chronology Protection Conjecture [J]. Phys. Rev. D, 1993, 47: 554–565.

Visser, M. Hawking's Chronology Protection Conjecture: Singularity Structure of the Quantum Stress-Energy Tensor [J]. Journal-ref: Nucl. Phys. B, 1994, 416: 895.

Li-Xin Li. Must Time Machine Be Unstable against Vacuum Fluctuations? [J]. Class. Quant. Grav., 1996, 13: 2563–2568.

Li-Xin Li, J. Richard Gott Ⅲ. A Self-Consistent Vacuum for Misner Space and the Chronology Protection Conjecture [J]. Phys. Rev. Lett., 1998, 80: 2980–2983.

[②] K. S. 索恩. 时空弯曲与量子世界:对未来的思考[G]//[英]史蒂芬·霍金, 等. 时空的未来. 长沙:湖南科学技术出版社, 2005:127–130. 关于索恩对霍金这个理论的看法,还可参见《黑洞与时间弯曲》,第482—487页。

我们将证明，物理学定律确实允许在人体大小的虫洞内存在足够的奇异物质，从而保持虫洞的开放。但我们也将证明，制造虫洞和打开虫洞的技术远远超越我们人类文明的能力。

但他的最后一个猜想则表明他最终被霍金的理论说服了：

我们将证明，物理学定律严禁回到过去的时间旅行，至少在人类的宏观世界是这样的。不论多么先进的文明付出多么艰辛的努力，都不可能阻止时间机器在启动的时刻发生自我毁灭。

尽管如此，但时空旅行——特别是超空间旅行对人类目前的技术拓展毋庸置疑有着很大的诱惑力：1996年翘曲飞行被NASA列入BPP计划（Breakthrough Propulsion Physics Program）之一，2002年该计划被停止，有关翘曲飞行的研究自然也搁置下来，这意味着它距离实现依然非常遥远。[①]

事实上，时空旅行的现实可能性除了来自物理学法则和物质技术水平的局限之外，来自哲学层面上对因果律的思考也使它陷入困境。所以，对于时空旅行，现在唯一能做出的预测也许只能是，与其相关的争论还将从这两个方面被继续下去，这也恰恰就是这个科幻分支继续存在下去的主要原因。

---

① 相关内容见NASA官方网站（http://www.nasa.gov/centers/glenn/research/warp/warp.html）。

第六章

当下寻找地外文明引发的争论及求解费米佯谬

进入20世纪以来,随着人类对宇宙的了解日益深入,想象边界进一步拓展,有些科学家开始将探索宇宙外星文明当作一件"正经事"来做了——当然,更多的科学家仍然认为这类想法不值得认真对待。著名物理学家费米(Enrico Fermi)本来并不是这场争论中的重要人物,但是他的一句随口之言,却成为关于外星文明探讨中的纲领性论题:"费米佯谬"——尽管在费米的一生勋业中,这根本排不上号。

1 寻找地外文明引发的争议

SETI的实施及遭遇的质疑

19世纪末至20世纪初期,尽管一些科学人士设想了各种各样和火星进行交流的方案,但这些方案没有一项被具体实施过。

1960年,美国天文学家德雷克发起了地外文明探索——简称SETI——的第一个实验项目"奥茨玛计划"(Project Ozma)。次年,第一次SETI会议在美国绿堤举行。德雷克在会议上提出了一个公式,用于估测"可能与我们接触的银河系内高等智慧文明的数量"。这个公式通常被称为"德雷克公式"(Drake Equation),有时也被称为萨根(Sagan)公式。公式是七项数值的乘积,表达如下:

$$N = R^* \times f_p \times n_e \times f_l \times f_i \times f_c \times L$$

其中:

N 表示银河系内可能与我们通信的高等智慧文明的数量;

R^* 表示银河系内恒星形成的速率;

f_p 表示恒星有行星的概率;

n_e　表示位于合适生态范围内的行星平均数量；

f_l　表示以上行星发展出生命的概率；

f_i　表示演化出高等智慧生物的概率；

f_c　表示该高等智慧生物能够进行通信的概率；

L　表示该高等文明的预期寿命。

由于公式右端的七项数值中，没有任何一项可以精确计算或测量出来，都只能间接估计、推算得出，而各人的估算差异很大，所以得出的左端 N 值也就大相径庭。极端数值竟在 1 与 1 000 000（100 万）之间。这两个极端皆有实例。

萨根估算出来的 N 值就为 100 万的量级。他还相当倾向于相信外星人曾经在古代来到过地球。有趣的是，据说德雷克估算出来的 N 值却是 1——这意味着断定宇宙中（或至少在银河系中）只有我们地球人类是唯一的高等智慧文明。十多年前中国科学院上海天文台当时的台长赵君亮教授在一次演讲中，逐项估算了德雷克公式右端的七项数值，最后成功地将左端的 N 值推算成 1。所以他的结论自然就是：寻找外星人没有什么实际意义（因为银河系只有我们地球一个高等文明）。

实施 SETI 计划的理论依据，是和 20 世纪中期天体物理学进入全新阶段的大背景密切联系在一起的。

第二次世界大战结束之后，大量雷达天线退役废弃，不料人们发现这些天线可以用来"看"肉眼看不见的东西——人类肉眼可见光本来只是整个电磁辐射频谱中很小的一段，而雷达天线可以接收非常宽阔的辐射范围。做这种用途的雷达天线被称为"射电望远镜"，于是一门新的天文学分支"射电天文学"热力登场。一时间，射电望远镜成为非常时髦的科学仪器，西方不少天文学家甚至在自己家后院里也装置一个(有点像我们现在装的小型电视接收天线)。在20世纪50年代和60年代,使用射电望远镜得到了一系列重要的天文学发现,有人还凭借这方面的成果获得了诺贝尔物理学奖,"射电天文学"由此成为显学。

在这样的背景之下,德雷克于1960年在国家射电天文台发起"奥茨玛计划"——用26米直径的射电望远镜搜寻、接收并破译外星文明的无线电辐射信号——自然是紧跟潮流之举。当时德雷克曾以为果真检测到了这样的信号,但后来发现这只是当时军方进行的秘密军事试验发射出来的,其余的信号都是混乱的杂音。

那么外星人到底会不会发射无线电信号呢?这实际上也是根据地球人类的科技发展情况而作出的假设。1959年天文学家科科尼(G. Cocconi)和P. 莫里森(P. Morrison)在《自然》杂志上发表的《寻求星际交流》(Searching for Interstellar Communications)[①]一文,如今已被该领域的研究者奉为"经典中的经典",其中提出了利用无线电搜索银河系其他文明的构想。

德雷克的上述计划,通常被认为是最早的SETI行动,虽然没有检测到任何最初希望的信号,但也引起了其他天文学家的兴趣。20世纪70年代末,NASA曾采纳了两种SETI计划并给予资金资助,但几年之后终止了资助。其后还有别的SETI项目相继展开,并一直持续至今。比如后来有凤凰计划(Project Phoenix),它曾被认为是SETI行动中最灵敏、最全面的计划:打算有选择地仔细搜查200光年以内约1 000颗邻近的类日恒星——假定了这些恒星周围有可能存在可供

---

① Cocconi, G., Morrison, P. Searching for Interstellar Communications [J]. Nature, 1959, 184: 844–846.

生命生存的行星。苏联科学界也曾对SETI表现出极大的兴趣，在20世纪60年代也实施过一系列搜索计划（参见附录6）。

SETI历经大约10年，始终一无所获。20世纪70年代，与SETI相对的另一种试图接触地外文明的实践手段——向地外文明发送信息，简称METI（Message to the Extra-Terrestrial Intelligence 的缩写），或又称"主动SETI"（Active SETI），开始被提上日程。

主动向其他目标星体发射信号的设想最早来自耶鲁大学的沃克（James C. G. Walker）1973年2月9日在《自然》杂志上发表的一篇文章。[①]《科学》杂志随即对这篇文章的摘要进行了转载。[②]

沃克在文章中对各种可能参数进行讨论后，得出了并不乐观的结论——搜索到地外文明的可能性很小。产生这种结果的最主要原因是，搜索的方法是完全被动的，被设置的天线只是为了接收来自其他文明的信号。针对这一点，沃克建议，一种更加积极的搜索方式应该被尝试：向外太空发射一种希望能够得到回应的信号。但由于我们目前的技术还不能达到向各个方位发射信号，让100光年外的星球上的文明形式也能接收到的水平——它花费的能量将比地球总能量之和还要多，沃克提议，搜索方式应该是朝着可能被居住的目标星球发射无线电信号。

沃克的这一建议很快得到了响应。到目前为止，"主动SETI"计划主要实施了四次（见表7）。

---

① Walker, J. The Search for Signals from Extraterrestrial Civilizations [J]. Nature, 1973, 241: 379–381.

② The Chances of Contacting Extraterrestrial Civilizations Seem Poor [J]. Science News, 1973, 103(8): 118.

表7　四次METI项目重要参数表

名称	阿雷西博信息（Arecibo Message）	宇宙呼唤1999（Cosmic Call 1999）	青少年信息（Teenage Message）	宇宙呼唤2003（Cosmic Call 2003）
日期	1974年11月16日	1999年7月1日	2001年9月4日	2003年7月6日
国家	美国	俄罗斯	俄罗斯	美国,俄罗斯,加拿大
发起者	德雷克、萨根等	萨特塞夫等	萨特塞夫等	萨特塞夫等
目标星体	M13球状星团 Hercules	HD190363 Cygnus HD190464 Sagitta HD178428 Sagitta HD186408 Cygnus	HD9512 Ursa Major HD76151 Hydra HD50692 Gemini HD126053 Virgo HD193664 Draco	HD4872 Cassiopeia HD245409 Orion HD75732 Cancer HD10307 Andromeda HD95128 Ursa Major
信息量	1 679比特	370 967比特	648 220比特	500 472比特
雷达	Arecibo	Evpatoria	Evpatoria	Evpatoria
决议次数	1次	4次	6次	5次
持续时间	发射3分钟	发射960分钟	发射366分钟	发射900分钟
发射功率	83千焦	8 640千焦	2 200千焦	8 100千焦

资料来源：根据维基百科相关内容整理而得。[①]

---

① http://en.wikipedia.org/wiki/Active_SETI.

所引发的激烈争论

METI行动刚一实施,就在科学界引发了激烈争议。1974年11月16日,在第一个星际无线电信息通过阿雷西博雷达被发往M13球状星团后,当年的诺贝尔奖获得者、射电天文学家赖尔(Martin Ryle)就发表一项反对声明,他警告说,"外太空的任何生物都有可能是充满恶意而又饥肠辘辘的",并呼吁针对地球上任何试图与地外生命建立联系和向其传送信号的行为颁布国际禁令。

赖尔的声明随后得到一些科学人士的声援,他们认为,METI有可能是一项因少数人不计后果的好奇和偏执,而给整个人类带来灭顶之灾的冒险行为。因为人类目前并不清楚地外文明是否都是仁慈的。或者说,对地球上的人类而言,即便真的和一个仁慈的地外文明进行了接触,也不一定会得到严肃的回应。在这种情形下,处于宇宙文明等级低端的人类,贸然向外太空发射信号,将会泄露自己在太空中的位置,从而招致那些有侵略性的文明的攻击。因为地球上所发生的历史一再证明,当相对落后的文明遭遇另外一个先进文明的时候,几乎毫无例外,结果就是灾难。

反对METI行动的科学家并非仅仅依据猜测,他们的思想是有相当深度的。例如,以写科幻而知名的科学家布林(David Brin)认为,人类之所以未能发现任何地外文明的踪迹,是因为有一种还不为人类所知晓的危险,迫使所有其他文明保持沉默。而人类所实施的METI计划,无异于是宇宙丛林中的自杀性呼喊。在他的一系列相关文章中,布林提醒METI的支持者们[1][2]:

---

① Brin, D. Shouting at the Cosmos... Or How SETI Has Taken a Worrisome Turn into Dangerous Territory? [EB/OL]. http://www.davidbrin.com/shouldsetitransmit.html, 2006.

② Brin, D. The Dangers of First Contact [J]. Skeptic Magazine, 2009, 15(3): 1-9.

如果高级地外智慧生命如此大公无私，却仍然选择沉默，我们难道不应该……至少稍稍观望一下？很有可能，他们沉默是因为他们知道一些我们不知道的事情。

在我们了解更多之前，从地球向外发射任何信号，有可能是在做一件傻事。人类实施这种行为，就类似一个傻孩子，在一片未知的黑暗森林中，用尽全身力气大声叫喊"你好！"

从宇宙尺度上来考虑，如果没有一个文明认为有向其他文明发射信号的必要，那么SETI所实施的单向搜索其实毫无意义，它注定将永远一无所获。

对主动寻找地外文明的做法，布林坚持的态度是，并不希望接触发生在当前所生活的时代，建议让人类后代来完成这件事，因为，"后代有更好的智慧能更妥当地处理这件事"，"我们目前最该考虑的事不应该是急于接触，而是帮助我们的后人准备好迎接这件事的发生"。

布林等人的文章引起了科学界积极的回应。在沃克倡导实施"主动SETI"的文章发表33年之后，2006年10月12日，《自然》杂志上出现了一篇对"主动SETI"进行质疑的文章。[1]

文章认为，"主动SETI"存在的风险实有其事，因为并不能确定所有的地外文明都是温和的，或者说，即使和一个温和的地外文明接触，也不一定会得到认真的回应。尽管"主动SETI"所引发的不愉快后果就今天的技术而言，距离我们还有一段时间。它需要我们先把自己提升到外星文明能搜索到的阈值范围内，比如外星文明刚好出

---

[1] Ambassador for Earth: Is It Time for SETI to Reach Out to the Stars? [J]. Nature, 2006, 443: 606.

现在讯息所瞄准的星体运行轨道上，或是——作者以讥讽的语气说——我们暴露的某种特殊心理特征缺陷，可以让外星"黑色行动"的专家们，循此找到发现我们的方法。其中任何一种方式造成的危害，即使是以光速在发生，也将在几十年后才降临。

但是，作者警告，这些小风险无疑应该被严肃地对待。"当科技提供新的根本的可能性时，那些有权利操作它们的人也有义务广泛地考虑一下这些可能性意味着什么"。SETI团体应该通过讨论来对"主动SETI"的行为结果进行评估，这种讨论应该是开放和透明的，让一般大众对此也能有所了解，如果有可能，最好让他们也能参与进来。文章最后说，当然，达成一致意见一向不太可能——但是，那种寻求达成一致意见之外的讨论，现在必须提上日程了。

《自然》的这篇文章引起了有效的回应，据美国科学杂志《种子》（Seed）2007年12月12日报道，SETI研究中坚团队中的两位重量级人物9月份随后在抗议声中决定辞职。①

其中一位是加利福尼亚州山景市SETI学会的资深科学家白金汉（John Billingham）。白金汉1976年曾担任美国国家航空航天局SETI学会第一任会长，他反思说，尽管我们希望和其他文明进行交流，但是我们对它们的目的、能力、意图，完全一无所知。

另一位是SETI学会的重要人物麦考德（Michael A. G. Michaud）。麦考德长期身兼数职，他是国际太空法律学会成员，美国太空航行学会成员，英国星际学会成员，并担任国际太空航空学会工作组主席，曾参与起草《地外文明探索行为准则声明》（即《SETI草案》）。

在2004年的一篇文章中，麦考德曾公开声称，"主动SETI"不属于

---

① Grinspoon, D. Who Speaks for the Earth? [EB/OL]. [2007-12-12]. http://seedmagazine.com/content/article/who_speaks_for_earth/?page=all&p=y.

科学研究，而是一个策略问题（policy issue）——它是蓄意激发外星文明进行回应的一种尝试，而我们对这种外星文明的能力、意图、距离完全一无所知。麦考德说，我们不能借口我们已经在搜索，所以搜索是不可避免的。地外文明可能并没有在寻找我们通常所发射出去的那种信号。我们泄露出的信号强度可能根本就低于它们的搜索阈值。[1][2]

针对布林等人反对"主动SETI"的观点，地外文明探索最积极的倡导者和实施者——曾主持参与了三次METI计划的俄罗斯科学家萨特塞夫（Alexander Zaitsev），发表了一系列文章进行回应。[3]

针对类似的观点，萨特塞夫反驳说，通过划分"爱好和平的地外文明"和"具有侵略性的地外文明"，认为我们应该只回应来自前者的信号——这样的看法最后将导致杜绝发射任何信号。因为，想要区分一个信息是来自爱好和平的地外文明，还是来自具有侵略性的地外文明，是不可能的。出于安全考虑，最好的方法就是不要做出回应。

在此基础上，萨特塞夫提出了他著名的SETI悖论：如果所有文明都认为没有向外太空传输信号的需要，那么搜寻计划是没有任何意义的。换言之，只有具有这种属性的宇宙中所发展出的智慧生命认

---

[1] Michaud, M. "Active SETI" Is not Scientific Research [EB/OL]. [2004-11]. http://www.davidbrin.com/michaudvsmeti.html.

[2] 2007年，麦考德出版了经过多年研究积累写成的一本著作——《接触外星文明：人类遭遇地外生命的希望和恐惧》(Contact with Alien Civilizations: Our Hopes and Fears about Encountering Extraterrestrials)。全书共29章，几乎囊括了1960年代之后与搜索地外文明有关的所有话题：SETI、主动SETI、UFO问题、费米佯谬的各种解决方案等。对当下搜索地外文明的行动而言，该书最富启发意义的无疑是其最后三分之一部分的内容，麦考德在其中做了一项前人未曾做过的工作：他对人们对寻找地外文明抱有的各种态度，和外星文明接触之前的各种准备，以及人类遭遇外星文明后可能产生的各种后果，进行了系统、细致的梳理和考察。

[3] 参见：Michaud, M. Contact with Alien Civilizations: Our Hopes and Fears about Encountering Extraterrestrials [M]. Göttingen: Copernicus Publications, 2007.

识到，不仅仅有搜寻其他文明的必要，也有向其他存在具有自我意识的智慧生物的假想位置传输信号的必要，SETI才有意义。

随后，在2007年的一篇文章中，萨特塞夫提出另一种观点：利用星际或小行星射电望远镜发射的定位无线电信号，明显没有使用同样的雷达发射出去的非定位信号危险。①

萨特塞夫给出的理由是，由于星际距离非常遥远，到目前为止，已发射出去的1 200多个定位无线电信号还没有一个到达目标星体。而很早以前就已经发射出去的、缓慢扫过天区、照亮银河系大部分区域的非定位雷达信号，则更容易被"主动SETI"的反对者们所恐惧的怀有敌意的先进文明发现。因此，我们就应该先对危险性更大的大量的非定位信号进行完全禁止，而这无疑是不可行的。

萨特塞夫的这一观点并不新鲜。萨根多年前在《外星球文明的探索》(*The Cosmic Connection: An Extraterrestrial Perspective*)一书中就已表达过类似的观点。②一些人提出，地球上先进与落后技术文明的接触史是一部辛酸史，技术上不太先进的社会将被消灭殆尽（尽管它们在数学、天文学、诗歌或道德法规方面可能是先进的）："如果这在地球上是社会的自然选择的规律，为什么宇宙间就不是这样呢？在这种情况下，我们不是应该保持沉默吗？"萨根对此回应说，"我很怀疑，我们是否因此给任何人造成了威胁。我们可能是能够进行通信的最落后的文明世界了，而广阔无限的星际空间就是一种天然的隔离区，使我们不可能在最近的将来因此而受到外来的袭扰。此外，要阻止已经太晚了。我们早已宣布了我们的存在。马可尼开始的最初

---

① Zaitsev, A. Sending and Searching for Interstellar Messages [J]. 58th International Astronautical Congress, Hyderabad, India, 2007, 9: 24-28.

② 中译本参见：[美]卡尔·萨根. 外星球文明的探索[M]. 张彦斌, 王士先, 金纬, 译. 上海：上海科学技术文献出版社, 1981: 213-214.

的无线电广播,20世纪20年代就达到可观的强度,并早已泄露出电离层:以地球为波源的球形波面仍在以光速向外扩展"。

对此,布林的反驳是,军用雷达和电视信号在几光年范围内就已消散在了星际噪声水平之下,很难被探测到。相较而言,通过大中型射电天文望远镜发射的定位传输信号就不一样,它们的传输功率比前者强了好多个量级,要容易被捕获得多。而且,这种理由也是不符合逻辑的,因为METI的整个目的就是在目前的基值上极大地增强地球的可观测度,来让地球引起其他文明的注意。如果已经为时"太晚",那么他们为什么还要继续发射信号?

科幻作品对接触后果的设想

有意思的是,在科学界人士为与地外文明的接触可能产生的后果开始展开激烈争论的时候,科幻作品却在很久之前就已经通过一种不自觉的方式形成了对峙局面。科幻作品中关于人类与外星文明接触后果的设想,大概可分为三种类型(可参见附录7):

(1)恶意。这一类型最经典的科幻作品当数《异形》(*Alien*)系列。电影中,外星生命以一种非常怪异恐怖的方式出现,与外星异形的相遇,成为片中人类的一场梦魇。而2009年先后上映的电影《第九区》(*District 9*)和《阿凡达》(*Avatar*),着重表现的则是人类对外星人的恶意。

(2)善意。作为SETI资助者之一的著名导演斯皮尔伯格(Steven Spielberg),拍摄的所有涉及外星人的影片——从《第三类接触》(*Close Encounters of the Third Kind*,1977)、《外星人》(*E. T.*,1982),到《劫持》(*Taken*,2002),无一例外,当中出现的外星人对人类都满怀善意。

(3)人类与地外文明无法进行交流。人类通过自己的行为模式,

电影《外星人》经典画面

所定义出的上述两种善、恶思维方式,是否可套用于地外文明,这是一个很有异议的问题。事实上,波兰科幻作家莱姆(Stanislaw Lem)对类似想法就不屑一顾——某种意义上,他那部奇特而又令人费解的小说《索拉里斯星》(*Solaris*,1961)[1],正是与这种观点对抗的一项成果。小说中,人类根本无法与地外文明进行任何交流。

《索拉里斯星》在1961年出版后,曾于1972年(苏联)和2002年(美国)两次被改编拍成电影。苏联导演塔克夫斯基(Andrei Tarkovsky)首次将其搬上银幕并在美国公映时,曾有评论将其称为"一个发生在太空

---

① 中译本参见:[波兰]斯坦尼斯拉夫·莱姆.索拉里斯星[M].陈春文,译.北京:商务印书馆,2005.

中感人至深的爱情故事"。莱姆不同意这种看法,他声称,由于没看到电影,不好对影片做评价,但可以就自己原作发表一点看法。在为此专门撰写的文章中,莱姆清晰点明了这部小说的主旨:①

在《索拉里斯星》中,我试图呈现一个主题,人类在太空中和某种生命形态的一次相遇,而这种生命形态既非人类也不具有人的特性。

而之所以萌生这样的写作念头,莱姆的理由则是:

科幻中一直在假定,我们遇到的外星生命会和我们玩某种游戏,而且人类也很快就知晓了这种游戏规则(大多数情形下,这种"游戏规则"就是战争谋略)。但在这部小说中,我想切断一切能导引出人类化身的线索。

除了以上这些单纯的科幻作品之外,一些科学人士还尝试通过亲自撰写科幻作品,来表达自己对与地外文明接触的预期。其中最典型的人物是萨根。萨根的传记作者曾记述说:

萨根8岁的时候就认定了外星人的存在。成年后坚信宇宙间必然会出现智慧生命。这是很重要的一点。原因之一是它使萨根抱定了宇宙间必有智慧生命的信念,而且坚定得近乎宗教信仰。萨根相信,生存在别的星球上的这些生物会是友善的,会帮助我们解决地球这里的问题。②

---

① http://www.lem.pl/english/kiosk/kiosk.htm#solstation.
② [美]凯伊·戴维森. 展演科学的艺术家:萨根传[M]. 暴永宁,译. 上海:上海科技教育出版社,2003:49.

说萨根对存在地外智慧生命的信念"坚定得近乎宗教信仰",并非夸大之词,在他创作的小说《接触》结尾处的情节,就可看出这一倾向。主人公埃罗葳——公认这是萨根本人的化身,通过虫洞旅行到达织女星,并在一处海滩见到了外星人派来的代表(显形为她死去多年的父亲),体验到了一系列梦幻般的经历。但她回到地球后,却发现自己能用来证明其体验经历的所有科学证据,统统神秘消失。如此一来,在最后的答辩中,按照萨根的描写,埃罗葳只能拿出一样东西,来为自己与外星人相遇过的理由辩护——那就是信仰,她坚信外星生命一定是存在的。

与萨根类似的另一位人物是著名天文学家——"稳恒态理论"(Steady State Theory)的提出者霍伊尔。霍伊尔一生取得了辉煌的学术战绩:1945年,他获聘剑桥大学数学讲师;1957年当选英国皇家学会会员;1967年创建了剑桥大学的理论天文研究所,并成为首任所长;1970年担任英国皇家学会副会长,1971年至1973年担任英国皇家天文学会会长;1972年被封为爵士。除了在天文学领域声名卓著,霍伊尔还是一位多产且成功的科幻小说家,他一生共创作了18部科幻小说!

在1978年出版的《活云:宇宙生命的起源》(*Lifecloud: The Origin of Life in the Universe*)一书中,霍伊尔曾就与地外生命接触的后果表达过他的看法。他说:

> 而同样也是必然的,(与地外生命接触的)这种尝试将产生一种非常重要的影响,会让我们这个种群变得团结一致——在人类有史记载的时段里,这一点一直是非常缺乏的。[1]

---

[1] Hoyle, F., Wickramasinghe, N. C. Lifecloud: The Origin of Life in the Universe [M]. New York: Harper and Row, 1978: 143.

但奇特的是，霍伊尔在其科幻代表作——《黑云》(*The Black Cloud*)和《仙女座安德罗米达 A》(*A for Andromeda*)中，所设想的人类与地外文明的接触后果，却完全是另一番图景。

1957年出版的《黑云》，是霍伊尔发表的第一部科幻小说。小说描述了一团巨大的星系暗物质云包围住了太阳，使地球接收到的太阳能急剧下降，形成灾难。而这团黑云本身是有生命甚至有智慧的，只不过它的生命形态迥异于人类，无法与人类沟通。

《仙女座安德罗米达 A》发表于1962年，小说故事背景被设置在1970年代，讲述的是仙女座星云一种未知的高级文明形式向人类发送无线电讯息，利用人类(小说中主要是军方)对先进技术的贪婪作为交换条件，要求人类按照它给予的指令创造一个胚胎。这个迅速长大成熟的女子被取名为"安德罗米达"。谜底揭开后发现，她其实是仙女座星云上的高级文明形式想要彻底取代人类的一个利用工具。

可能的解决途径：圣马力诺标度

由于METI争论双方观点的相持不下：一种看法认为，所有从地球发送出去的信号，都会招致潜在的威胁；另一种极端的看法则认为，所有METI计划都是利大于弊的行为。2005年3月，在圣马力诺共和国举办的第六届宇宙太空和生命探测国际讨论会上，艾尔玛(Iván Almár)提出了圣马力诺标度(San Marino Scale)，作为评估人类有目的地向可能存在的地外文明发射信号这种行为将会导致的危险程度的试用指标。[①]艾尔玛认为，以上两种看法都存在缺陷，因为并非所

---

① Almár, I. Quantifying Consequences Through Scales [C]. Paper presented at the 6th World Symposium on the Exploration of Space and Life in the Universe, Republic of San Marino, March, 2005.

Shuch, P., Almár, I. Shouting in the Jungle: The SETI Transmission Debate [J]. Journal of the British Interplanetary Society, 2007, 60: 142–146.

有的信号发射行为,都能被不加区分地等量观之,在得出结论之前,应对其产生的结果进行具体量化分析。

圣马力诺标度(SMI)主要基于两项参数的考虑:所发射信号的强度(I)和特征(C)(见表8),用公式表示为:$SMI = I + C$。

表8 圣马力诺标度表

信号强度(I)	I数值	信号特征(C)	C数值
I_{SOL}(太阳背景辐射强度)	0		
约 $10 \times I_{SOL}$	1	不含有任何讯息的信号(如星际雷达信号)	1
约 $100 \times I_{SOL}$	2	以发射给地外文明被其接收为目的的稳定非定位讯息	2
约 $1\,000 \times I_{SOL}$	3	为引起地外文明的天文学家注意,在预设时间向定位的单颗或多颗恒星发射的专门信号	3
约 $10\,000 \times I_{SOL}$	4	向地外文明发射的连续宽频信号	4
约 $100\,000 \times I_{SOL}$ 及以上	5	对来自地外文明的信号和讯息进行回应(如果他们仍然不知道我们的存在)	5

通过这种方式,从地球向其他星体传送的信号,所产生的30种可能结果,其危险程度可量化为10个等级(见表9)。

表9 用圣马力诺标度分析各类METI行为所导致的危险程度表

评估等级	10	9	8	7	6	5	4	3	2	1
潜在危险	极端	显著	很高	高	偏高	中	偏低	低微	低	无

在圣马力诺标度之前,艾尔玛和塔特(Jill Tarter)在2000年巴西里约热内卢召开的SETI常设研讨会上,曾提出一项专门针对SETI的

里约标度(Rio Scale),①作为对人类从可能存在的地外文明那儿接收到信号的重要性程度进行评估的一项试用指标。

圣马力诺标度和里约标度使用的数学模型,与1997年由行星天文学家宾泽尔(Richard P. Binzel)提出的都灵标度(Torino Scale,又称"都灵危险系数")类似,都灵标度是试图对小行星和彗星对地球造成的危险程度进行量化分级的一项指标。②而三种标度之所以能采用相同的数学方法,是因为在科学人士看来,人类接收到来自地外文明的信号,或是所发射的信号被地外文明接收到,与小行星和彗星撞击地球是类似的,同属极端低概率事件。

接触外星文明还为时尚早

应该注意到的是,关于METI的争论在科学界还是产生了积极影响的。

其中体现在萨根身上尤为明显,尽管他本人于1974年主持了首个METI项目,1982年还在《科学》杂志上刊登了一份附有多位科学家签名的国际请愿书——倡议支持进行SETI计划,③但随后不久他对METI的态度就发生了转变,在针对蒂普勒反驳《SETI 倡议书》的回应中,萨根特别强调:

---

① Almár, I. The Consequences of a Discovery: Different Scenarios [J]. Progress in the Search for Extraterrestrial Life. Astronomical Society of the Pacific Conference Series, 1995, 74: 499-505.

Almár, I., Tarter, J. The Discovery of ETI as a High-Consequence, Low-Probability Event [C]. Paper IAA-00-IAA. 9. 2. 01, 51st International Astronautical Congress, Rio de Janeiro, Brazil, 2000-10-2: 6.

② Binzel, R. P. A Near-Earth Object Hazard Index [J]. Ann NY Acad Sci, 1997, 822(1): 545-551.

③ Sagan, C. Extraterrestrial Intelligence: An International Petition [J]. Science, New Series, 1982, 218(4571): 426.

作为银河系中最年轻的有潜在交流意向的文明,我们应该监听而不是发射信号。比我们先进得多的其他宇宙文明,应该有更充足的能源和更先进的技术来进行信号发射;根据我们的长期计划,现在还不到花上许多世纪通过单向交流来进行星际对话的时候;一些人担忧,即便是把信号传送到最邻近的星体,也可能会"泄露我们(在宇宙中)的位置"(虽然民用电视和军方雷达系统也会导致这种情形发生);况且,我们也还尚不明确有什么特别感兴趣的事情需要告知其他文明。综合以上这些原因,目前SETI的策略仍然是监听而不是向外太空发送讯息,这一点似乎是和我们在宇宙中落后的身份相符的。[①]

此外,国际航天航空学会在1989年发布了一项针对SETI的《关于探寻地外智慧生命的行为准则声明》,条例中第七款提到,只有在经过相关国际磋商后,才可对来自地外智慧生命的证据和信号做出回应。而随着METI计划的逐渐引人关注,1995年,国际航天航空学会SETI委员会又提议了专门针对METI的《关于向地外智慧生命发送交流信号的行为准则声明草案》,其中明确规定:在进行相关国际磋商之前,某个国家单独决定或是几个国家间合作尝试,从地球向地外智慧生命传送信息,都是不被允许的。

不过,从目前情形来看,上述草案并未对METI计划起到真正实质性的约束作用。甚至就在近一段时间里,一些新的METI项目也正在被上马实施。

2008年2月5日,美国国家航空航天局在成立50周年的纪念活动中,通过设在西班牙马德里的巨型天线,向北极星方向发送甲壳虫乐队多年前演唱的一首歌曲——《穿越宇宙》(*Across the Universe*)。而

---

① Sagan, C. SETI Petition [J]. Science, New Series, 1983, 220(4596): 462.

在2008年8月4日,英国RDF电视公司和著名社会网站Bebo又启动了一项新的METI合作计划——"地球呼唤"(Earth Call),他们邀请当代名人、政要,以及Bebo网站的1 200多万用户,编辑有关"从新视角看待地球"的信息和图片,参与网络投票评选。9月30日,他们从中选出500条信息放入一个电子"时空舱"(Time Capsule),然后通过乌克兰RT-70巨型射电天文望远镜,发射送往于2007年4月刚发现的距离地球20光年的一颗类地行星Gliese581C。

由于大众对地外生命话题的兴趣一向持久不衰,这两项METI计划自然也引来了媒体的广泛关注。英国《每日邮报》(Daily Mail)在事后随即辟出专栏,对其进行了报道评论。评论者对此种做法皆持否定态度,特别是对"地球呼唤"计划,尽管RDF电视公司宣称,这将是首次以民主的方式选择发向太空的信息,但还是招致了严厉的抨击。①

寻找地外文明通常被视为一个"科学技术问题"——尽管一些学者也已经开始从科学社会学角度来思考这一问题,②但占主流的仍然是前者。从前面关于METI的争论中不难看出,METI的支持者们其实有着一种"唯技术主义"思维倾向,所考虑的只是想尽办法要在技术上达到目的,但在达成目的后准备怎么办,却不事先想好。

人类主动向外太空定位发送的信号,被地外文明发现的可能性也许微乎其微,但一旦产生结果,其影响却很大,这种影响势必波及

---

① Derbyshire, D. Will Beaming Songs into Space Lead to an Alien Invasion? [N]. Daily Mail, 2008-02-07(6).

Hanlon, M. Why Beaming Messages to Aliens in Space Could Destroy Our Planet [N]. Daily Mail, 2008-08-08(6)

② 较早从SSK角度对搜寻地外文明问题进行探讨的文章,参见:

Pinotti, R. Contact: Releasing the News [J]. Acta Astronautica, 1990, 21(2): 109-115.

Pinotti, R. ETI, SETI and Today's Public Opinion [J]. Acta Astronautica, 1992, 26(3-4): 277-280.

人类社会的科学、文化、宗教以及哲学等方方面面。①在寻找外星文明这件事上，更重要的问题应该是：万一真找到了外星文明，该怎么办？

在人类尚未做好接触地外文明的准备之前，现在实施METI，显然还为时尚早。

---

① 目前已有不少相关的探讨文章，可参见：

Billingham, J. Cultural Aspects of the Search for Extraterrestrial Intelligence [J]. Acta Astronautica, 1998, 42(10-12): 711-719.

Billingham, J. Pesek Lecture: SETI and Society—Decision Trees [J]. Acta Astronautica, 2002, 51(10): 667-672.

Ashkenazi, M. Not the Sons of Adam: Religious Responses to SETI [C]. Presented at the 42nd Congress of the International Astronautical Federation, Montreal, Canada, 1991.

2 对费米佯谬的求解

关于费米佯谬

除了SETI的实践之外,1970年代,从理论上来探讨"地外文明没有出现"的问题,开始在科学界广泛展开。

当然,在此之前,粗浅的讨论也是有过的。1933年,俄国科学家齐奥尔科夫斯基(Konstantin Tsiolkovsky,1857—1935)[1]在一篇文章中总结说[2],人们之所以否认地外智慧生命的存在,是因为他们认为,如果地外文明真的存在的话,那它们应该会派出代表来拜访人类,或给人类留下一些表示它们存在的标识——但现实的情形却不是这样。齐奥尔科夫斯基对此给出的解释是,因为先进的智慧文明考虑到,人类还没做好被拜访的准备。

---

[1] 齐奥尔科夫斯基是现代航天事业和航天理论的奠基者,他执着地相信宇宙中其他地方一定存在地外文明,并写过两篇文章专门对此进行讨论:The Planets are Occupied by Living Beings(1933);There are also Planets around other Suns(1934)。他还写过几部科幻小说:On the Moon (1895);Dreams of the Earth and Sky (1895);Beyond the Earth(1920)。

[2] Lytkin, V., Finney, B., Alepko, L. Tsiolkovsky: Russian Cosmism and Extraterrestrial Intelligence [J]. Quarterly Journal of the Royal Astronomical Society, 1995,36(4): 369.

1950年，物理学家费米在一次非正式讨论中，针对地外生命没有出现的现实，提出了一个疑问：地外生命在哪儿？(Where is Everybody?)他认为，如果地外生命存在的话，他们应该已经出现了(If they existed, they'd be here)。

在英国工程师维尤因(David Viewing)发表于1975年的一篇论文中，首次把费米的这个观点称作一个悖论。[①]维尤因说，"所有的逻辑，所有的反人类中心主义，让我们确信，人类在宇宙中并不是唯一的——地外生命一定是存在的。可事实却是，我们仍然没有接触到地外文明"。

同年，哈特(Michael Hart)在另一篇论文中，针对地外文明缺席的现状，列举了四种解释：[②]

（1）对地外文明而言，进行星际旅行还不可行；

（2）从动机分析，地外文明不打算和人类进行接触；

（3）地外文明刚刚出现不久，和人类的接触还需要一段时间；

（4）地球已经被外星文明拜访过了，只是我们不知道而已。

对以上四种情形逐一进行讨论后，哈特认为它们皆不成立，由此得出的反推结论只能是：地外文明根本不存在。哈特的这篇论文发表后，地外生命缺席的问题开始引起一些科学家的积极关注。比如蒂普勒就极力主张[③]，用一种理论上能进行自我复制的"冯·诺伊曼探测器"(von Neumann Probe)，来代替SETI的无线电搜索。布林在论文《大沉默：关于地外智慧生命的争论》(The Great Silence: The Controversy Concerning Extraterrestrial Intelligent Life)中，则认为德雷克公

[①] Viewing, D. Directly Interacting Extra-terrestrial Technological Communities [J]. Journal of the British Interplanetary Society, 1975, 28: 735–744.

[②] Hart, M. Explanation for the Absence of Extraterrestrials on Earth [J]. Quarterly Journal of the Royal Astronomical Society, 1975, 16: 128–135.

[③] Tipler, F. J. Extraterrestrial Intelligent Beings Do not Exist [J]. Quarterly Journal of the Royal Astronomical Society, 1980, 21: 267–281.

式的各项参数设置存在缺陷,并提出补充建议。①

费米佯谬(Fermi Paradox),现在又被称为"齐奥尔科夫斯基-费米-维尤因-哈特-蒂普勒佯谬",或"大沉默"(Great Silence)——因布林的论文得名。由于还未发现任何经得住推敲的证据来证明地外生命存在或是不存在,这使得费米佯谬成了一个极端开放的问题,从而引来了各种解决方案。

目前对这些解决方案最详尽的收集,见斯蒂芬·韦伯(Stephen Webb)2015年出版的《如果有外星人,他们在哪》(*If the Universe Is Teeming with Aliens…Where Is Everybody? Seventy-Five Solutions to the Fermi Paradox and the Problem of Extraterrestrial Life*)一书,书中列出了费米佯谬的75种解决方案。韦伯将其大概归为三类:①认为地外文明已经在这儿了;②认为地外文明存在,但由于各种原因,它们仍然还没有和地球进行交流;③地外文明不存在。②

在"费米佯谬"的诸多解答中,有许多出自西方的科学共同体成员之手,而且是以学术文本发表在科学刊物上的,还有一些来自幻想小说——事实上,某些最具深度的思想,恰恰来自幻想小说。

科学界对费米佯谬几种有代表性的解决方案

动物园假想

动物园假想(Zoo Scenario),是鲍尔(John Ball)1973年针对费米佯谬提出的一个解决方案。③文中观点建立在三个基本假设前提上:①只要满足存在和进化出生命的条件,生命就会出现;②生命能在宇

---

① Brin, G. D. The Great Silence: The Controversy Concerning Extraterrestrial Intelligent Life [J]. Quarterly Journal of the Royal Astronomical Society, 1983, 24(3): 283.

② 中译本参见:[英]斯蒂芬·韦伯. 如果有外星人,他们在哪[M]. 刘炎,萧耐园,译. 上海:上海科技教育出版社,2019.

③ Ball, J. A. The Zoo Hypothesis [J]. Icarus, 1973, 19: 347-349.

宙中的许多星球上出现;③宇宙中遍布地外文明,只是人类没有察觉到它们的存在。以科学技术发展为标准,鲍尔把地外智慧生命分为三类:一类因自身或外部因素所致,走向灭绝;另一类,科学技术发展完全停滞;还有一类,科学技术一直持续发展。

鲍尔认为,所有宇宙文明中只需考虑最后一类文明形式,随着科学技术持续发展,这种文明最终成为最先进的文明形态,取得整个宇宙的掌控权,随后慢慢把落后的文明形态摧毁、制服或同化掉。

把这一设想类比推向地球物种,人类作为高等智慧生物,会留置出荒野地带、野生动植物保护区或动物园,让别的物种在其间不受干扰地自由发展。而最理想的野生动物园(荒野地带或保护区)应该是这样的:身处其中的动物与公园管理者没有任何接触,根本意识不到管理者的存在。

鲍尔由此大胆猜测,地球就是一个被先进的地外文明专门留置出的宇宙动物园。为了确保人类在其中不受干扰地自发生长,先进文明尽量避免和人类接触(它们拥有的技术能力完全能确保这一点),只是在宇宙中默默地注视着人类。所以,人类始终未能接触到别的文明形态——甚至极可能永远不会发现它们。

隔离假想

隔离假想(Interdict Scenario)是佛格(Martyn Fogg)于1987年提出的一个构想。[①]其中描述了一个早期银河系文明起源、扩张、交流的简单模型:

(1) 第一代恒星群出现,这被认为是较年轻的一代星体,它们主要集中在银河系的旋臂上,其年龄不会大于银盘年龄。(距今约10^{10}年)

(2) 银河系最初的基本生命形式出现。(距今约9×10^9年)

---

① Fogg, M. J. Temporal Aspects of the Interaction Among the First Galactic Civilizations: The Interdict Hypothesis [J]. Icarus, 1987, 69: 370-384.

（3）第一代银河文明出现，向"殖民时代"进发。(距今约5×10^9年)

（4）银河拓殖期基本结束，"稳态"时代到来。(距今约4.9×10^9年)

（5）信息变为最有价值的资源，遍及整个银河系的交流渠道被建立，在共同利益基础上达成共有方针，一致同意关于"银河法典"(Codex Galactic)的协商。

（6）太阳系形成。(距今约4.6×10^9年)

（7）地球被拜访，原始生物被发现。(距今约3.5×10^9年)

（8）太阳系被隔离起来。

按照佛格的构想，在太阳系形成之前，智慧生命就已经在银河系中拓殖了，拓殖阶段结束后，几乎每个星球都能支持智慧生命形式的存在，银河系由此进入"稳态时期"。这一时期，扩张主义彻底衰落，侵略行为、领土和人口问题都已被解决，银河系中智慧生命的分布混杂而有序，协调而均匀。而在几百万年之前，银河系又从"稳态时期"进入到第三阶段的"交流时期"。

根据这个模型，就有一个问题：如果地球处于一个受单个或多个高级文明影响的银河圈内，那么，为什么它们现在还没有顾及地球呢？佛格在这一点上的解释和鲍尔的解释基本一致，他认为：在稳态时期，知识是最有价值的资源，先进的地外文明为此有理由留下一颗能产生生命形式的行星，不受干扰地单独存在着，为它们提供原生态的宇宙文明信息资源。

天文馆假说

英国著名科幻小说家巴克斯特(Stephen Baxter)，在2001年发表的一篇论文中，提出的"天文馆假说"(Planetarium Hypothesis)认为：人类很可能是生活在一个虚拟世界里——一个仿真的"天文馆"被高级智慧生命设计出来，为我们制造了一种宇宙中不存在智慧生命的幻象。① 这也就是说，我们通常接受的那种对外部世界的理解方式可能是不正确的。究竟有多不正确，这取决于高级文明为我们提供了哪种类型的"天文馆"。

技术含量低的，那就是"楚门式"天文馆——类似电影《楚门的世界》(*True Show*, 1999)，主人公自出生之始，活动区域就被人为限制，场景也完全是手工搭建。再高级一点的就是《星际迷航》中的"霍洛德克式天文馆"(Holodeck Planetarium)，人们周围有限范围内的物体都是虚拟出来的。更高层次就是触及意识层面的"天文馆"，拥有高级技术文明的地外文明出于某种原因，弄了一个虚拟宇宙直接植入我们的意识。不难看出，这样的想法其实是直接从电影《黑客帝国》(*The Matrix* Ⅰ Ⅱ Ⅲ)和《十三层》(*The Thirteenth Floor*)借鉴的。

巴克斯特声称，"在这点上，我们不能这样追问，即为什么某个地外文明要劳神从人类的利益角度着想而虚拟出这么个世界出来。注意到这一点就已足够了，那就是，一个完美的虚拟系统，即无法通过某种可想象的检测方式来区分它与原初物理系统究竟存在什么差别的那种虚拟系统，理论上是能被造出来的。KⅢ型文明②应该有这种

---

① Baxter, S. The Planetarium Hypothesis: A Resolution of the Fermi Paradox [J]. Journal of the British Interplanetary Society, 2001, 54(5/6): 210-216.

② Kardashev, N. S. Transmission of Information by Extraterrestrial Civilizations [J]. Soviet Astronomy, 1964, 8: 217.

1965年，苏联物理学家卡尔达谢夫(N. S. Kardashev)在这篇文章中，提出了以能量利用率为判定的宇宙文明分类标准。该分类标准提出后，很快在相关领域内被接受，后被称为"卡尔达谢夫标度"(Kardashev Scale)：

Ⅰ型文明(KⅠ)：发展处于这种水平的文明，能够充分开发利用自己栖息的那颗行星上的自然资源。以这个标准衡量的话，地球文明还算不上Ⅰ型文明，因为人类目前只有能力利用地球资源的一部分。

Ⅱ型文明(KⅡ)：这种文明类型，可以利用"戴森球"(Dyson Sphere)和类似的装置，来开发利用一颗恒星的能量输出，或采取更加不可思议的方式，比如把星际物质"喂进"一个黑洞，然后产生出能利用的能源。毫无疑问，这样的文明已经可以打破光速壁垒进行超空间旅行，它们要比地球文明先进几千年甚至于几万年。

Ⅲ型文明(KⅢ)：处于该级别的文明，已经掌握了能利用其所处星球全部资源的技术，这种能力对我们说来，有着上帝般的全知全能，但却又在物理定律允许的范围内。

构造虚拟现实的本领。当然,假定的前提必须是,'天文馆'的制造者得遵循和我们一样的物理法则。否则,那这个讨论就不能继续下去了"。

值得一提的是,巴克斯特2003年发表的短篇小说《致命接触》(Touching Centauri)就是以"天文馆假说"为思想元素创作的。小说中,为了寻求地外文明的回应,人类向4光年外半人马座的一颗类地行星发射了一束无线电波,但意想不到的是,这一行为使得虚拟世界的制造者无力及时提供足够的能量,来模拟出一个4光年外的仿真"天文馆",最终导致虚拟世界的"放映机"被毁坏,太阳系星球由远而近逐渐消失,人类随即也迎来了自己的末日。

珍稀地球假说

地质学家沃德(Peter Ward)和天文学家布朗利(Donald Brownlee)在2000年出版的《珍稀地球:为什么复杂生命形式在宇宙中如此稀有》(Rare Earth: Why Complex Life Is Uncommon in the Universe)一书中,提出了"珍稀地球假说"(Rare Earth Hypothesis)。[1]

这个观点与生物学领域的一项新发现有关,科学家探测到在深海领域以及地表深层的灼热高温和高压状态下,一些微生物仍然能够存活。作者由此推想,如果在地球上如此严酷的条件下,微生物都能存活,那么,在太阳系的其他星体,或是远距离行星系中的别的行星和卫星上,微生物为什么就不能存活呢?"珍稀地球假说"的观点认为:宇宙中的复杂生命形式也许的确是稀有的,地球甚至有可能真的是独一无二进化出复杂生命的行星。如果生命真的能在宇宙的其他地方出现,那也仅仅是以单细胞的微生物形式存在,比如菌类。

---

[1] Ward, P. D., Brownlee, D. Rare Earth: Why Complex Life Is Uncommon in the Universe [M]. Göttingen: Copernicus Publications, 2000.

书中上述观点,后来引来了广泛的争论。尽管作者在书中未曾点明,但"珍稀地球假说"无疑也是提供了对"费米佯谬"的一种解决方案:宇宙中存在的都是最初等的生命形态,人类当然碰不上其他地外文明了。

科幻小说对费米佯谬的求解

阿西莫夫的《日暮》

阿西莫夫1941年发表的短篇小说《日暮》(*Nightfall*),讲述的故事发生在一颗名叫拉盖什(Lagash)的行星上。这颗行星所处的系统拥有6颗太阳,所以,拉盖什的居民从来不知道什么叫作黑暗。随着天文学的发展,拉盖什的天文学家们逐渐掌握了6颗太阳精确的运行轨道,还发现了围绕着拉盖什行星有一颗月亮在运行。

小说围绕拉盖什星球上即将发生一次日食展开。届时,6颗太阳、一颗月亮、拉盖什星将会位于一条直线上,而这样的景象在拉盖什行星上每隔2049年才会发生一次。对拉盖什星球上所有的居民而言,这将是他们一生中唯一一次,也是最后一次目睹黑暗的降临。这一极端反常事件对拉盖什星的科学、文化、宗教带来了巨大冲击。

《日暮》为后来费米佯谬解决方案提供的一种解释观点认为,有可能其他星球上的居民受制于其所处系统环境的限制——就像拉盖什星球上的居民一样,由于从来没有目睹过黑暗的降临,所以他们的天文学发展非常滞后,自然也就不会想到还有其他宇宙世界的存在——当然,也就不会萌生出和其他文明进行交流的想法。

萨伯哈根的《狂暴战士》系列

科幻作家萨伯哈根(Fred Saberhagen)在他的科幻经典《狂暴战士》(*The Berserker*)系列中,设想了一种拥有智能的末日武器——"狂暴战士"。这种武器在50 000年前的一场星际战争中被遗留下来,由杀手舰队用智能机器装备而成,统一受控于一颗小行星基地,除了能自主进行自我复制外,被赋予的唯一指令是消灭宇宙中的所有有机生命。

受《狂暴战士》故事的启发,对"费米佯谬"的一种很严肃的解释就认为,宇宙中可能遍布类似狂暴战士的攻击性极强的末日武器,阻挠或消灭了其他地外文明,而幸存下来的地外文明,则因为害怕引起它们的注意,从而不敢向外发射信号,这导致了人类无法搜索与之相关的讯息。[1]

刘慈欣的《三体Ⅱ》

尽管在西方国家已经出现了多种对"费米佯谬"的解决方案,但长期以来,中国科幻作家在这一点上却毫无作为。直到2008年,中国科幻作家刘慈欣在科幻小说《三体Ⅱ》中,提出了一种对费米佯谬较为精致的解释——黑暗森林法则,这一现状才被打破。[2]

该法则是对前面的布林猜想一种很好的充实和扩展,它基于两条基本假定和两个基本概念。

两条基本假定是:①生存是文明的第一需要;②文明不断增长扩张,但宇宙中的物质总量保持不变。两个基本概念是"猜疑链"和"技术爆炸"。"猜疑链"是由于宇宙中各文明之间无法进行即时有效的交流沟通而造成的,这使得任何一个文明都不可能信任别的文明(在我们熟悉的日常即时有效沟通中,即使一方上当受骗,也意味着"猜疑链"的截断);"技术爆炸"是指文明中的技术随时都可能爆炸式地突

---

[1] Webb, S. If the Universe is Teeming with Aliens, Where is Everybody? Fifty Solutions to Fermi's Paradox and the Problem of Extraterrestrial Life [M]. New York: Praxis Book/Copernicus Books, 2002: 111-113.

[2] 刘慈欣.三体Ⅱ[M].重庆:重庆出版社,2008:441-449.

破和发展,这使得对任何远方文明的技术水准都无法准确估计。

由于上述两条基本假定,只能得出这样的推论:宇宙中各文明必然处于资源的争夺中,而"猜疑链"和"技术爆炸"使得任何一个文明既无法相信其他文明的善意,也无法保证自己技术上的领先,所以宇宙就是一片弱肉强食的黑暗森林。

在《三体Ⅱ》结尾处,作者借主人公罗辑之口明确说出了他对"费米佯谬"的解释:"宇宙就是一座黑暗森林,每个文明都是带枪的猎人,像幽灵般潜行于林间……他必须小心,因为林中到处都有与他一样潜行的猎人。如果他发现了别的生命……能做的只是一件事:开枪消灭之。在这片森林中,他人就是地狱,就是永恒的威胁,任何暴露自己存在的生命都将很快被消灭。这就是宇宙文明的图景,这就是对费米佯谬的解释。"而人类主动向外太空发送自己的信息,就成为黑暗森林中点了篝火还大叫"我在这儿"的傻孩子。

不过,无论是从萨伯哈根小说中衍生出的"狂暴战士"理论,还是刘慈欣的"黑暗森林法则",作为"费米佯谬"的解决方案,都存在局限。因为,人类通过自己的行为模式所定义出的善、恶等思维方式,是否可套用于所有地外文明,这是一个很有异议的问题。譬如,波兰科幻作家莱姆对类似想法就不屑一顾,他所提出的另一种费米佯谬的解决方案——《宇宙创始新论》,正是与类似观点对抗的一项成果。

莱姆的《宇宙创始新论》

《宇宙创始新论》是莱姆《完美的真空》一书中的最后一篇短文。[①] 此书是莱姆出版于1971年的作品。初看之下,这似乎是一本典型的评论文集,由16篇短评组成,所评的对象包括纯文学作品、哲学著作和科幻小说。但别具一格的是,以上不过是莱姆构造的文本

[①] [波兰]斯坦尼斯拉夫·莱姆.完美的真空[M].王之光,译.北京:商务印书馆,2005.

假象而已，书中所评论的这17本书，除了开篇所评的《完美的真空》（即此书本身）之外，其他著作其实从未在现实中出现过。

书中所有虚拟书评中，最独特的当数《宇宙创始新论》。在历经五重虚拟以后，它终于让读者得以窥其本貌。这是一篇虚构的"诺贝尔奖颁奖典礼上的发言稿"，它引自一本虚构的纪念文集《从爱因斯坦宇宙到特斯塔宇宙》。发言稿的主要内容，则是一位并不真有其人的物理学家阿尔弗雷德·特斯塔教授，介绍和评论另一本"对他本人影响至深"的虚拟著作——《宇宙创始新论》。此书的作者，自然也是位虚拟出来的人物，名叫阿里斯蒂德·阿彻罗普斯，一位哲学博士，一生默默无闻，《宇宙创始新论》是其唯一一本哲学论著，由于思想太过怪异，写成后几乎无人理睬，最终作为科幻小说系列丛书中的一本发表。

据特斯塔教授的介绍，书中那种离经叛道思想的产生，除了和作者本人内敛的反叛天性有关之外，另一个原因，则是由于SETI长久以来的一无所获：

> 宇宙在最最精妙的电磁仪器监听下顽固地保持沉默，其中仅仅充满了恒星能量的要素放射的"吱吱噼啪"声。宇宙深不可测，所有深渊里都显示无生命迹象。缺乏来自"他宇宙"的信号，外加没有"天文工程学劳绩"的任何迹象，给科学造成了令人烦恼的问题。

而在各门学科参与进这个问题后，它们开始"众口一词"，坚持宇宙一定存在其他地外文明，认为理论上地球是被一大批文明包围的，虽然距离都应该是恒星量级的。但这个观点却和实际的搜寻结果不符，地球周围的四面八方仍然是毫无生气的空洞。

理论与现实的这种相悖,促使阿彻罗普斯试图为其找到一种可能的解释。不难看出,这种"相悖",其实就是费米佯谬。

需要说明的是,文中言及,科学界在地外文明缺席的问题上"众口一词",达成一致意见云云,应该是莱姆的一种文学手法。真实的情形是,各门学科——正如书中所逐一列举的:有机化学、生化合成、理论生物学、演化生物学、行星学和天体物理学,在这个问题上,从未达成一致意见。

在现实中,莱姆本人曾发表过对费米佯谬的看法。一次访谈中,当采访者问及"是否相信在宇宙的其他地方、其他行星或别的星系中存在生命,即别的生命形式",莱姆回答:

> 我想可能会有……我一直为这种可能留有余地,同时也疑惑,尽管一直有各种遭遇其他文明的说法在喧嚣流传,但为什么还没有任何迹象表明它们存在呢?不像目前有些人的悲观,在这点上我很乐观,我想在未来的10年、20年或者50年内,情形可能会有改变,我的意思是:存在着这种可能性,人类会遇到太空中其他地方一些想象中的兄弟文明,或是别的文明形式的。我主要考虑的是,宇宙中单个生命汇集点的距离远得令人难以置信,它们之间存在着一个难以克服的障碍。①

莱姆笔下的人物阿彻罗普斯,秉承了作者的乐观。他坚信宇宙文明其实无所不在,问题只在于我们没有感知到它们。人类一系列的观测活动尽管毫无所获,但并不能因此说明它们不存在,很大的可能是,它们原本就是不能被观测到的。

---

① Federman, R. An Interview with Stanislaw Lem [J]. Science Fiction Studies, 1983, 10 (1): 2-14.

阿氏——特斯塔教授下面对阿彻罗普斯的尊称，认为：宇宙刚刚出现的时候，第一批生命种子就已经在第一代恒星系的行星上萌动了，经过百亿年不间断的演化变迁，这第一代出现的宇宙生命已经成了一种高级文明形态。与之相比，才有几十万年历史的地球文明只能算是还处于胚胎阶段。

书中接着提出了一个思想实验：假定一个文明已经持续繁荣发展了几十亿年，会是什么模样，从事什么工作，给自己定下什么目标？阿氏认为，工具性技术只有在技术文明仍然处于胚胎阶段的文明才需要，10亿年的文明则使用"自然法则"为工具。这种自然法则，对处于"胚胎时期"的文明，如地球文明，当然是不可（也不能）违反的，但对于10亿年的文明层次而言，它们可以自主制定自然法则。

阿彻罗普斯设想：宇宙中处于不同等级的文明类型，一开始的时候共存于一个原生宇宙中。原生宇宙的总体形态，就犹如一个蜂窝状的物理异质同构体。在其中的若干巢室里，会出现独立的文明形态。它们所依托的物理学法则与邻区完全不相同，且相互距离非常遥远。各个文明在这个宇宙圈子里独立发展，相互隔绝，都以为自己在宇宙中是独一无二的。但在无意识不自觉的情形下，它们之间还是会发生相互博弈。阿氏把此过程分为三个阶段：

一开始，随着力量和知识的增长，一个独立的文明形态会向四周扩张。它不可能与其他文明直接接触，但它本身具有的物理学法则在扩张过程中，却能撞上邻区的物理学。这就是宇宙文明初级形态之间的第一次博弈。

继续发展下去就是第二次博弈。各个文明间不同的物理学法则虽然相撞，却没有产生任何沟通及联络，而是发生了激烈的反应，在冲突的前沿出现烈焰爆发，以及各种各样的湮没和转换释放出巨大的能量。

第二次博弈的这种正面冲突所产生的结果,使得宏观宇宙中每个独立的文明形态开始着手改变现状,即改变各自的物理学法则。阿氏强调,这并非任何协商安排的结果,而是各自为了追求利益最大化而产生的一种自发转向。决策尽管由各个玩家分头做出,但结果却是相同的。博弈进入第三个阶段——也就是现在所处的阶段,整个宇宙最终由相同的物理学法则所支配。

阿彻罗普斯以这样的方式,构建了这样一种"宇宙创始新论":我们这个宇宙的物理学法则,并非在宇宙创生时就是现在的样子,它是原生宇宙中各个物理学区域在经历相互博弈后,所得到的结果。

阿彻罗普斯认为,在该理论框架下,宇宙结构的一些基本特点可以找到"一种深刻的解释"。①宇宙以有限速度在持续膨胀。新的行星和新的文明在恒星演化中不断产生,膨胀宇宙使得这些未来玩家候选人、年轻文明形态分开的距离,永远是广漠的。②存在光速壁垒。光速壁垒限制了各个文明形态远距离行动速度的上限——速度与能量投入并非一直成正比,这就消除了那种可能性:某一玩家通过垄断物理学法则,控制参与博弈的所有其他伙伴,从而禁止了宇宙局部同盟的出现。③时间不可逆转。某些文明形态会不遗余力地试图找到更改因果律的途径,希望可以借助某种手段回到过去,改变博弈伙伴此前发生的历史事件,进而达到支配它们的目的。时间不可逆转,使得这种企图成为不可能。

按照书中阿彻罗普斯的观点,光速壁垒和宇宙时间不可逆转,彻底限制了时空旅行的可能性。而现实中,从本书第五章内容可看出,时空旅行在物理学界也仍然是一个没有定论的问题,针对它的讨论还一直在继续。

在上述宇宙模型下,阿彻罗普斯为"沉默宇宙",即"费米佯谬",提供了一种解释。他认为,尽管宇宙中遍布各种文明形态,但由于受制于宇宙定则,它们只能保持沉默。首先,它们各自使用的语义使得沟通不可能实现;其次,它们之间存在的相当遥远的空间距离,使得某一方即便是能获得另一方的信息,也一律是过期的。

阿彻罗普斯还专门为"沉默宇宙"提出了两条基本规则:第一条,低一等的文明无法找到其他宇宙文明,不仅因为它们沉默,还因为它们的行为在宇宙背景中并不突出——它们就是那个背景;第二条,高等的宇宙文明并不以关爱或者垂教的态度与年轻文明沟通,因为它们无法明确这种沟通的传送地址。

书中阿彻罗普斯提出的宇宙创始新论,作为一位哲学家的纯思辨性构想,提出时饱受冷落,事实上,即便是对从它那儿受到极大启发的人而言,也还存在太多的疑虑和困惑。特斯塔教授指出,他的宇宙博弈三阶段论的构想,尽管看似简洁明了,但事实很可能不是这么回事儿。那具体细节究竟应该是怎样的呢?无从知晓。因为,目前所掌握的物理学,完全不可能往前推导出相关的博弈结构细节——连部分都不行。

但是根本的一点,"阿氏的天才直觉",却是正确的。那就是,宇宙法则在宇宙产生的时候就是完备的,这一点作为物理学的第一假设前提,是有问题的。事实上,宇宙常数并非恒常不变——玻耳兹曼常数正在变小。特斯塔教授正是凭借在物理学上取得的与此相关的超凡业绩,获得了诺贝尔奖。

科学与幻想的"精神狩猎场"

尽管费米佯谬在科学和科幻领域都存在着诸多假想解决方案，不过完全存在一种可能，当谜底最终被揭晓时，它们都不是答案。某种意义上，费米佯谬更是一块神奇的"精神狩猎场"，它给那些有志于此的研究者和幻想者留下了巨大的施展空间。其中典型的像巴克斯特，除了为费米佯谬提供了"天文馆假说"之外，在他著名的科幻小说 *Manifold* 三部曲①中，每篇故事分别为费米佯谬提供了一种不同的解决方案。

费米佯谬目前是作为一个严肃的问题来讨论的，但这一概念的产生，却是得自于费米和其他几位科学家在早餐闲聊过程中谈及的一个话题。当时在座的除费米本人之外，还包括他在洛斯阿拉莫斯国家实验室（Los Alamos National Laboratory）的几位同事：特勒（Edward Teller，1908—2003）②，约克（Herbert York，1921—2009）③，科诺平斯基（Emil Konopinski，1929—2007）④。这个问题后来得以用费米的名字命名，并广为流传，除了它本身确实是一个问题外，某种程度上，与当时参与谈论这个问题的科学家们的显赫名声似乎也不无关系。

---

① 巴克斯特的 *Manifold* 三部曲，分别为 *Time: Manifold 1*（1999），*Space: Manifold 2*（2000），*Origin: Manifold 3*（2001）。三个故事分别被设置在不同的多宇宙世界中，每个故事的主人公是同一个人。

② "氢弹之父"，将毕生的精力用以研发美国的核武器。他极力主张发展原子弹和氢弹、核能以及战略防御体系，因此对美国的国防和能源政策产生了深远影响。

③ 核物理学家。

④ 核物理学家，参与了研制美国第一枚原子弹和第一枚氢弹的工作。

第七章

开放的边界:科幻作为科学活动的组成部分

1 伽利略望远镜新发现的影响

和科学史上的许多其他问题一样,关于宇宙中其他世界上是否存在生命的问题,同样可追溯到古希腊。

原子论的提出者留基伯(Leucippus, 500 B.C.—450 B.C.)和德谟克里特(Democritus, 470 B.C.—400 B.C.),最早表达了无限宇宙的思想,认为生命存在于宇宙的每一个地方。随后伊壁鸠鲁(Epicurus, 341 B.C.—270 B.C.)及其思想继承人卢克莱修(Lucretius, 99 B.C.—55 B.C.),也分别在各自的著作中表达过类似的思想。[1][2]与原子论者的看法相反,柏拉图(Plato, 429 B.C.—347 B.C.)在《蒂迈欧篇》(Timaeus)中并不赞同"无限宇宙"的观点。[3]亚里士多德从构成世界的物体本性相同的前提出发,在《论天》(On the Heaven)中也对"多世界"观点进行了反驳。[4]

---

[1] Laertius, D. The Lives and Opinions of Eminent Philosophers [M]. Yonge, C. D.(Tr). London: H. G. Bohn, 1853: 440.

[2] [古罗马]卢克莱修.物性论[M].方书春,译.北京:商务印书馆,1999:123-124.

[3] [古希腊]柏拉图.蒂迈欧篇[M].谢文郁,译.上海:上海人民出版社,2005:21.

[4] [古希腊]亚里士多德.论天[G]//亚里士多德全集(第二卷).苗力田,译.北京:中国人民大学出版社,1991:289.

伽利略在1609年通过望远镜所获得的月亮环形山新发现,**成为一个分界点:在此之前,关于外星生命或文明的讨论主要来自哲学家们的纯思辨性构想;在此之后,相关探讨结论是在望远镜观测结果的基础上进行的。**

譬如,赫尔顿(Albert Van Helden)在1974年发表的文章《17世纪的望远镜》(The Telescope in the Seventeenth Century)结尾处,就谈道:

> 17世纪期间,望远镜助长了这种思想的发展,即自然法则被平等地运用到我们太阳系的每一处,暗示着它也可以被运用到宇宙的每一处。这必然是伴随着太阳系这个观念形成而自然出现的一种思想结果。地球和其他行星的关系随着望远镜的每一项发现变得逐渐紧密,人们也同时开始在下意识地思考,把地球所具有的特征外推到别的行星身上。对地外生命主题的讨论,从布鲁诺激情澎湃的思辨,转变成惠更斯对其科学可能性严肃冷静的深入思考。①

与科学界在观测实证基础上对月亮生命进行严肃讨论形成鲜明对应的是,17世纪以来还出现了大批月球旅行幻想小说——它们其实也是望远镜新发现激发出来的直接产物。

美国《普特南杂志》(Putnam's Magazine)1870年发表的文章《月中人》(Man in the Moon),已经注意到望远镜新发现和月球旅行幻想小说存在的这种关系。作者甚至在文章结尾加入了这场关于月球适宜居住可能性的旷日持久的争论,他追问说:"在以上这些有关月亮的观点、幻想、恶作剧之外,究竟什么才是'月中人'的真相?'月中人'

---

① Helden, A. V. The Telescope in the Seventeenth Century [J]. Isis, 1974, 65(1): 38-58.

到底存在不存在?"①

学者尼科尔森(1894—1981)女士1936年出版的著作《月球世界》(*A World in the Moon*),则富有启发性地探讨了望远镜月亮新发现对人们月亮观念转变产生的影响过程。②③

库恩(Thomas Kuhn,1922—1996)在他的科学哲学经典《哥白尼革命:西方思想发展中的行星天文学》(*The Copernican Revolution: Planetary Astronomy in the Development of Western Thought*)中,也谈到了望远镜对这一时期幻想作品的激发作用:

(在17世纪)望远镜成为一种流行的玩具。对天文学或任何科学此前从未表现出兴趣的人,也买来或借来这种新仪器,在晴朗的夜晚热切地搜索天空。……一种新的文学也随之诞生了。科普读物和科幻小说的萌芽都可以在17世纪发现,一开始望远镜和它的发现是最显著的主题。④

本书对17世纪伽利略望远镜新发现以来科学与幻想两方面的成果,及它们之间密切的互动关系,进行了系统论述和整理,并尝试得出这样一个结论:很多情形下,科幻可以看成科学活动的一种组成方式。

---

① Schele de Vere, M. The Man in the Moon [J]. Putnam's Magazine of Literature, Science, Art, and National Interests, 1870, Ⅵ: 465–476.

② Nicolson, M. A World in the Moon: A Study of the Changing Attitude toward the Moon in the Seventeenth and Eighteenth Centuries[M]. Smith College Studies in Modern Languages, 17, Northampton, MA, 1936.

③ 1971年,尼科尔森被美国科幻学会授予第二届"朝圣者奖"(Pilgrim Award),以表彰她对科学和文学两者关系的探讨所做出的开创性研究工作。"朝圣者奖"由美国科幻研讨会设立于1970年,专用于奖励对科幻研究做出成就的学者。奖项取名自美国文学教授贝利(J. O. Bailey)的著作《穿越时空的朝圣者》(*Pilgrims Through Space and Time*, 1947),而贝利本人正是第一届"朝圣者奖"的获得者。

④ [美]托马斯·库恩.哥白尼革命:西方思想发展中的行星天文学[M].吴国盛,张东林,李立,译.北京:北京大学出版社,2003:219.

2 星际幻想小说对星际旅行探索的持续参与

17世纪英国皇家学会创始人之一威尔金斯在他的两部著作——《关于一个新世界和另一颗行星的讨论》和《数学魔法》中,归纳了四种月球旅行方式:第一,在精灵或天使的帮助下;第二,在飞禽的帮助下;第三,把人造翅膀扣在人体上作为飞翔工具;第四,利用飞行器。

在对第一种和第二种方案进行阐释时,威尔金斯特别援引了两部科幻小说的设想来作为例证——开普勒的《月亮之梦》和戈德温的《月亮上的人》。而威尔金斯所谈及的其他两类旅行方式,也同样可以在幻想小说中找到类似的设想。把人造翅膀扣在人体上作为飞翔工具这种方法,公元2世纪卢西安在《真实故事》中就已经想象过。至于飞行器的设想,和威尔金斯同时代的法国小说家伯杰瑞克的《月球旅行记》和英国文学家笛福[他更有名的著作是《鲁滨逊漂流记》(Robinson Crusoe)]的《拼装机》(The Consolidator,1705)两部小说中的主人公,都是通过这种方式到达月亮的。①

相较于17、18世纪的月球旅行,19世纪科幻小说中开始出现更多新的太空(时空)旅行方式,归纳起来主要有以下几种:

①通过气球旅行到其他星体上,代表作品是《汉斯·普法尔历险记》;②通过特殊材料制成的飞行器,代表作品是《奇人先生的密封袋》(*Mr. Stranger's Sealed Packet*, 1889);③太空飞船,代表作品是《世界之战》;④炮弹飞行器,代表作品是《从地球到月亮》《金星旅行记》等;⑤时间机器,代表作品是《时间机器》;⑥睡眠,代表作品是马克·吐温的《康州美国佬在亚瑟王朝》。

在上述这些设想中,"时间机器"最具生命力。1895年,威尔斯在小说《时间机器》中,让主人公乘坐"时间机器"到了未来世界(公元802701年),所依据的原理是"时间就是第四维"的设想。爱因斯坦在1915年发表的广义相对论,使得这一纯粹的幻想变成了有一点理论依据的事情,此后不少科学家,如荷兰物理学家斯托库姆、哥德尔、蒂普勒等人,先后在爱因斯坦场方程中找到了允许时空旅行的解。事实上,关于时空旅行的探讨,在理论物理专业领域内已经成为一个重要的研究课题。

在《时间机器》之后,科幻领域出现了数量蔚为壮观的以时空旅行为题材的科幻作品。从科学与幻想存在互动关系的角度而言,最值一提的有两部:一部是天文学家萨根创作的科幻小说《接触》,另一部是罗顿伯里编剧兼制作人的长播科幻剧集《星际迷航》系列。

《接触》在1995年改编为同名电影的过程中,由于萨根对自己设置的利用黑洞作为时空旅行手段的技术细节并不是太有把握,为了

---

① 书名中的"Consolidator"是笛福小说中飞行器的名称。因找不到对应的中译词语,暂译为"拼装机"。

寻找科学上能站住脚的依据,他向著名物理学家索恩求助。索恩随后和他的助手把相关的研究成果,以论文形式主要发表在顶级物理学杂志《物理学评论》上,从而在科学领域打开了一个新的研究方向,使得一些科学人士开始思考虫洞作为时空旅行手段的可能性。

在《星际迷航》中,罗顿伯里想象了另一种新的超空间旅行方式——翘曲飞行,它能让两个星球之间的空间发生卷曲并建立一条翘曲通道,以此来实现超光速旅行。1994年英国威尔士大学的埃尔库比尔在《经典与量子引力》杂志上发表论文对翘曲飞行进行了认真讨论,引发了关于时空旅行新的研究热潮。

3 科幻小说作为单独文本参与科学活动

科幻小说作为单独的文本存在时,也会直接或是间接地参与到科学活动中来(见表10)。结合本书考察内容,参与的形式主要有以下三种:

第一种,科幻小说对某类科学问题的探讨产生直接影响。典型例证如戈德温《月亮上的人》对查尔斯·莫顿的鸟儿迁徙理论产生了影响;萨根的科幻小说《接触》让一些科学人士开始思考虫洞作为时空旅行手段的可能性;罗顿伯里首创的科幻剧集《星际迷航》中有关翘曲飞行的设想。

第二种,科幻小说把相关科学理论移植到自身创作情节中。伯杰瑞克的《月亮和太阳世界》把当时科学人士对太阳物理本质结构及太阳黑子成因的解释,引入了小说情节;《世界之战》《火星来世确证》《时间机器》和《经由月亮到达火星》等作品,都属于这一类的代表作品。

第三种,科幻小说直接参与对科学问题的讨论。最典型的是"费米佯谬"的求解,在这个问题上,科学探讨与科学幻想的分界其实十分模糊,区别只在于文本载体的不同,一种是以论文方式发表,另一种是以小说方式呈现。

表10 科幻小说作为单独的文本参与科学活动

作者	科幻小说	出版年份	参与的科学问题
开普勒	《月亮之梦》	1634	讨论月球适宜居住的可能性
戈德温	《月亮上的人》	1638	对莫顿的鸟儿迁徙理论产生影响
伯杰瑞克	《月亮和太阳世界》	1662	设想了太阳物理本质结构及太阳黑子成因
洛克	"月亮新发现"故事	1835	以高斯等人对月亮适宜居住可能性的相关讨论为背景
怀汀	《氦粒温达:太阳历险记》	1855	设想了太阳物理本质结构及太阳黑子成因
威尔斯	《世界之战》	1898	引入火星观测现象作为小说故事背景
格拉塔卡普	《火星来世确证》	1903	借用了通过无线电和火星进行交流的设想
威尔斯	《时间机器》	1895	时间就是第四维的理论
马克·威克斯	《经由月亮到达火星》	1911	赞同洛韦尔的火星运河理论
萨根	《接触》	1984	虫洞作为时空旅行手段的设想
罗顿伯里	《星际迷航》	1966—2005	翘曲飞行作为时空旅行手段的设想
莱姆	《宇宙创始新论》	1971	为"费米佯谬"提供解决方案
萨伯哈根	《狂暴战士》	1986	为"费米佯谬"提供解决方案
巴克斯特	《致命接触》	2003	为"费米佯谬"提供解决方案
刘慈欣	《三体Ⅱ》	2008	为"费米佯谬"提供解决方案

资料来源:根据本书前文内容整理而得。

4 科学家写作的科幻小说

科幻作为科学活动的一个组成部分,还体现在另一种比较特殊的文学成果身上——由科学家撰写的幻想小说。把科学家写作的这些科幻小说当成科学活动的一个组成部分,并不单单因为它们是科学家的一种行为结果,最主要的还是因为,这些科幻小说包含的主题和作者探讨过的科学问题是有关的,或者可以这样说,这些科幻小说是它们的作者进行相关科学探讨活动的一种延伸方式。

从本书的考察内容中,可以整理出一个由天文学家或是物理学家创作的科幻小说列表(见表11),这些作品表达的主题几乎都和地外文明探索相关,而它们的作者也都通过科学论文或论著对这一问题进行过探讨。

其中开普勒的《月亮之梦》,本身就是一部幻想和月亮天文学相混合的另类文本。威克斯通过《经由月亮到达火星》表达对洛韦尔火星运河观点的支持。其他的几位,齐奥尔科夫斯基、霍伊尔、萨根则更是地外文明探索领域的代表人物。弗拉马利翁本人对地外文明探索也抱有浓厚的兴趣,但他的两部幻想作品稍有例外:《鲁门》是一篇关于宇宙科学奥秘的对话;《欧米加:世界末日》则是对末世来临的想象,不过,小说的主题与作者天文学家的专业背景还是很有关系的。

表11　天文学家和物理学家写的科幻小说

姓名	专业背景	代表作品	年份	国别
开普勒	天文学家	《月亮之梦》	1634	德国
弗拉马利翁	天文学家	《鲁门》	1872	法国
		《欧米加:世界末日》	1893	
马克·威克斯	天文学家	《经由月亮到达火星》	1911	英国
齐奥尔科夫斯基	火箭科学家和太空航行理论的先驱	《月亮之上》	1895	俄国
		《地球和天空之梦》	1895	
		《地球之外》	1920	
霍伊尔	天文学家	《黑云》	1957	英国
		《仙女座安德罗米达A》	1962	
萨根	天文学家	《接触》	1984	美国

资料来源:根据本书中所涉及相关内容整理而得。

值得补充的是,科学家所写作的科幻小说,这种较为特殊的文本也为其他人士所注意到了。

1962年,著名科幻小说编辑康克林(Groff Conklin, 1904—1968)主编了一本科幻小说选集,书名就是《出自科学家之手的优秀科幻小说》(*Great Science Fiction by Scientists*)[①]。书中选取了16位科学家写作的科幻小说。除了大名鼎鼎的阿西莫夫和阿瑟·克拉克(Arthur C.

---

① Conklin, G.(ed). Great Science Fiction by Scientists [M]. New York: Collier Books, 1962.

Clarke)之外,其他人物有来自赫胥黎家族的朱利安·赫胥黎(Julian Huxley,1887—1975)、著名核物理学家西拉德(Leo Szilard,1898—1964)等人。朱利安的入选作品是1926年发表的《生物组织培养之王》(*The Tissue-Culture King*)。相较而言,人们更熟知的是朱利安同父异母的弟弟奥尔德斯·赫胥黎(Aldous Huxley,1894—1963)——1932年出版的"反乌托邦"代表作《美丽新世界》(*Brave New World*)就出自奥尔德斯之手。西拉德一生创作了7部短篇科幻小说,入选的是他1952年创作的《中央车站》(*Grand Central Terminal*)。

5 如何看待含有幻想成分的"不正确的"科学理论

本书前面探讨了科幻作品参与科学活动的几种形式,与此相对应的是,天文学历史上对地外文明进行探索的过程中,许多理论也包含幻想的成分。

要尝试将科学幻想视为科学活动的一部分,主要的障碍之一,来自一个观念上的问题:如何看待历史上的科学活动中那些在今天已经被证明是"不正确的"内容?因为许多人习惯于将"科学"等同于"正确",自然就倾向于将幻想和探索过程中那些后来被证明是"不正确的"成果排除在"科学"范畴之外。

关于"科学"与"正确"的关系,前人已有讨论。英国剑桥大学的古代思想史教授劳埃德(G. E. R. Lloyd),在他的《古代世界的现代思考:透视希腊、中国的科学与文化》(*Ancient Worlds, Modern Reflections: Philosophical Perspectives on Greek and Chinese Science and Cul-*

ture)一书中,就引入了对"科学"与"正确"的关系的讨论。①针对一些人所持有的,古代文明中的许多知识和对自然界的解释在今天看来都已经不再"正确"了,所以古代文明中没有科学的观点,劳埃德指出:"**科学几乎不可能从其结果的正确性来界定,因为这些结果总是处于被修改的境地。**"他认为,"我们应该从科学要达到的目标或目的来描绘科学"。

劳埃德深入讨论了应该如何定义"科学"。他给出了一个宽泛的定义:凡属"理解客观的非社会性的现象——自然世界的现象"的,都可被称为"科学"。劳埃德认为,抱有上述目标的活动和成果,都可以被视为"科学"。按照这样的定义,任何有一定发达程度的古代文明,其中当然都会有科学。

与此相应的是,本书作者之一在2005年发表的《试论科学与正确之关系:以托勒密与哥白尼学说为例》一文中,也从学术层面对该问题进行了正面论述。②文中特别指出:

> 因为科学是一个不断进步的阶梯,今天"正确的"结论,随时都可能成为"不正确的"。我们判断一种学说是不是科学,不是依据它的结论在今天正确与否,而是依据它所用的方法、它所遵循的程序。

为了论证这一观点,文中援引了科学史上最广为人知的两个经典案例:

第一个案例是托勒密(Ptolemy)的"地心说"。站在今天的立场来

---

① [英]G. E. R.劳埃德.古代世界的现代思考:透视希腊、中国的科学与文化[M].钮卫星,译.上海:上海科技教育出版社,2008:15—27.
② 江晓原.试论科学与正确之关系:以托勒密与哥白尼学说为例[J].上海交通大学学报(哲学社会科学版),2005,13(4):27—30.

看,托勒密的这个宇宙模型无疑是不正确的。但这并不妨碍它仍然是"科学"。因为它符合西方天文学发展的根本思路:在已有的实测资料基础上,以数学方法构造模型,再用演绎方法从模型中预言新的天象;如预言的天象被新的观测证实,就表明模型成功,否则就修改模型。托勒密之后的哥白尼(Nicolaus Copernicus)、第谷,乃至创立行星运动三定律的开普勒,在这一点上都无不同。再往后主要是建立物理模型,但总的思路仍无不同,直至今日还是如此。这个思路,就是最基本的科学方法。

第二个案例是哥白尼的"日心说"。库恩等人的研究已经指出,哥白尼学说不是靠"正确"获胜的。因为自古希腊阿利斯塔克(Aristarchus)的"日心说"开始,这一宇宙模型就面临着两大反驳理由:①观测不到恒星周年视差,无法证明地球的绕日运动;②认为如果地球自转,则垂直上抛物体的落地点应该偏西,而事实上并不如此。这两个反驳理由都是哥白尼本人未能解决的。除此以外,哥白尼模型所提供的天体位置计算,其精确性并不比托勒密模型的更高,而和稍后出现的第谷地心模型相比,精确性更是大大不如。库恩在《哥白尼革命》一书中得出的结论是:哥白尼革命的思想资源,是哲学上的"新柏拉图主义"。换言之,哥白尼革命的胜利并不是依靠"正确"。

上述对"科学"与"正确"关系的探讨虽然没有涉及幻想的成分,但那些包含有幻想成分而且已被证明是"不正确的"理论,无疑也可纳入同一框架下来重新思考和讨论。在此我们不妨以英国著名天文学家威廉·赫歇耳"适宜居住的太阳"观点为例,来作进一步考察和分析。这个例子中明显包含了幻想的成分。

1795年和1801年,威廉·赫歇耳在皇家学会的《哲学汇刊》上发表了两篇文章对太阳本质结构进行探讨,他提出了一个非常有想象力的观点——认为太阳是适宜居住的。根据前面提及的判断一种学说是否"科学"的两条标准,我们来看一看,赫歇耳在得出这一今天看来貌似荒诞的结论时,所使用的研究方法和所遵循的程序。

在第一篇论文开篇,赫歇耳对其研究方法进行了专门介绍:在一段时间内对太阳进行连续观测,然后对几种观测现象的思考过程进行整理,并附加了几点论证,这些论证采用的是"认真考虑过的"类比方式。通过此法,赫歇耳最后得出结论认为,发光的太阳大气下面布满山峰和沟壑,是一个适宜居住的环境。在第二篇论文中,威廉·赫歇耳在研究方法上更进一步,他提出了一种存在于太阳实体表面的"双层云"结构模型。在他看来,"双层云"结构模型除了为各种太阳观测现象的解释提供了更加坚固的理论前提之外,还进一步巩固了他的太阳适宜居住观点。

毫无疑问,威廉·赫歇耳采用的论证方法,完全符合西方天文学发展的根本思路:在已有的实测资料基础上,构造物理模型,再用演绎方法,尝试从模型中预言新的观测现象。

我们再来看看赫歇耳所遵循的学术程序。所谓学术程序,指的是新的科学理论通过什么方式为科学共同体所了解。当然,通常而言,最正式也最有效的途径,就是在相关的专业杂志上发表阐释这种理论的论文。而赫歇耳的做法也完全合乎现代科学理论的表达规范——他的两篇论文,都发表在《哲学汇刊》这样的权威科学期刊上。

站在今天的立场来看,托勒密的"地心说"和哥白尼的"日心说"都是"不正确的",但它们在科学史上却几乎取得过全面胜利。而威廉·赫歇耳"适宜居住的太阳"观点,不仅是"不正确的",而且几乎从未取得过任何胜利——只有极少数的科学家,如法兰西科学院院长阿拉果和英国物理学家布鲁斯特,对它表示过支持。但这仍然不妨碍它在当时被作为一个"科学"理论在学术期刊上发表,换言之,**这个几乎从未被接受,如今看来也"不正确",而且还包含幻想成分的理论,在当时确实是被视为科学活动的一部分**,所以它完全可以获得"科学"的资格。

6 科学与幻想之间开放的边境

关于科学和幻想之间存在的互动关系,前人已通过各种研究路径进行过探讨,有研究者还把科幻看作科学与人文"两种文化"的桥梁。[①]而无论是"存在互动关系",还是"两种文化的桥梁",隐含的意思都是科学与幻想分属不同的领地,它们之间存在一条泾渭分明的分界,只在某些地方才会出现交汇和接壤。

事实上,通过上文考察天文学发展过程中与幻想交织的案例,以及其他例证看来,科学与幻想之间根本没有难以逾越的鸿沟,两者之间的边境是开放的,它们经常自由地到对方领地上出入往来。或者换一种说法,科幻其实可以被看作科学活动的一个组成部分。

这种貌似"激进"的观点其实已非本书作者单独的看法。另一个

---

① Brake, M., Hook, N. Different Engines: How Science Drives Fiction and Fiction Drives Science [M]. Basingstoke: Palgrave Macmillan, 2007.

Schwartz, S. Science Fiction: Bridge Between the Two Cultures [J]. The English Journal, 1971, 60(8): 1043-1051.

鲜活的例子来自英国著名演化生物学家道金斯(Richard Dawkins,1941—),在其《自私的基因》(*The Selfish Gene*)一书前言第一段中,道金斯就建议他的读者"不妨把这本书当作科学幻想小说来阅读",尽管他的书"绝非杜撰之作","不是幻想,而是科学"。①道金斯的这句话有几分调侃的味道,但它确实说明了科学与幻想的分界有时是非常模糊的。

又如,英国科幻研究学者罗伯茨(Adam Roberts)在他的著作《科幻小说史》(*The History of Science Fiction*)第一章中,也把科幻表述为"一种科学活动模式",并尝试从有影响的西方科学哲学思想家那里找到支持这种看法的理由。②罗伯茨特别关注了费耶阿本德(Paul Feyerabend, 1924—1994)在《反对方法》(*Against Method*)一书中,关于科学方法"怎么都行"的学说,其中专门引用了一段费耶阿本德对"非科学程序不能够被排除在讨论之外"的论述:

"你使用的程序是非科学的,因为我们不能相信你的结果,也不能给你从事研究的钱",这样的说法,设定了"科学"是成功的,它之所以成功,在于它使用齐一的程序。如果"科学"指的是科学家所进行的研究,那么上述宣称的第一部分则并不属实。它的第二部分——成功是由于齐一的程序——也不属实,因为并没有这样的程序。科学家如同建造不同规模、不同形状建筑物的建筑师,他们只能在结果之后——也就是说,只有等他们完成他们的建筑之后才能进行评价。所以科学理论是站得住脚的,还是错的,没人知道。③

---

① [英]R.道金斯.自私的基因[M].卢允中,张岱云,译.北京:科学出版社,1981:ix。
② [英]亚当·罗伯茨.科幻小说史[M]. 马小悟,译. 北京:北京大学出版社,2010:14—20。
③ 费耶阿本德的《反对方法》有中译本,但我们在中译本中没有找到这段被罗伯茨引用的文字。所幸它在英文版中可以找到:Feyerabend, P. K. Against Method(1975) [M]. New York: Verso Books, 1993:2.

不过,罗伯茨不无遗憾地指出,在科学界实际上并不能看到费耶阿本德所鼓吹的这种无政府主义状态,但他接着满怀热情地写道:

确实有这么一个地方,存在着费耶阿本德所提倡的科学类型,在那里,卓越的非正统思想家自由发挥他们的观点,无论这些观点初看起来有多么怪异;在那里,可以进行天马行空的实验研究。这个地方叫作科幻小说。①

尽管罗伯茨提出的上述观点很具有启发性,但只是从思辨层面进行了阐释,在《科幻小说史》中并未从实证方面对该理论给予论证。而本章前面两节正是这样的实证,通过具体实例的分析,我们已经表明,可以从几个方面论证科学幻想确实可以被视作科学活动的一部分。

---

① [英]亚当·罗伯茨.科幻小说史[M].马小悟,译.北京:北京大学出版社,2010:19.

7 一种新科学史的可能性及其意义

如果我们同意将科学幻想视作科学活动的一部分,那么至少在编史学意义上,一种新科学史的可能性就浮出水面了。

以往我们所见到的科学史,几乎都是在某种"辉格史学"(Whig History)的阴影下编撰而成的。这里是在这样的意义下使用"辉格史学"这一措辞的——我们总是以今天的科学知识作为标准,来"过滤"掉科学发展中那些在今天看来已经不再正确的内容、结论、思想和活动。这样做的结果是,我们给出的科学形象就总是"纯洁"的。所有那些后来被证明是不正确的猜想,科学家走过的弯路,乃至骗局——这种骗局甚至曾经将论文发表在《自然》这样的权威科学杂志上,[1]都

---

[1] 即使到了20世纪,这样的骗局也不鲜见,例如80年代《自然》杂志上发表的关于"水的记忆"的文章,关于"冷核聚变"的文章,现任《自然》杂志主编菲利普·坎贝尔(Philip Campbell)承认,这些文章"简直算得上是臭名昭彰"(见菲利普·坎贝尔、路甬祥的《〈自然〉百年科学经典》,外语教学与研究出版社·麦克米伦出版集团·自然出版集团,2009年,第21页)。

被毫不犹豫地过滤掉,因为几乎所有的人都同意(或在潜意识中同意),科学史只能处理"善而有成"的事情。而月亮、火星生命的讨论,在一些人士的心目中理所当然被看作"无成"的事情,他们甚至很可能认为这样的内容出现在权威天文学历史著作中简直格格不入,所以应将其删除——哪怕是在违背原著作者本意的情形下。

在科学史著作中只处理"善而有成"之事的典型事例,在此可举两个案例为证。第一个和权威巴特菲尔德(H. Butterfield,1900—1979)有关,他的《历史的辉格解释》(*The Whig Interpretation of History*)一书本来是讨论"辉格史学"的经典名著,可是20年后当他撰写《近代科学的起源》(*The Origins of Modern Science*)一书时,他自己却也置身于"辉格史学"的阴影中:他只描述"17世纪的科学中带来了近代对物理世界看法的那些成分。例如,他根本就没有提到帕拉塞尔苏斯(Paracelsus,1493—1541)、海尔梅斯主义和牛顿(Isaac Newton,1643—1727)的炼金术。巴特菲尔德甚至并未意识到自己正在撰写一部显然是出色的辉格式的历史!"①

另一个例证是本书开篇(第一章)谈到的卡米拉·弗拉马利翁《大众天文学》和纽康《通俗天文学》中译本的遭遇。为何会出现翻译过程中对月亮、火星生命的"避而不谈""删除过滤",根本缘由是以往我们所见到的科学史,几乎都是在某种"辉格史学"的阴影下编撰而成的。

不过,对于一种能够将科学的历史发展中所经历的幻想、猜想、弯路等有所反映的新科学史,我们认为暂时还不必将它在理论上上升到某种新的科学编史学纲领的地步。因为在不止一种旧有的科学编史学纲领——比如"还历史的本来面目"或社会学纲领——中,这样的新科学史其实都是可以得到容忍乃至支持的。另外,这些幻想、

---

① 刘兵.克丽奥眼中的科学:科学编史学初论[M].上海:上海科技教育出版社,2009:45.

猜想、弯路,乃至骗局,虽不是"善而有成"之事,却也并不全属"恶而无成"。

这种新科学史的现实意义在于,通过它,我们可以纠正以往对科学的某些误解,它帮助我们认识到,科学其实是在无数的幻想、猜想、弯路甚至骗局中成长起来的,科学的胜利也并不完全是理性的胜利。[①]在现今的社会环境中,认识到这一点,不仅有利于科学自身的发展,使科学共同体能够采取更开放的心态,采纳更多样的手段来发展自己;同时更有利于我们处理好科学与文化的相互关系,让科学走下神坛,让科学更好地为文化发展服务,为人类幸福服务,而不是相反。

---

① 正如雷得利(B. K. Ridley)在《科学是魔法吗》一书中描述这种假象时所说,"从事经验科学的人就好像与物理世界达成了一项协议,他们说,我们保证从不使用直觉、想象等非理性能力"(广西师范大学出版社,2007年,第19页),但事实当然并非如此。前引关于哥白尼学说胜利的例子同样说明了这一点。

附录

附录1　月球旅行幻想小说编年列表

作者	著作	旅行方式	发表年代	国别
Lucian	*True Story*	风	2世纪	罗马
	Icaromenippus	把翅膀绑在身上		
Johannes Kepler	*Kepler's Dream*	梦	1634	德国
Francis Godwin	*The Man in the Moone*	鸟	1638	英国
Cyrano de Bergerac	*The Voyage to the Moon*	飞行器	1656	法国
Aphra Behn	*The Emperor of the Moon*		1687	英国
Gabriel Daniel	*A Voyage to the World of Cartesius*	打喷嚏	1690	法国
Elkanah Settle	*The World in The Moon: An Opera*		1697	英国
David Russen	*Iter Lunare: Or, A Voyage to the Moon*	飞行器	1703	英国
Daniel Defoe	*The Consolidator*	飞行器	1705	英国
Thomas D'Urfey	*Wonders in the Sun: A Comick Opera*		1706	英国
Captain Samuel Brunt	*A Voyage to Cacklogallinia*	鸟	1727	英国
Murtagh McDermot	*A Trip to the Moon*（Repr.）	旋风	1728	英国
匿名作者	*A New Journey to the World in The Moon*	冥想飞行器	1741	英国
Miles Wilson	*The History of Israel Jobson, The Wandering Jew*	守护天使的引领	1757	英国
Francis Gentleman	*A Trip to the Moon*	睡觉	1764	英国
Vasily Levshin	*Newest Voyage*	带翅膀的飞行器	1784	俄国

(续表)

作者	著作	旅行方式	发表年代	国别
Rudolph E. Raspe	The Surprising Adventure of Baron Munchausen		1785	英国
Aratus	A Voyage to the Moon		1793	英国
Nicholas Lunatic	A Voyage to the Moon (In Satyric Tales)	气球	1808	
Washington Irving	The Conquest of the Moon The Men of the Moon	飞行器	1809	美国
George Fowler	A Flight to the Moon	梦	1813	英国
Wilhelm Küchelbecker	Land of Acephals	气球	1824	俄国
George Tucker	A Voyage to the Moon	反重力物质造成的飞行器	1827	美国
Thomas Croker	Legends of the Lakes	飞行器	1829	爱尔兰
Richard Locke	Moon Story	飞行器	1835	美国
Edgar Allan Poe	Hans Pfaall	气球	1835	美国
An Aerio-Nautical Man	Recollections of Six Days' Journey in the Moon	飞行器	1844	美国
Jules Verne	From the Earth to the Moon Around the Moon	炮弹	1865	法国
Walter McLeod	Two Hemispheres of the Moon	"砖块月亮"	1870	英国
George MacDonald	At the Back of the North Wind	风	1871	英国
匿名作者	The Great Romance	飞行器	1881	新西兰
Paschal Grousset	The Conquest of the Moon: A Story of the Bayouda	飞行器	1888	英国
André Laurie	Les Exilés de la Terre [Exiled from Earth]	电磁体	1887	法国

(续表)

作者	著作	旅行方式	发表年代	国别
Tremlett Carter	*The People of the Moon*	飞行器	1895	英国
Andrew Lang	*Prince Ricardo*	飞行器	1893	英国
H. G. Wells	*The First Men in the Moon*	能阻断地球引力的奇异材料	1901	英国

资料来源:根据相关文献整理而得。参照了罗杰·格林(Roger L. Green)的著作《另一个世界:小说中的太空飞行》(*Into Other Worlds: Space-Flight in Fiction, from Lucian to Lewis*)[①]中提到的一些作品。

---

① Green, R. L. Into Other Worlds: Space-Flight in Fiction, from Lucian to Lewis [M]. Manhattan: Arno Press, 1958.

附录2　艾略特论证太阳适宜居住观点的文章

　　导致我对太阳表面本质进行探寻的首要动因,是因为考虑到,如果正处于燃烧状态下的太阳和恒星,就像一个正在燃烧中处于白热状态下的热体,比如铁和锌,或是像我们日常所用的灶火一样,非常贫瘠,不能被居住,这些无限多数量的巨大星球(包括目前我们已知的宇宙中最大的星球),和我们这个每样事物似乎都充满生气、每个部分都遍布生命的地球,被设计出来所寻求的目的是不同的(这似乎是不合情理的)。我将提出一种应该为哲学家们所能接受的可能理论来判定,尽管我们承认这些球体光芒四射,然而在这样一种温度条件下,它们还是适宜有机体和生命体存在的。

假设 I

太阳在点燃状态下是一颗易燃烧的星球。

　　从太阳光极其光辉夺目、清澈明亮很明显可以推断,这种光是来自一团火焰,或是一种纯净、流动的气体,而不会是来自一个处于点燃状态下的致密体。一个炙热、致密、没有燃烧的球体,尽管处于熔融状态下(就像熔融状态下的炭火一样),所发出的光亮却是微弱的,在这样晦暗的情形下,几乎看不清什么东西。而一根蜡烛,它所含的热相较一团没有火焰的炉炭火,几乎不算什么,但是它所发出的光却要明亮很多。如果一定要坚持太阳发出光就意味着它一定是发热的,那应该要回答的是:太阳和行星相隔如此遥远的距离,行星并没有从太阳所发出的这种热中获得多大益处,尽管从它目前(所发出光亮的)颜色来看,它应该更热一些。如果说更亮的光能被一种温和的热产生出来,或者说这种光相当于是星球的热激生出来的,这似乎是更合理得多的看法。

假设 II

太阳球体(the body of the sun)没有处于燃烧状态(combustion)。

太阳并不像一般所谈及的那样处于燃烧状态中,从太阳发出的光芒来看,它似乎已经持续这个样子好几千年了;(如果太阳一直处于燃烧状态下,)我们完全有理由设想,在此之前很久,太阳所有燃烧的物质就已经耗光了,它含有燃素的大气也就不可能再维持这个过程。因为,像所设想的那样如此迅速、普遍的一种燃烧,要靠燃烧物质的持续更新代谢来维持这种燃烧,很明显这是不太可能的,况且植物不可能生长在处于这种燃烧状态下的酷热环境中。

而如果我们设想太阳的燃烧像磷一样缓慢、温和,那这同它所发出的剧烈亮光和夺目光彩是不相协调的。对这种观点的另一种反驳理由,在下文中还将被谈及。

假设 III

太阳球体根本不会处于燃烧状态。

这个设想是基于太阳适宜居住的构想之上的,(只有这样)它的居民才能享有"看"的感觉。

因为,如果太阳球体处于一种发光的状态,无论是点燃到燃烧,或是任何别的原因,要享有明晰的视觉根本不可能。对熟知这个道理的人而言,这一点是很明显的:只有在光线是被球体反射或传送、而非球体本身发出光亮的情形下,才是适宜观看的。这种反射或传送光线的方式,在一个本身会发出亮光的球体上,并不能恰当地产生。

我现在所设想的是：太阳也许有可能是为我们提供了光亮,但它的确也是适宜居住的。我将通过虚心请教或设问的方式来对此进行探讨,以便其他人可以严谨地检验这个想法——如果他们认为这个想法值得检验的话。

问题

太阳的光芒难道不是来自围绕着太阳整个球体与其相隔一定距离的大气中的流星？难道不是这些流星照亮了太阳本身、行星以及别的星体吗？

这可能是通过两种不同的现象产生的结果,正如在我们的大气中所看到的。如果在太阳大气中发出亮光的流星区域,存在一种由太阳球体持续产生出来的足量可燃气体,燃烧就能不间断地进行下去。

无论是水或是不流动的空气(fixed air),都是通过这种燃烧过程产生的,它们会因为更大的比重(superior gravity)落到太阳上,随即有可能通过再分解(被植被分解或因别的原因分解),成为含有燃素的空气和不含燃素的空气。后者和一般大气相混合;前者由于比较轻,上升到高空,重新参与到燃烧过程中去。

在不断燃烧的情形下,燃料的消耗是非常迅速的,若非燃料通过再生产能得到充足的补给(否则燃烧不可能继续下去)。

Ⅰ.虽然光芒是非常夺目的,但比起太阳致密体处于白热状态,或是像烙铁之类的物体处于燃烧状态下,这种缺乏火焰(rare flame)的热并不算什么,在一定距离范围,它对太阳表面的动植物都不会造成什么不便。如果我们认为只有接下去提及的罕见物体,在像我们大气中这样的温度条件下,可能会产生白光,那么,在太阳致密的大气条件下,它所生成的光或许就是非常光彩夺目的。

Ⅱ. 通电的玻璃球火花四溅,但并不是很烫。在别的电学实验中,球体两端有时产生的亮光,也是同样的情形,它可能和北极光的情形是一样的,至少极光的热似乎并不很烫。

极光现象有时是非常明亮的,它的光芒扫过很大一片天区(当然它一般出现在很高的高空),难道不可以把围绕在太阳周围发亮的流星设想成一种极光(aurora borealis),它与我们所看到的极光之不同只在于,太阳光普照大地,光线持久,更密集,因此也就更明亮和更光辉夺目?

相比于我们所看到的极光的稀有、温和、在局部地区出现,太阳光的持续、耀眼和普照大地,两者的区别只在程度的不同。这种不同究竟是何原因所致,我们目前还不知晓:因为,我们至今对地球上的极光现象也还所知甚少。太阳是整个系统中最重的球体,也是引力的中心,它本身也可能是一种发光物质。这种发光物质在太阳上比在行星上要多。太阳大气更大的密度也可能对这个结果有一定的影响。

极光的颜色通常偏黄色多一些,太阳光也是同样的情形,看来这是极光和太阳光共同点的又一个论据。我们所看到的发出亮光的流星也是一样的情形。

假设太阳发光是由于流星体的缘故——如前所认为的那样,无论是通过第一种方式还是第二种方式,它将会让我们得出以下结论:

(1) 流星发出的光芒是太阳光的来源;流星和太阳表面相隔一段距离,包围着太阳这个巨大的球体。

(2) 太阳的密度因此要比目前人们所认为的要大,因为我们所看到的太阳巨大的球体包括它的大气部分。

(3) 人们有时在太阳表面观测到的黑子,是一些短暂出现的孔隙,或者也可以说是发出亮光的一些流星有时不连续在一起的缘故。从这一点也可以推知,到达太阳表面的光芒要比一开始想象中的要少,所以在太阳上观看物体和在我们地球上观看物体一样方便。

（4）当无云的时候,太阳天空的颜色可能是淡红掺白,因为同样的原因,当太阳从海面升起的时候呈红色。这是因为在光线向下照射的过程中,更多的折射光被太阳周围稠密的大气反射回来。太阳黑子,如果的确如前面所设想的,是太阳大气出现孔隙的缘故,这似乎证明了,流星发出的绝大部分光都被阻止了,没有到达太阳的表面。

（5）从太阳表面是看不到其他天体的,虽然从我们的地球表面上可以看到其他天体,从其他行星上可能也能看到。

（6）太阳表面的温度是很温和的,适宜有组织和有生气的生命体存在和繁衍;和地球上一样,太阳上也有矿物质,不过我们得设想它们和太阳的密度是相适应的。

（7）太阳和我们地球一样,有海洋,有干旱的陆地;有树木,有开阔的草原;有山,有溪谷;有雨,天气很适宜;光照和季节一样,保持恒常不变;或者,由于发出亮光的流星有时不连续露出的孔隙,(光照)在一定距离上也会出现多样性。可以想象,太阳是一个很适宜居住的地方。

（8）如果太阳发出的光亮是前面所设想的那种原因产生的,那同样的道理也可运用到别的恒星上。有些恒星比别的恒星更亮,难道不会是因为照亮它的流星比别的流星要更明亮,密度更大一些？至少在某些情况下是这样的。某种程度上与此相似的还有关于恒星发光颜色的问题,因为有的恒星可能要比另一些恒星更热;在这种情况下,恒星的颜色和热产生的效应有关,正如在前面假设Ⅲ中提到的。总体上而言,如果这些恒星和我们的太阳变得更冷一些,同样的法则也同样适用。一些恒星的光亮被发现是不太相同的。这些恒星上的流星可能是各不相同的,它们和太阳上的流星也不相同。不过,这些现象有可能只是由这些恒星的运行方式所导致的,正如天文学家们所设想的那样。

和这个论题相关的许多想法也许已经被提出了,而且可能有很多说法了。通过类比地球大气中发生的现象来进行论证,是能说服我自己的,太阳和恒星很可能与我们地球温度差不多,和我们地球一样肥沃富饶,被各种各样的生命居住着;因此,这些数目众多、体积巨大的星球,是为了更有用的目的而被创造出来的,它们对伟大造物主恩赐的回馈,远比我们目前所能想到的要更多。

原文出处:Manning, R. J. John Elliot and the Inhabited Sun [J]. Annals of Science, 1993, 50(4):361-364.

附录3　行星实际旅行幻想小说列表

作者	作品	旅行方式	年份	国别
火星题材的科幻小说				
Percy Greg	Across the Zodiac	利用反重力能量的飞行器	1880	英国
匿名作者	Politics and Life in Mars	飞行器	1883	英国
Hugh MacColl	Mr. Stranger's Sealed Packet	飞行器	1889	苏格兰
Robert Cromie	A Plunge into Space	飞行器	1890	英国
Alice I. Jones and Ella Merchant	Unveiling a Parallel	飞行器	1893	美国
Edwin Pallander	Across the Zodiac: A Story of Adventure	利用反重力能量的飞行器	1896	英国
Gustavus W. Pope	Journey to Mars	飞船	1894	美国
John McCoy	A Prophetic Romance: Mars to Earth	太空船	1896	美国
H. G. Wells	The War of the Worlds	飞行器	1896	英国
	Tales of Space and Times		1899	
Kurd Lasswitz	Auf Zwei Planeten	太空船	1897	德国
Garrett P. Serviss	Edison's Conquest of Mars	太空船	1898	美国
Louis P. Gratacap	The Certainty of a Future Life in Mars	无线电	1903	美国
Edwin L. L. Arnold	Gullivar of Mars	魔毯	1905	英国
Arnould Galopin	Doctor Omega	炮弹型太空船	1906	法国
Gustave Le Rouge	Le Prisonnier de la Planète Mars	飞行器	1908	法国
Gustave Le Rouge	The War of Vampires	飞行器	1909	法国
Alexander Bogdanov	Red Star	火箭飞行器	1908	俄国
Edgar R. Burroughs	A Princess of Mars	冥想	1911	美国

(续表)

作者	作品	旅行方式	年份	国别
Mark Wicks	*To Mars via the Moon: An Astronomical Story*	飞船	1911	英国
太阳题材的科幻小说				
Cyrano de Bergerac	*Worlds of the Moon and Sun*	飞行器	1662	法国
Sydney Whiting	*Heliondé: Or, Adventures in the Sun*	梦	1855	英国
金星、木星和土星题材的科幻小说				
Achille Eyraud	*Voyage to Venus*	飞行器	1865	法国
John J. Astor	*A Journey to Other World*	飞行器	1894	美国
John Munro	*A Trip to Venus*	飞行器	1897	英国
Gustavus W. Pope	*Journey to Venus*	飞行器	1895	美国
Fred T. Jane	*To Venus in Five Seconds*	一架用奇特材料制成的机器	1897	英国

资料来源:根据相关文献整理而得。参照了罗杰·格林的著作《另一个世界:小说中的太空飞行》中提到的一些作品。

附录4 《纽约时报》对火星交流探索的报道

日期	文章标题	报刊页码
1900年以前和火星交流的尝试		
1891-07-26	Talking with the Stars	P15
1892-08-07	Earth May Signal Mars	P5
1892-09-25	What Mars May Be	P20
1892-10-09	A Voice from Mars	P19
1892-12-18	Planetary Intercommunication	P4
1901-06-23	Signaling Mars Impossible	The New York Times Magazine Supplement, P SM23
1901-11-14	No Message from Mars	P8
被认为是来自火星的信号		
1901-01-16	The Light Flash from Mars	P1
1896-05-17	A Signal from Mars?	P26
1897-11-14	Message Perhaps from Mars	P1
1897-11-18	Wiggins on the Aerolite	P5
1903-06-19	More Signals from Mars-Projection	P8
皮克林向火星发送信号方案的相关报道		
1909-04-19	Plans Messages to Mars	P1
1909-04-21	Talk of Signals to Mars	P1
1909-04-25	Pickering's Idea for Signaling Mars	Section: Part Magazine section, P SM1
1909-04-25	See Hope in Plan of Signaling Mars	Section: The Marconi Transatlantic Wireless Dispatches, P C4
1909-04-27	Offer Money to Signal Mars	P1
1909-04-29	Not Ready to Signal Mars	P1

（续表）

日期	文章标题	报刊页码
1909-05-02	Science Seeks to Get into Communication with Mars	Section: Part Six Fashions and Dramatic Section, P X7
1909-05-02	No Possible Way at Present	Section: Part Six Fashions and Dramatic Section, P X7
1909-05-03	Way to Signal Mars	P1
1909-05-10	Earth's Signal Invisible-Student	P8
1909-05-19	Would not Be Obscured in Blaze of Reflected Sunlight	P8
1909-05-04	Signaling to Mars; Its Success Would Profoundly Stimulate Human Thought	P8
1909-05-06	Perhaps Mars Is Signaling Us	P8

托德接收火星信号方案的相关报道

日期	文章标题	报刊页码
1909-04-15	Effort to Signal Mars	P10
1909-05-02	Signals from Mars from a Balloon	P11
1909-05-07	Offer Balloon to Todd	P1
1909-05-09	Prof. Todd Discusses Signaling Mars	Section: Magazine Section, P SM3
1909-05-17	Todd Tells His Mars Plans	P9
1909-06-27	Why a Scientist Is Going up in a Balloon	Section: Part Five Magazine Section, P SM4
1909-08-12	Prof. Todd on Balloon Trip	P1
1919-07-08	Will Try to Talk to Mars	P5
1920-04-18	To Try This Week to Talk to Mars	Section: Editorial, P E1
1920-03-17	50,000-feet Ascent in Balloon Planned	P8

（续表）

日期	文章标题	报刊页码
1920-04-19	Camera to Test Sky Light	Special to the New York Times, P15
1924-08-21	Asks Air Silence When Mars Is Near	Section: Sports Automobiles, P11
1907-10-27	Something Like Human Intelligence on Mars	Section: Magazine Section, P SM3
1921-09-18	Mars Inhabited? 09-24 May Reveal It; Those "Signals" from Mars	Section: Editorial, P25

特斯拉向火星发送信号方案的相关报道

日期	文章标题	报刊页码
1904-03-27	Cloud-Born Electric Wavelets to Encircle the Globe	P12
1907-06-23	Can Bridge the Gap to Mars	P6
1909-05-23	How to Signal to Mars	P10
1937-03-11	Sending of Messages to Planets Predicted by Dr. Tesla on Birthday	Section: General News, Obituaries, Shipping and Mails, P29

马可尼向火星发送信号的相关报道

日期	文章标题	报刊页码
1920-01-28	Astronomer Thinks Mars Could Signal	P5
1920-01-29	Marconi Testing His Mars Signals	P1
1920-01-30	Marconi's Future Tests	P18
1920-01-30	Suggests Venus Is Source of Signals	P18
1920-01-30	First Mars Message Would Cost Billion	P18
1920-01-31	Opposing Views on Mars Signals	P24
1920-02-01	Might Talk to Mars on Waves of Light	Section: News-Financial, P E1
1920-02-04	Lodge's Signal to Mars	P13

（续表）

日期	文章标题	报刊页码
1920-02-09	Believe Marconi Caught Sun Storms	P2
1920-04-21	Radio Expert Hopes to Get Mars Signal	P17
1920-04-22	Listens for Mars Signal-Millener	P2
1920-04-23	No Sound from Mars Greets Experimenters	P17
1921-09-02	Marconi Sure Mars Flashes Messages	P1
1921-09-03	Messages from Mars Scouted by Experts	P4
1922-06-16	No Mars Message Yet, Marconi Radios	P15

资料来源：根据《纽约时报》上的相关报道整理而成。

附录5 新西兰当地报纸对火星交流探索的报道

日期	标题	报刊	出处
1900年以前和火星交流的尝试			
1892-10-06	A Visit to Mars	*Otago Witness*	Issue 2015, P43
1892-09-07	Signalling the Planet Mars	*Taranaki Herald*	Vol. XLI, Issue 9489, P2
1887-02-11	News from Mars	*Otago Witness*	Issue 1838, P32
1887-04-02	How We May Telegraph to the Moon	*Te Aroha News*	Vol. IV, Issue 197, P7
1892-04-02	Signalling to Other Stars	*Evening Post*	Vol. XLIII, Issue 79, P1（Supplement）
1892-08-17	Planet Mars	*Hawera & Normanby Star*	Vol. XVIII, Issue 3201, P2
1893-06-24	Signalling Mars	*Evening Post*	Vol. XLV, Issue 147, P1
1894-10-13	A Strange Light on Mars	*Evening Post*	Vol. XLVIII, Issue 90, P2
1897-01-16	Interplanetary Signalling	*Hawera & Normanby Star*	Vol. XXXIV, Issue 3447, P4
1899-10-19	"Hello, Mars!"	*Otago Witness*	Issue 2380, P61
来自火星的信号？			
1894-12-21	The Strange Light on Mars	*Bay of Plenty Times*	Vol. XXII, Issue 3210, P7
1903-06-03	Is Mars Signalling the Earth?	*Tuapeka Times*	Vol. XXXIV, Issue 5068, P3
1903-06-10	The Mars Projection	*Otago Witness*	Issue 2569, P17
1902-08-04	A Message from Mars	*Hawera & Normanby Star*	Vol. XLII, Issue 7531, P4
皮克林的火星交流方案			
1909-06-02	Signals to Mars	*Evening Post*	Vol. LXXVII, Issue LXXVII, P4

（续表）

日期	标题	报刊	出处
1909-06-16	A "Message from Mars"	*Taranaki Herald*	Vol. LIV, Issue 13139, P3
1909-06-24	Signals Mars	*Hawera & Normanby Star*	Vol. LVI, Issue LIV, P3
1909-08-17	Signalling Mars	*Grey River Argus*	P4
1909-09-18	Signals to Mars	*Taranaki Herald*	Vol. LV, Issue 14013, P6
1909-10-07	A Visit from Mars	*Evening Post*	Vol. LXXVIII, Issue 87, P13
1909-10-09	Signaling to Mars	*Evening Post*	Vol. LXXVIII, Issue 87, P10
1909-10-20	A Message from Mars	*Grey River Argus*	P4
1909-10-25	Signaling to Mars	*Hawera & Normanby Star*	Vol. LVX, Issue LVI, P3
1909-11-20	Is Mars Signaling	*Wanganui Herald*	Vol. XXXXIV, Issue 12929, P7

托德的火星交流方案

日期	标题	报刊	出处
1909-06-28	Signaling to Mars, Novel Balloon Station	*Evening Post*	Vol. LXXVIII, Issue 151, P2
1909-06-03	Signaling to Mars	*Hawera & Normanby Star*	Vol. LIV, Issue LIV, 3 July 1909, P3
1909-07-14	Signaling to Mars	*Otago Witness*	Issue 2886, P43
1909-08-17	Signaling to Mars	*Grey River Argus*	P4

特斯拉向火星发送信号的方案

日期	标题	报刊	出处
1901-01-05	A Startling Discovery	*Grey River Argus*	Issue 10520, P3
1901-01-05	A Startling Theory	*Hawera & Normanby Star*	Vol. XV, Issue 7102, P2
1901-01-07	Strange Scientific Phenomenon	*Bay of Plenty Times*	Vol. XXIX, Issue 4096, P2

(续表)

日期	标题	报刊	出处
1901-01-09	Signals from Mars	*Otago Witness*	Issue 2443, P13
1901-04-17	Communicating with Mars	*Otago Witness*	Issue 2456, P10
1901-05-29	Talking with the Planets	*Otago Witness*	Issue 2463, P65
1901-09-16	A Message from Mars	*Grey River Argus*	Vol. LVIII, Issue 10520, P3
1901-09-26	Signals to Mars	*Hawera & Normanby Star*	Vol. XVIII, Issue 7314, P3
1902-04-03	More Signalling to Mars	*New Zealand Tablet*	Vol. XXX, Issue 14, 3 April 1902, P17
1907-12-27	A Message to Mars	*Taranaki Herald*	Vol. LIV, Issue 13593, P5
1907-12-28	A Message to Mars	*West Coast Times*	Issue 14304, P2
1908-01-01	A Message to Mars	*Otago Witness*	Issue 2807, P25
1908-01-04	Ring off! Nikola Tesla's Message to Mars	*New Zealand Free Lance*	Vol. VIII, Issue 392, P6
1908-01-08	A Message to Mars	*Wanganui Herald*	Vol. XXXXII, Issue 12362, P6
1908-01-14	A Message to Mars	*Taranaki Herald*	Vol. LIV, Issue 13606, P7
1908-02-20	Signalling to Mars	*New Zealand Tablet*	Vol. XXXIV, Issue 7, P33
1908-03-03	Is Mars Inhabited	*Wanganui Herald*	Vol. XXXXII, Issue 12405, P4

马可尼的火星交流方案

日期	标题	报刊	出处
1903-05-30	A Message from Mars	*Taranaki Herald*	Vol. L, Issue 12269, P5
1906-04-14	Maconi's Midnight "Message from Mars"	*Evening Post*	Vol. LXXI, Issue 88, P13
1906-05-22	A Message to Mars	*Taranaki Herald*	Vol. LIV, Issue 13170, P6

（续表）

日期	标题	报刊	出处
1906-07-24	What We Are Coming to	*Hawera & Normanby Star*	Vol. LI, Issue 9150, P2
1907-01-05	Marvellous Men of Mars	*Taranaki Herald*	Vol. LIV, Issue 13365, P3
1920-01-30	News from Nowhere for Londoners	*Grey River Argus*	P3
1920-02-02	Messenger from Mars	*Grey River Argus*	P3
1920-02-11	More than Mars in It!	*Grey River Argus*	P5
1920-04-24	Mars Mute!	*Grey River Argus*	P5
1920-04-27	Marconi Explains Message from Mars	*Grey River Argus*	P3

资料来源:根据新西兰报纸上的相关报道整理而成。

附录6　1960年至2007年实施的主要SETI项目

计划	实施年份	发起方	观测配置及范围
奥兹玛计划 (Project Ozma)	1960	康奈尔大学	直径为25米的射电天文望远镜
"大耳朵"(Big Ear)	1963	俄亥俄州立大学	使用装备了抛物面镜的平面(flat-plane)射电望远镜,扫描宇宙中的无线电信号
赛克罗普斯计划 (Project Cyclops)	1971	NASA新成立的SETI研究中心	带有1 500个碟形天线的置地式射电天文望远镜
SERENDIP Ⅰ	1979	加利福尼亚大学	100个频道的光谱分析能力
SERENDIP Ⅱ	1986—1988	加利福尼亚大学	每秒能观测65 000个频道
SERENDIP Ⅲ	1992—1996	加利福尼亚大学	每1.7秒能检测4 200 000个频道
SERENDIP Ⅳ	1997—	加利福尼亚大学	每1.7秒能检测168 000 000个窄带频道
SETI@home	1999—	加利福尼亚大学伯克利分校	全球分布式计算
"哨兵"计划 (Sentinel)	1983—1985	哈佛大学	具有扫描131 000窄带频道的能力
百万频道地外文明搜索计划(META)	1985—1999	哈佛大学	能够同步对8 400 000个频道进行扫描分析
微波观测计划 (MOP)	1992—1993	美国政府	计划对800颗特定临近星体实施"目标搜索",同时用望远镜进行一般"天空观测",扫描整个天区
千万频道地外文明搜索计划(BETA)	1995—1999	哈佛大学	能够同步接收250 000 000个频道的信号,并对其进行扫描分析
凤凰计划 (Project Phoenix)	1995—2004	加利福尼亚州山景市SETI协会	通过可利用频道,观测了从1 200 MHz到1 300 MHz频率区间内的800颗星体
艾伦望远镜阵列 (Allen Telescope Array)	2007年完成	SETI协会和加利福尼亚大学伯克利分校的射电天文实验室合作项目	其灵敏度将与直径超过100米的单个巨型碟形射电天文望远镜相当

附录7 科幻电影中人类与地外文明接触后果的设想

电影名称	国别	出品年份	接触后果
《地球停转之日》(The Day the Earth Stood Still)	美国	1951	善意
《世界之战》(The War of the Worlds & War of the Worlds)	美国	1953 2005	恶意
《掘墓人的进攻》(Invasion of the Body Snatchers)	美国	1956	善意
《九号行星外层空间计划》(Plan 9 from Outer Space)	美国	1959	恶意
《2001:太空奥德赛》(2001: A Space Odyssey)	美国	1968	善意
《索拉里斯星》(Solaris)	苏联 美国	1972 2002	无法沟通
《第三类接触》(Close Encounters of the Third Kind)	美国	1977	善意
《异形ⅠⅡⅢⅣ》(Alien Ⅰ Ⅱ Ⅲ Ⅳ)	美国	1979,1986, 1992,1997	恶意
《外星人》(E. T.)	美国	1982	善意
《2010:超时空出击》(2010: The Year We Make Contact)	美国	1984	善意
《接触》(Contact)	美国	1985	善意
《火星人进攻》(Mars Attacks!)	美国	1996	恶意
《独立日》(Independence Day)	美国	1996	恶意
《第五元素》(The Fifth Element)	美国	1998	善意
《银河访客》(Galaxy Quest)	美国	1999	恶意
《火星任务》(Mission to Mars)	美国	2000	善意
《冒名顶替》(Impostor)	美国	2002	恶意
《劫持》(Taken)	美国	2002	善意
《第九区》(District 9)	美国	2009	地球人的恶意
《阿凡达》(Avatar)	美国	2009	地球人的恶意

资料来源:对相关题材电影作品进行搜集整理而得。

附录8 15年3堂算术课

星际航行：一堂令人沮丧的算术课

江晓原

一万年太久，只争朝夕

霍金最近心血来潮，就地外文明、外星人等话题发表了意见，引发了媒体对此类话题的很大兴趣。话题之一，就是关于人类进行星际航行的可能性。

与地外文明话题联系在一起的"星际航行"，当然不包括在我们太阳系中进行的行星际航行——这种航行人类已经能够进行，尽管目前还只能在离地球不太远的地方（比如火星）稍转一转。由于到目前为止从未发现我们太阳系之内有别的文明，所以与地外文明联系在一起的"星际航行"总是指在恒星之间的航行。要讨论这样的星际航行，我们可以先从非常简单的算术开始思考。

通常人们都愿意从离太阳系最近的一颗恒星——半人马座的比邻星——开始思考，比邻星距离我们太阳系4.3光年，也就是说，以光速从地球到比邻星要运行4.3年。那么目前人类实际能够达到的最高星际航行速度是多少呢？

从地球上飞出太阳系所需要的"第三宇宙速度"，人类已经能够实际达到，因为我们相信已经有航天器能够飞出太阳系（到底有没有飞出，其实很难确证），这个速度是16.7千米/秒。注意，这个速度连光速（300 000千米/秒）的万分之一都不到。当然，按照常理，在此基础上再努力一下，增加一倍左右，达到30千米/秒，应该说还是不太离谱的。

如果我们以30千米/秒（光速的万分之一）的速度飞向比邻星，至少需要43 000年。

如果我们能够达到3 000千米/秒（光速的百分之一），飞到比邻星至少需要430年（这里完全忽略了飞船出发后加速、到达前减速之类的过程所需要的附加时间）。但这个速度对人类目前的科技能力来说已经是遥不可及了。

其实，在不少问题上，430年和43 000年是一样的。比如，这都大大超出了人类的正常寿命，也大大超出了机器的工作寿命（至少到现在为止，人类还没有机会实际考察任何现代机器设备能否安然工作400年，更不用说宇宙飞船这样极度复杂的系统了）。

我个人觉得还有一个更大的问题，那就是，任何在地球上的人们有生之年看不到结果的实验、考察、探险等活动，虽然在理论上可以进行，但实际上人们总会意识到它对自己已经毫无意义，所以很难设想这样的活动会得到实施。

也许正是考虑到了这一点，英国皇家宇航学会在20世纪70年代进行的星际航行模拟研究"Daedalus工程"（希腊神话中Daedalus造了翅膀逃出迷宫），设想的飞行速度是30 000千米/秒（光速的十分之一），这在此后许多关于星际航行的假想中被视为一个重要"门槛"。之所以考虑采用这个"门槛"，也许和上面提到的心理有关——如果花43年飞到比邻星，再等4.3年让无线电报告传回地球，这样在我们有生之年（半个世纪内）还可以得到探险结果。

上穷碧落下黄泉，两处茫茫皆不见

星际航行是一个美丽的梦想，它既可以在当代科学主义纲领下不顾一切地被追求（现今人类的许多航天活动就是这样），也可以从古代纯粹的人文情怀中得到共鸣——《长恨歌》中那个道士还"排空驭气奔如电，升天入地求之遍"呢。所以，尽管人类目前实际能够达到的航行速度只有光速的万分之一量级,但这并不妨碍科学家对星际航行展开丰富、系统而且大胆的想象。

这种想象已经提出了多种方案,大体可以分为两条路径。

一条路径是接受目前只能"慢速航行"的现实,考虑千百万年的长期航行。这样的航行必将面临一系列难以克服的困难。

首先是燃料从何处提供?目前人类都是采用固体、液体或气体燃料来驱动飞船,但是飞船出发时不可能携带43 000年的燃料,目前也没有任何在中途添加燃料的能力。想象中的核动力也难以维持如此之长的年代。其次是机器设备的工作寿命,迄今为止还没有一架航天器持续工作过50年,43 000年谁敢指望?

这还只是考虑无人航天器,如果载人,则宇航员要么"冬眠",那飞船上的支持系统能工作千万年而不出差错吗?电影《2001太空漫游》中冬眠宇航员因生命维持系统遭电脑切断而被"谋杀"的命运如何避免?要么在飞船上传宗接代,那这飞船就要被建设成一个小型的地球,这就更没谱了。况且还有近亲繁殖问题。

另一条路径当然是从加快航行速度上来着手,只要速度足够快,就可以消解上一条路径中的大部分困难。这时"Daedalus工程"中的十分之一光速"门槛"就经常会被用到。已设想的至少如下几种重要方案:

核聚变发动机。这正是"Daedalus工程"本身所设想的方案,它用的是氢的同位素氘和氦-3聚变,这样就无需用水来冷却发动机,但是方案所需的数千吨氦-3,只能到木星上去提取。所以这只是史诗般的假想,用来拍科幻电影可以,要实施的话目前人类根本没有这样的能力和财力。

反物质发动机。欲将物质转换成为能量,目前所知最有效者,莫过于物质与"反物质"的相遇湮灭,能够释放出巨大能量。如果想把1吨重的设备,在50年内送到比邻星,初步的计算表明,需要1.2千克反物质。但是目前人类的技术能力,在这方面还差得太远。关于反物质发动机在技术上离我们有多远,只要提到一个事实就够了:反物质不能存放在任何有形容器中(因为任何有形容器都是物质,两者一相遇就要湮灭爆炸),它只能被悬空拘束在一个真空磁场中。在丹·布朗的小说《天使与魔鬼》中,他只敢想象1克的反物质。而事实上,以人类现有的科技能力,哪怕只生产1毫克(1克的千分之一)反物质,也会耗尽全世界的能源。

光帆飞船。它很容易在公众心目中唤起诗意的联想,但是真要实施的话,技术上的困难是骇人听闻的。飞船的光帆将大到数十平方千米,厚度则只有16纳米(1毫米的十万分之一多一点)。这样的帆怎样张开?更别说还要操纵它了。还需要在土星和天王星之间的某个位置建造巨大的太阳能—激光转换器,设想中该转换器直径竟达1千米,据说射出的激光束可以远至40光年也不发散……不过,这个宏伟的方案真要实施的话,它的能量消耗将是现今整个地球生产能力的几万倍。

何以解忧,唯有虫洞?

上面这些史诗般的狂想方案中,基本上都没有考虑人。人类向外太空的探险行动,最先派出无人飞船当然可以,但最终总要派人去到彼处才行。而一旦考虑了人的因素,立刻出现两方面的困难。

首先是生理上的问题。在"Daedalus工程"类型的方案中,要求飞船的巡航速度达到光速的十分之一,即每秒30 000千米,这必然有一个现今难以想象的加速过程,人体瞬间能够承受多大的加速度?对某种加速度又能够持续承受多长时间？在民航客机起飞和降落时，这么一点点加速度就会使某些乘客不适甚至发病。宇宙飞船如果急剧加速，说不定刚起飞不久宇航员就七窍流血而死了。

其次是心理上的问题。如果奉派飞往比邻星，以光速的十分之一巡航，这对宇航员来说意味着什么？43年如一日在船舱里，到了比邻星后，即使能够顺利返回地球，那至少也得86年以后了——这其实就是终身监禁啊！世间有几人能够承受？

人类星际航行的真正出路，恐怕只能是目前谁也没见过的虫洞了。

原载《新发现》杂志2010年第9期，科学外史(51)

地球2.0？又一堂令人沮丧的算术课

江晓原

刚好在整整5年前，我在本专栏写过一篇《星际航行：一堂令人沮丧的算术课》（载本刊2010年第9期）。最近关于"发现另一个地球"的新闻甚嚣尘上，我稍微关心了一下，顺便又备了一堂算术课，忍不住要和读者分享一回。

"发现另一个地球"是什么意思？

当媒体使用"发现了另一个地球"或"地球2.0"这样的措辞时，在普通公众心目中唤起的想象，通常是这样的：天文学家在某处找到了一颗行星，那颗行星上的环境和地球相当类似，比如有大气层，有液态水，有和地球上相似的四季和温度，有距离远近合适的恒星作为它的太阳……

但在想象这种前景之前，我们必须先搞清楚，"发现了另一个地球"到底是什么意思？是我们听到这个说法时通常想象的意思吗？

寻找类地行星的事情，其实一直有天文学家在做，也时不时要想办法在媒体上说一说。这次是NASA高调宣布的，它的"开普勒"太空望远镜发现了一颗类地行星，命名为"开普勒452b"。按照最近公布的数据，"开普勒452b"年龄约60亿岁，公转周期385天，质量"可能是地球的5倍"，据说它的"与地球相似指数"高达0.98。

但是，千万不能轻易相信这些看起来头头是道的数据，也不要因为它们是NASA公布的就顶礼膜拜，因为还有一个致命的数据不声不响夹在中间。我一听说这次"发现了另一个地球"，首先就找这个数据："开普勒452b"离地球多远？目前的数据是——1 400光年。

先回顾一下冥王星的故事吧

1 400光年意味着什么？正巧最近冥王星也非常热——尽管在物理上它是一颗"极度深寒"的星球，那我们就拿冥王星的故事当作标尺来用用吧。

1 400光年，就是说以光速（每秒30万千米）运行，需要1 400年。而冥王星作为太阳系较为边远的天体，它离太阳的距离，以光速运行大约需要5个半小时。这里就需要开始上算术课了：1 400年 = 365×24×1 400 = 12 264 000小时，也就是说，"开普勒452b"离地球的距离，是冥王星离太阳距离的12 264 000÷5.5 = 2 229 818倍，或者更粗略些说，"开普勒452b"离我们的距离是冥王星离我们距离的200多万倍。

考虑到冥王星距离太阳是地球和太阳平均距离的大约40倍，在谈论"开普勒452b"和我们的距离，或冥王星和我们的距离时，为了方便，我们其实已经可以忽略地球和太阳之间的平均距离（1个天文单位）。这样我们就知道，如果说"开普勒452b"是地球在远方的"大堂兄"或"大表哥"，则冥王星简直就像和我们紧挨着的近邻。

那么我们就来看一看，我们对于冥王星这个紧挨着的近邻，究竟知道了多少。

通常我们关注某颗行星，特别重要的是它的这几个参数：尺度、质量、公转周期、与地球的距离。

冥王星是1930年发现的，1980年出版的《中国大百科全书·天文学》告诉我们，冥王星的尺度"至今仍未定准"，最初定为6 400千米，后来给出的下限是2 000千米，当时常采用2 700千米的说法。现在较新的数据是2 370千米，前后相差2.7倍。

冥王星的质量，在1971年以前被定为0.8地球质量，但到1978年被确定为0.002 4地球质量,前后相差333倍。

只有冥王星的公转周期,前后说法相当一致,约248年,但要注意,从冥王星被发现迄今,它只运行了公转周期的三分之一,天文学家还远远没有见证它绕着太阳走完一圈,所以修正的余地仍然存在。

我们对冥王星的探测已经超过85年,2015年7月14日,"新视野号"探测器已经从冥王星身边掠过,但我们对这颗"肮脏的冰球"所知仍然极为有限。想一想,对于比冥王星更遥远200多万倍的"开普勒452b",天文学家能知道多少?他们有多大的依据可以断定这是"另一个地球"?

另外,NASA又是用什么手段"发现"了"开普勒452b"的呢?听起来也玄得很,他们的方法是"凌星法"。"凌星法"本来并不玄,比如当金星运行在地球和太阳之间时,有时会在日面上呈现一个微小的黑点,这就是所谓"金星凌日"。但是对于一颗比冥王星还要遥远200多万倍的恒星来说,是不可能有"日面"的——它无论在多大的望远镜中都只能呈现为一个光点,这种情况下有行星"凌日"能让我们"看见"什么呢?据说这会导致望远镜中那颗恒星的亮度出现极为微弱的变化,NASA的科学家就是根据这一点"发现"了"另一个地球"的,这究竟能有几分靠谱,你自己去估摸吧,反正能造成遥远恒星在望远镜中呈现亮度微弱变化的原因,还有好多种呢。

科学界这些镜花水月的发现啊!

30多年前,有一本《物理世界奇遇记》,在中国理科大学生中红极一时,书中有一句虚构的台词:好莱坞这些粗制滥造的电影啊!是我们同学经常在开玩笑时要拿来用的。现在,一句模仿的感叹,经常在我脑海中盘旋:科学界这些镜花水月的发现啊!

近年一系列科学新闻，都有某些共同之处。从言犹在耳的"原初引力波"，到此次"另一个地球"，中间还穿插着小一些的新闻，诸如在火星上"可能有水"啦（注意，在无法判断那上面到底有没有水的情况下，科学家们总是说"可能有水"而从不说"可能没水"），冥王星上的"大平原"或"氮河"啦……科学家们经常急不可待地将一些捕风捉影的、只是猜测的"重大科学新闻"向媒体兜售，有时学术论文还没有正式发表，就先向大众媒体和科普杂志披露，甚至不惜过一段时间后再向大众媒体和科普杂志表示先前披露的重大新闻"那是一个错误"（所谓的"原初引力波"就是这样）。

有些媒体和记者还喜欢跟着激动——至少是在文章和报道中装作很激动的样子，比如这次的"开普勒452b"，竟然被说成是"科学发现改变三观"，甚至提升到"为万世而未雨绸缪"这样的骇人高度。这恐怕已经是"刻奇"（Kitsch）了，当心过几天NASA的科学家又出来轻描淡写地对你说"那是一个错误"啊！

那么"开普勒452b"到底有什么意义呢？老老实实看只能有两个：一、也许这样的行星上会有和我们人类类似的高等智慧生物和高等文明。二、也许将来我们地球人类可以移居到这样的行星上去。

我们从小在教科书上读到的是：生命产生的基本条件是要有阳光、空气和水。这个说法并没有错，但它只是从地球这个唯一样本"归纳"出来的。常识告诉我们，只靠一个样本根本无法形成基本意义上的"归纳"，但这一点在我们谈论生命、高等智慧、行星环境之类的问题时，却经常被遗忘。比如，为什么不能想象一种无需呼吸空气或无需阳光和水的生命形态？如果我们同意还可以有其他多种形态的生命或文明，那就将不得不同意，在千千万万个天体上都有可能存在生命，或存在高等文明。这样，"发现另一个地球"的第一个意义就被消解了。第二个意义更加镜花水月,只要想想"开普勒452b"离我们1 400光年就知道了,以人类现有的航天能力,飞往那里大约需要2 000万年(参见上一堂算术课)。

其实"发现另一个地球"还有第三个意义,倒是相当现实的——NASA近年来一直受到削减经费的困扰,它迫切需要增加各方对它的关注。

原载《新发现》杂志2015年第9期,科学外史(111)

地球流浪之后:第三堂令人沮丧的算术课

江晓原

我已在本专栏分享过两堂"令人沮丧的算术课",第一堂关于星际航行(本刊 2010 年第 9 期),第二堂关于类地行星(本刊 2015 年第 9 期),这次是第三堂了。

从《流浪地球》的故事结尾说起

我很早就指出,当代绝大部分科幻作品中的未来世界都是黑暗的,要解释这个事实形成的原因并非易事,也不是本文的任务,但这个事实本身是无可置疑的。后来有人问我:《流浪地球》的结尾算不算光明?

确实,从故事情节来看,《流浪地球》的结尾似乎是光明的——地球终于摆脱了木星的致命引力,踏上了流浪征途。这至少也可以算一个开放或中性的结尾吧?

但是,如果我们从现有的科学知识出发,试着展望一下,地球踏上流浪征途之后,将要面临的生存环境,就不难知道,这将是一段暗无天日的地狱之旅,如果打算用成语"九死一生"来形容,这个成语必须改成"万死一生"!

在刘慈欣小说原著中,有一处很少被人注意到的细节:"地球大气已经消失,……我看到地面上布满了奇怪的黄绿相间的半透明晶块,这是固体氧氮,是已冻结的空气。"而在电影《流浪地球》中,这个细节被毫不犹豫地省略了。这不奇怪,因为世界上几乎所有的科幻影片对于行星大气问题都采取了"视而不见"的态度——首先是男女主角们不可能长时间穿着带头盔的宇航服演戏;其次,人类迄今并未解决过任何星球的大气问题,所有关于制造或改造行星大气之说,都只是纯粹理论上的设想。

然而,恰恰是这个被影片省略的细节,对于流浪地球来说是致命的。

大气冻结成晶块,是因为离开太阳系之后,地球所处的外部环境就是接近绝对零度的严寒世界,所以大气无法再保持为气态了。如果说气态地球大气好比地球的一件保暖羽绒衣,那么冻结成晶块的大气就好比羽绒衣湿透后又结成了冰——它再也不具备任何保暖功能了。换句话说,地球将长期在-270℃左右的严寒中裸奔了!

我们的第三堂算术课,就从这里开始。

全球总能耗和地球所获太阳能总量的估算

首先我们要估算流浪地球处在匀速巡航时每年需要耗费的总能量,为此我们先要得知目前地球每年的总能量消耗。

据《世界能源统计年鉴2019》的数据:2018年全球一次能源消费总量达到138.65亿吨油当量,即**198亿吨标准煤**,同比增长2.9%。这个数字当然是逐年增长的,比如在2003年大约是146亿吨标准煤。

但是198亿吨标准煤这个数据有什么意义呢?在我们这次的算术课中,它的意义必须在和另一个数据的对照中才能显现。

我们知道,地球上所有能源,包括煤炭、石油、太阳能,归根结底都来自太阳,煤炭石油可以视为太阳能在漫长岁月中的转换和存储而已。因此我们需要估算我们地球每年能够从太阳得到多少能量。

我试了一晚上,不得不认为,要想从网上直接找到正确答案,几乎是不可能的。网上的数值五花八门,但几乎都是错的。尽管对于一个极为巨大的数值来说,差个十倍百倍甚至一万倍似乎已经无关紧要了，反正读者知道这是一个巨大的数量即可。但对于我们这次的算术课来说，因为最后要归结到一个并不太巨大的数值上，所以还是需要准确。

为了解决这个问题，我决定从头开始。

天文学家提供了一个基本数据：太阳常数。这个常数有多种表达方式，数值也有小幅出入，但在这次的算术课中，这个数值的小幅出入倒是无关宏旨。这里我们取《中国大百科全书·天文学》中的数值：**太阳常数=1.97卡（厘米^2/分）**，意思是太阳每分钟向地球所在位置的1平方厘米面积上投射1.97卡的能量。我们先做一点换算：

因为1克标准煤=7 000卡，所以太阳常数=1.97卡（厘米^2/分）=19 700卡（米^2/分）=（19 700/7 000）克标准煤（米^2/分）=（19 700/7 000）吨标准煤（千米^2/分）。

地球的截面积是127 400 000 千米^2，这里"截面积"并不是地球的球形表面积，而是将地球视为一个圆面的面积。于是有：

（19 700/7 000）×127 400 000×60×24×365.242 2

=188 573 671 278 720 吨标准煤（每年）

即太阳每年向地球投射的总能量约相当于**189万亿吨标准煤**。

这样我们就知道：**地球目前的全年能耗总量，只相当于太阳投射到地球的总能量的约万分之一**（198/1 885 736）。这个全球总能耗中，太阳能利用只占很小一部分。

流浪星舰在技术上确实更合理

也许有人会认为，既然我们只使用了太阳能中的极小一部分，那么当地球踏上流浪之旅后，我们也只需在目前全球能耗总量的基础上来考虑流浪地球所需要的能量。但这是一个大错特错的想法。

前面说过，地球的气态大气好比地球的一件保暖羽绒衣，但是更重要的是，当地球有这件羽绒衣的时候，它恰恰还沐浴在太阳的光辉下！

虽然地球上目前的全球总能耗只有地球所获太阳能的约万分之一，但那一万倍于地球能耗的太阳能，其实并非对地球环境毫无贡献，恰恰相反，这部分太阳能对现今的地球环境作出了极为重要的贡献——正是太阳温暖着地球，不仅没有让地球处在漫漫寒夜中，而且还让地球保持了大气这件羽绒衣。

所以，一个非常直接的推论是：**地球踏上流浪之旅后，如果我们还想保持地球现今的生态环境，我们每年就需要耗费现今地球全年总能耗约一万倍的能量！**

当然，流浪之旅嘛，大家都应该勒紧裤带过艰苦日子，不能再像以前那样奢侈了。那我们就听任大气层消失，大家躲入地下生活。在这种情况下，以现在全球每年198亿吨标准煤的能耗，还能不能长期维持呢？答案是：非常困难。

流浪地球在失去"羽绒衣"的同时，也失去了日照，地球从此不再有四季和昼夜，只能永远在接近绝对零度的无边寒夜中裸奔。地底的人类为了生存，肯定需要耗费巨量能源用于加温。如果人类还以类似现在的状态生存，地下环境至少要保持在10℃—20℃左右。这时内外温差将达到280℃以上，巨大的温度梯度一定会使地下环境急剧散热，无论采取怎样极端的隔热保温措施，不持续耗费巨量能源，地下环境就不可能达到温度的动态平衡，所以198亿吨标准煤的年能耗很可能远远不够。

同时，由于失去了太阳，地球也就失去了一切外来能源，只能靠地球上的存量能源来维持人类生存了。煤炭和石油很快就会耗竭，接下去只能指望核能了。如果人类及时掌握了聚变核能,那也许还有些希望。不过现有研究表明,一个很不幸的事实是:尽管氢在宇宙中是最丰富的元素,但它在地球上却偏偏占比非常小。

所以人类更合理的逃亡方案,其实正是小说原著中被否定的"飞船派"主张:建造若干巨型星际战舰,人类组成流浪舰队。这样环境建设和能源使用都能更为科学,支撑时间可以更长。万一路上有机会掠夺别的星球上的战略物资(比如氢)时,也更有战斗力。

原载《新发现》杂志2020年第8期,科学外史(170)

参考文献

1. [英]米歇尔·霍斯金.剑桥插图天文学史[M].江晓原,关增建,钮卫星,译.济南:山东画报出版社,2003.
2. [法]卡米拉·弗拉马利翁.大众天文学[M].李珩,译.北京:科学出版社,1965.
3. [美]西蒙·纽康.通俗天文学[M].金克木,译.北京:北京联合出版公司,2012.
4. [古希腊]亚里士多德.论天[G]//亚里士多德全集(第二卷).苗力田,译.北京:中国人民大学出版社,1991.
5. [意]伽利略.关于托勒密和哥白尼两大世界体系的对话[M].周煦良,等,译.北京:北京大学出版社,2006.
6. [德]开普勒.世界的和谐[G]//[英]斯蒂芬·霍金.站在巨人的肩上:物理学和天文学的伟大著作集.沈阳:辽宁教育出版社,2005.
7. [美]诺夫乔伊.存在巨链:对一个观念的历史的研究[M].张传有,高秉江,译.南昌:江西教育出版社,2002.
8. [英]艾玛·阿里斯特·达·芬奇笔记[M].郑福洁,译.北京:生活·读书·新知三联书店,2007.
9. [英]约翰·克卢特.彩图科幻百科[M].陈德民,魏华,罗汉,等,译.上海:上海科技教育出版社,2003.
10. [美]马克·吐温.康州美国佬在亚瑟王朝[M].何文安,张煤,译.南京:译林出版社,2002.

11. [美]加来道雄.超越时空:通过平行宇宙、时间卷曲和第十维度的科学之旅[M].刘玉玺,曹志良,译.上海:上海科技教育出版社,1999.

12. [英]埃德温·艾勃特.平面国[M].朱荣华,译.南京:江苏人民出版社,2009.

13. [美]丹尼斯·奥弗比.恋爱中的爱因斯坦:科学罗曼史[M].冯承天,涂泓,译.上海:上海科技教育出版社,2005.

14. [奥]约翰·卡斯蒂,[奥]维尔纳·德波利.逻辑人生:哥德尔传[M].刘晓力,叶闯,译.上海:上海科技教育出版社,2002.

15. [美]基普·S.索恩.黑洞与时间弯曲[M].李泳,译.长沙:湖南科学技术出版社,2005.

16. [美]凯伊·戴维森.展演科学的艺术家:萨根传[M].暴永宁,译.上海:上海科技教育出版社,2003.

17. [美]基普·S.索恩.物理定律容许有星际旅行蛀洞和时间旅行机器吗?[M]//[美]耶范特·特奇安,[美]伊丽莎白·比尔森.卡尔·萨根的宇宙:从行星探索到科学教育.上海:上海科技教育出版社,2000.

18. [法]约翰-皮尔·卢米涅.黑洞[M].卢炬甫,译.长沙:湖南科学技术出版社,2000.

19. [美]迈克尔·克莱顿.重返中世纪[M].祁阿红,闫卫平,王晓冬,译.南京:译林出版社,2000.

20. [美]劳伦斯·克罗斯.星球旅行的奥秘[M].董成茂,译.北京:中国对外翻译出版公司,2001.

21. [俄]伊戈尔·诺维科夫.时间之河[M].吴王杰,陆雪莹,闵锐,译.上海:上海科学技术出版社,2001.

22. [俄]伊戈尔·诺维科夫.我们能改变过去吗?[G]//[英]史蒂芬·霍金,等.时空的未来.长沙:湖南科学技术出版社,2005.

23. [美]杰弗里·兰迪斯.狄拉克海上的涟漪[J].科幻世界,2002,10.

24. 王浩.哥德尔[M].康宏逵,译.上海:上海译文出版社,2002.

25. K.S.索恩.时空弯曲与量子世界:对未来的思考[G]//[英]史蒂芬·霍金,等.时空的未来.长沙:湖南科学技术出版社,2005.

26. [美]卡尔·萨根.外星球文明的探索[M].张彦斌,王士先,金纬,译.上海:上海科学技术文献出版社,1981.

27. [波兰]斯坦尼斯拉夫·莱姆.索拉里斯星[M].陈春文,译.北京:商务印书馆,2005.

28. [英]斯蒂芬·韦伯. 如果有外星人,他们在哪[M]. 刘炎,萧耐园,译. 上海:上海科技教育出版社,2019.

29. 刘慈欣. 三体Ⅱ[M]. 重庆:重庆出版社,2008.

30. [波兰]斯坦尼斯拉夫·莱姆. 完美的真空[M]. 王之光,译. 北京:商务印书馆,2005.

31. [古罗马]卢克莱修. 物性论[M]. 方书春,译. 北京:商务印书馆,1999.

32. [古希腊]柏拉图. 蒂迈欧篇[M]. 谢文郁,译. 上海:上海人民出版社,2005.

33. [美]托马斯·库恩. 哥白尼革命:西方思想发展中的行星天文学[M]. 吴国盛,张东林,李立,译. 北京:北京大学出版社,2003.

34. [英]G. E. R. 劳埃德. 古代世界的现代思考:透视希腊、中国的科学与文化[M]. 钮卫星,译. 上海:上海科技教育出版社,2008.

35. 江晓原. 试论科学与正确之关系:以托勒密与哥白尼学说为例[J]. 上海交通大学学报(哲学社会科学版),2005,13(4).

36. [英]R. 道金斯. 自私的基因[M]. 卢允中,张岱云,译. 北京:科学出版社,1981.

37. [英]亚当·罗伯茨. 科幻小说史[M]. 马小悟,译. 北京:北京大学出版社,2010.

38. 刘兵. 克丽奥眼中的科学:科学编史学初论[M]. 上海:上海科技教育出版社,2009.

39. Flammarion, C. Popular Astronomy: A General Description of the Heavens (1880) [M]. Gore, J. E. (Tr). New York: D. Appleton, 1907.

40. Newcomb, S. Popular Astronomy [M]. London: Macmillan and Co. , 1878.

41. Newcomb, S. Astronomy for Everybody [M]. New York: Mcclure Phillips & Co. , 1902.

42. Lafleur, L. J. Marvelous Voyages-Ⅰ. The Center of the Earth [J]. Popular Astronomy, 1942, 50.

43. Lafleur, L. J. Marvelous Voyages-Ⅱ [J]. Popular Astronomy, 1942,50.

44. Lafleur, L. J. Errors in "Marvelous Voyages-Ⅱ" [J]. Popular Astronomy, 1942,50.

45. Lafleur, L. J. Marvelous Voyages-Ⅲ. From the Earth to the Moon [J]. Popular Astronomy, 1942, 50.

46. Lafleur, L. J. Marvelous Voyages-Ⅴ. The First Men in the Moon-Part Ⅰ [J]. Popular Astronomy, 1943, 51.

47. Lafleur, L. J. Marvelous Voyages-Ⅴ. The First Men in the Moon-Errors in Ⅴ [J]. Popular Astronomy, 1943, 51.

48. Lafleur, L. J. Marvelous Voyages-Ⅴ. H. G. Wells' The First Men in the Moon-Part Ⅱ [J]. Popular Astronomy, 1943, 51.

49. Lafleur, L. J. Marvelous Voyages-Ⅵ. The First Men in the Moon-Errors in Ⅵ [J]. Popular Astronomy, 1943, 51.

50. Lafleur, L. J. Marvelous Voyages-Ⅶ. The War of the Worlds [J]. Popular Astronomy, 1943, 51.

51. Lafleur, L. J. Marvelous Voyages-Ⅶ. The War of the Worlds Errors in Ⅶ [J]. Popular Astronomy, 1943, 51.

52. Lafleur, L. J. Marvelous Voyages-Ⅷ. The Time Machine[J]. Popular Astronomy, 1943, 51.

53. Lafleur, L. J. Marvelous Voyages-Ⅷ. The Time Machine Errors in Ⅷ [J]. Popular Astronomy, 1943, 51.

54. Plutarch's Moralia, Vol. Ⅻ [M]. Cherniss, H., Helmbold, W. C. (Tr). Cambridge: Harvard University Press, 1957.

55. Galilei, G. The Sidereal Messenger(1610) [M]. A translation with introduction and notes by Edward Stafford Carlos. Reprint edition. London: Rivingtons, 1880.

56. Kepler, J. Kepler's Conversation with Galileo's Sidereal Messenger(1610) [M]. Rosen, E. (Tr). New York and London: Johnson Reprint Corporation, 1965.

57. Kepler, J. Kepler's Dream(1634) [M]. Kirkwood, P. F. (Tr). California: University of California Press, 1965.

58. Schuppener, G. Kepler's Relation to the Jesuits: A Study of His Correspondence with Paul Guldin [J]. NTM Zeitschrift für Geschichte der Wissenschaften, Technik und Medizin, 1997, 5(1).

59. Dick, S. J. Plurality of Worlds: The Origins of the Extra-Terrestrial Life Debate from Democritus to Kant [M]. Cambridge: Cambridge University Press, 1982.

60. Russell, W. M. S. More about Folklore and Literature [J]. Folklore, 1983, 94 (1).

61. Gunn, J. (ed). The Road to Science Fiction: From Gilgamesh to Wells(1) [M]. London: White Wolf, 1977.

62. Moskowitz, S. Explorers of the Infinite [M]. Ohio: Cleveland, 1963.

63. Görgemanns, H. Untersuchungeznu zu Plutarchs Dialog De Facie in Orbe Lunae [M]. Heidelberg: Winter, 1970.

64. Nicolson, M. Voyages to the Moon [M]. London: Macmillan Co., 1948.

65. Menzel, D. H. Kepler's Place in Science Fiction [J]. Vistas in Astronomy, 1975, 18(1).

66. Christianson, G. E. Kepler's Somnium: Science Fiction and the Renaissance Scientist [J]. Science Fiction Studies, 1976, 3(1).

67. Aldiss, B. Billion Year Spree: The True History of Science Fiction [M]. London: Vinmag Archive Ltd., 1975.

68. Tropp, M. Mary Shelley's Monster [M]. Boston: Houghton Mifflin, 1976.

69. Koestler, A. The Sleepwalkers [M]. London: Hutchinson, 1959.

70. Galilei, G. Letter on Sunspots: In Discoveries and Opinions of Galileo(1613) [M]. Drake, S. (Tr). New York: Garden City, 1957.

71. Fahie, J. J. Galileo: His Life and Work [M]. London: Murray, 1903.

72. Wilkins, J. Discovery of a World in the Moon [M]. London: Printed by E. G. Michael Sparke and Edward Forrest, 1638.

73. Wilkins, J. The Discovery of a New World: Or, A Discourse Tending to Prove, that'tis a Probable There May Be Another Habitable World in the Moon, with a Discourse of the Possibility of a Passage Thither(1640) [G]// The Mathematical and Philosophical Works of the Right Rev. John Wilkins. 2 Vols(Vol. 1). George Fabyan Collection (Library of Congress). London: Published by C. Whittincham, Dean Street, Petter Lane, 1802.

74. Wilkins, J. Mathematical Magick(1648) [M]. Printed for Edw. Gellibrand at the Golden Ball in St. Pauls Church-yard, 1680.

75. Fontenelle, Bernard le Bovier de. Conversations on the Plurality of Worlds (1686) [M]. Translated from a late Paris edition, by Miss Elizabeth Gunning. London: Printed by J. Cundee, Ivy-Lane; Sold by T. Hurst, Paternoster-Row, 1803.

76. Huygens, C. The Celestial Worlds Discover'd [M]. The identity of the translator is unknown. London: Timothy Childe, 1698.

77. Brunt, C. S. A Voyage to Cacklogallinia: With a Description of the Religion, Policy, Customs and Manners, of that Country [M]. London: Printed by J. Watson in Black-Fryers, and sold by the Booksellers of London and Westminster, 1727.

78. Adams, J. Q., Jr. The Sources of Ben Jonson's News from the New World Discovered in the Moon [J]. Modern Language Notes, 1906, 21(1).

79. An Enquiry into the Physical and Literal Sense of that Scripture Jeremiah viii. 7 [J]. The Harleian Miscellany. London: T. Osborne, 1744, 2.

80. An Enquiry into the Physical and Literal Sense of that Scripture Jeremiah viii. 7 [J]. The Harleian Miscellany. London: Robert Dutton, 1810, 5.

81. Cohen, I. B. The Compendium Physicae of Charles Morton (1627–1698) [J]. Isis, 1942, 3(6).

82. Morison, S. E. Harvard College in the Seventeenth Century [M]. Cambridge: Harvard University Press, 1936.

83. Barrington, D. An Essay on the Periodical Appearing and Disappearing of Certain Birds, at Different Times of the Year. In a Letter from the Honourable Daines Barrington, Vice-Pres. R. S. to William Watson, M. D. F. R. S. [J]. Philosophical Transactions, 1772, 62.

84. Lincoln, F. C. The Migration of American Birds [M]. New York: Doubleday, Doran & Company, 1939.

85. Harrison, T. P. Birds in the Moon [J]. Isis, 1954, 45(4).

86. Griggs, W. N. (ed). The Celebrated "Moon Story", Its Origin and Incidents; with a Memoir of the Author, and an Appendix Containing, Ⅰ. An Authentic Description of the Moon; Ⅱ. A New Theory of the Lunar Surface, in Relation to that of the Earth. New York: Bunnell and Price, 1852.

87. Locke, R. A., Nicollet, J. N. The Moon Hoax: Or, A Discovery that the Moon Has a Vast Population of Human Beings [M]. New York: W. Gowans, 1859.

88. O'Brien, F. M. The Story of The Sun: New York, 1833–1918 [M]. New York: George H. Doran Company, 1918.

89. Dick, T. Celestial Scenery, Or, The Wonders of the Planetary System Displayed: Illustrating the Perfections of Deity and a Plurality of Worlds [M]. New York: Harper & Brothers, 1838.

90. The Moon and Its Inhabitants [J]. Edinburgh New Philosophical Journal, 1826, 1.

91. Anonymous. The Moon and Its Inhabitants [J]. Annals of Philosophy, 1826, 12.

92. Wolfgang Sartorius von Waltershausen. Karl Friedrich Gauss: A Memorial [M]. Helen W. Gauss(Tr). London: Forgotten Books, 1966.

93. Crowe, M. J. The Extraterrestrial Life Debate, 1750–1900: The Idea of a plurality of Worlds from Kant to Lowell [M]. Cambridge: Cambridge University Press, 1986.

94. Bessel, F. W., Schumacher, H. C. Populäre Vorlesungen über Wissenschaftli-

che Gegenstände [M]. Berlin: Perthes-Besser & Mauke, 1848.

95. Ashbrook, J. Lohrmann's Atlas of the Moon [J]. Sky and Telescope, 1955,15.

96. Dunnington, G. W. Carl Frederick Gauss: Titan of Science (1955) [M]. The Mathematical Association of America, 2004.

97. Poe, E. A. The Literati [M]. New York: J. S. Redfield, Clinton Hall, Nassau-Street, Boston: B. B. Mussey & Co., 1850.

98. De Morgan, A. A Budget of Paradoxes [M]. London: Longmans, Green and Co., 1872.

99. Ruskin, S. W. A Newly-Discovered Letter of J. F. W. Herschel Concerning the "Great Moon Hoax" [J]. Journal for the History of Astronomy, 2002, 33(110).

100. Evans, D., Deeming, T. J., Evans, B. H., Goldfarb, S. Herschel at the Cape: Diaries and Correspondence of Sir John Herschel, 1834–1838 [M]. Austin: University of Texas Press, 1969.

101. The Sun Inhabited! [N]. North Otago Times, 1869-11-30, XIII (471).

102. Hansen, P. A. Sur La Figure De La Luna [J]. Memoirs of the Royal Astronomical Society, 1856, 24.

103. Newcomb, S. On Hansen's Theory of the Physical Constitution of the Moon [J]. American Association for the Advancement of Science Sproceedings, 1868, 17.

104. Newcomb, S. The Problems of Astronomy [J]. Science, New Series, 1897, 5 (125).

105. Back, D. A. Life on the Moon? A Short History of the Hansen Hypothesis [J]. Annals of Science, 1984, 41(5).

106. Verne, J. From the Earth to the Moon Direct in Ninety-Seven Hours and Twenty Minutes, and a Trip Round It (1865) [M]. New York: Scribner, Armstrong, 1874.

107. Verne, J. From the Earth to the Moon and Round the Moon (1865) [M]. New York: Cosimo, Inc., 2006.

108. Schmidt, J. F. J. The Lunar Crater Linné [J]. Astronomical Register, 1867, 5.

109. Birt, W. R., Schmidt, J. F. J. Correspondence: The Lunar Crater Linné [J]. Astronomical Register, 1867, 5.

110. Birt, W. R. Supposed Changes in the Moon-Letter from Schmidt [J]. Student and Intellectual Observer, 1869, 2.

111. Birt, W. R. Report on the Discussion of Observations of Streaks on the Surface of the Lunar Crater Plato [J]. British Association for the Advancement of Science

Report, 1872.

112. Neisen, E. The Supposed New Crater on the Moon [J]. Popular Science Review, 1879, 18.

113. The Gentleman Magazine, 1787-07.

114. Cook, C. T. The Complete Newgate Calendar [M]. London: Navarre Society, 1926.

115. Mollon, J. D. John Elliot MD (1747-1787) [J]. Nature, 1987, 329(6134).

116. Hutton, J. A Dissertation upon the Philosophy of Light, Heat and Fire [M]. Edinburgh: Cadell, Junior, Davies, 1794.

117. Herschel, W. Experiments on the Refrangihility of the Invisible Rays of the Sun [J]. Philosophical Transactions of the Royal Society of London, 1800, 90.

118. Woodward, A. B. Considerations on the Substance of the Sun [M]. Washington: Way and Groff, 1801.

119. Manning, R. J. John Elliot and the Inhabited Sun [J]. Annals of Science, 1993, 50(4).

120. Narrative of the Life and Death of John Elliot [M]. London: printed for J. Ridgway, 1787.

121. Darwin, E. The Botanic Garden: A Poem, in Two Parts. Part I. Containing the Economy of Vegetation(1791). Part II. The Loves of the Plants: With Philosophical Notes(1789) [M]. New York: Printed by T. & J. Swords, Printers to the Faculty of Physic of Columbia College, 1798.

122. Cavallo, T. Description of a Meteor, Observed Aug. 18, 1783 [J]. Philosophical Transactions of the Royal Society of London, 1784, 74.

123. Aubert, A. An Account of the Meteors of the 18th of August and 4th of October, 1783 [J]. Philosophical Transactions of the Royal Society of London, 1784, 74.

124. Cooper, W. Observations on a Remarkable Meteor Seen on the 18th of August, 1783 [J]. Philosophical Transactions of the Royal Society of London, 1784, 74.

125. Lovell, R. An Account of the Meteor of the 18th of August, 1783 [J]. Philosophical Transactions of the Royal Society of London, 1784, 74.

126. Pigott, N. An Account of an Observation of the Meteor of August 18, 1783 [J]. Philosophical Transactions of the Royal Society of London, 1784, 74.

127. Blagden, C. An Account of Some Late Fiery Meteors [J]. Philosophical Transactions of the Royal Society of London, 1784, 74.

128. Beech, M. The Makings of Meteor Astronomy: Part III [J]. WGN, The Jour-

nal of the IMO, 1993, 21(2).

129. Beech, M. The Making of Meteor Astronomy: Part V [J]. WGN, The Journal of the IMO, 1993, 21(6).

130. Halley, E. A Discourse of the Rule of the Decrease of the Height of the Mercury in the Barometer, According as Places are Elevated Above the Surface of the Earth, with an Attempt to Discover the True Reason of the Rising and Falling of the Mercury, upon Change of Weather [J]. Philosophical Transactions, 1686, 29.

131. Halley, E. An Account of Several Extraordinary Meteors or Lights in the Sky. By Dr. Edmund Halley, Savilian Professor of Geometry at Oxon, and Secretary to the Royal-Society [J]. Philosophical Transactions, 1714, 29.

132. Lalande, J. Astronomie [M]. Paris: Chez la Veuve Desaint, 1771.

133. Wilson, A., Maskelyne, N. Observations on the Solar Spots. By Alexander Wilson, M. D. Professor of Practical Astronomy in the University of Glasgow. Communicated by the Rev. Nevil Maskelyne [J]. Philosophical Transactions of the Royal Society of London, 1774, 64.

134. Herschel, W. On the Nature and Construction of the Sun and Fixed Stars [J]. Philosophical Transactions of the Royal Society of London, 1795, 85.

135. Herschel, W. Observations Tending to Investigate the Nature of the Sun, in Order to Find the Causes or Symptoms of Its Variable Emission of Light and Heat; With Remarks on the Use that May Possibly be Drawn from Solar Observations [J]. Philosophical Transactions of the Royal Society of London, 1801, 91.

136. Kawaler, S., Veverka, J. The Habitable Sun: One of William Herschel's Stranger Ideas [J]. The Royal Astron. Soc. of Canada, 1981, 75.

137. Herschel, W. Astronomical Observations Relating to the Mountains of the Moon. By Mr. Herschel of Bath. Communicated by Dr. WATSON, Jun. of Bath, F. R. S. [J] Philosophical Transactions of the Royal Society of London, 1780, IXX.

138. Herschel, W. Scientific Papers, Including Early Papers Hitherto Unpublished. Collected and Edited under the Direction of a Joint Committee of the Royal Society and the Royal Astronomical Society, With a Biographical Introd. Compiled Mainly from Unpublished Material by J. L. E. Dreyer(2Vols) [M]. London: London Royal Society and the Royal Astronomical Society, 1912.

139. Young, T. A Course of Lectures on Natural Philosophy and the Mechanical Arts [M]. London: Printed for J. Johnson, 1807.

140. Brewster, D. More Worlds Than One: The Creed of the Philosopher and the

Hope of the Christian [M]. New York: Robert Carter & Brothers, 1854.

141. Arago, F., Barral J. A., Flourens P. Astronomie Populaire [M]. Paris: Gide et J. Baudry, 1855.

142. Green, R. L. Into Other Worlds: Space-Flight in Fiction, from Lucian to Lewis [M]. Manhattan: Arno Press, 1958.

143. Whiting, S. Heliondé: Or, Adventures in the Sun [M]. London: Chapman and Hall, 1855.

144. Bethe, H., Critchfield, C. On the Formation of Deuterons by Proton Combination [J]. Physical Review, 1938, 54(10).

145. Bethe, H. Energy Production in Stars [J]. Physical Review, 1939, 55(1).

146. Burbidge, E. M., Burbidge, G. R., Fowler, W. A., Hoyle, F. Synthesis of the Elements in Stars. [J] Reviews of Modern Physics, 1957, 29(4).

147. The Sun a Habitable Body Like the Earth [J]. Nature, 1910, 83.

148. Opik, E. J. Is the Sun Habitable?[J]. Irish Astronomical Journal, 1965, 7(2/3).

149. Herschel, W. On the Remarkable Appearances at the Polar Regions of the Planet Mars, the Inclination of Its Axis, the Position of Its Poles, and Its Spheroidical Figure; With a Few Hints Relating to Its Real Diameter and Atmosphere [J]. Philosophical Transactions of the Royal Society of London, 1784, lxxiv.

150. Huggins, W. On the Spectrum of Mars, With Some Remarks on the Colour of that Planet [J]. Monthly Notices of the Royal Astronomical Society, 1867, 27.

151. Campbell, W. W. The Lick Observatory Photographs of Mars [J]. Publications of the Astronomical Society of the Pacific, 1894, 6(35).

152. Campbell, W. W. The Spectrum of Mars [J]. Publications of the Astronomical Society of the Pacific, 1894, 6(37).

153. Campbell, W. W. Concerning an Atmosphere on Mars [J]. Publications of the Astronomical Society of the Pacific, 1894, 6(38).

154. Campbell, W. W. A Review of the Spectroscopic Observations of Mars [J]. Astrophysical Journal, 1895, 2.

155. Campbell, W. W. On Selecting Suitable Nights for Observing Planetary Spectra [J]. The Observatory, 1895, 18.

156. Campbell, W. W. On Determining the Extent of a Planet's Atmosphere [J]. Astrophysical Journal, 1895, 1.

157. Huggins, W. Note on the Spectrum of Mars [J]. The Observatory, 1894, 17.

158. Huggins, W. Note on the Atmospheric Bands in the Spectrum of Mars [J].

Astrophysical Journal, 1895, 1.

159. Devorkin, D. H. W. W. Campbell's Spectroscopic Study of the Martian Atmosphere [J]. Quarterly Journal of the Royal Astronomical Society, 1977, 18.

160. Hall, A. Observations of the Satellites of Mars [J]. Astronomische Nachrichten, 1877, 91.

161. Surface Characters of the Planet Mars [J]. Benjamin, M. (Tr). Popular Science Monthly, 1883, 24.

162. Lowell, P. The Lowell Observatory [J]. Boston Commonwealth, 1894-05-26.

163. Lowell, P. Announcement of Establishment of the Lowell Observatory [J]. Astronomical Journal, 1894, 14(324).

164. Holden, E. S. The Lowell Observatory in Arizona [J]. Publications of the Astronomical Society of the Pacific, 1894, 6(36).

165. Lowell, P. Mars [M]. London: Longmans, Green and Co., 1896.

166. Campbell, W. W. Mars by Percival Lowell [J]. Science, New Series, 1896, 4(86).

167. Douglass, A. E. The Lick Review of "Mars" [J]. Scence, New Series, 1896, 4(89).

168. Campbell, W. W. Mr. Lowell's Book on "Mars" [J]. Science, New Series, 1896, 4(91).

169. Heim, M. Spiridion Gopcevic: Leben Und Werk [M]. Wiesbaden: O. Harrassowitz, 1966.

170. Ashbrook, J. The Curious Career of Leo Brenner [J]. Sky & Telescope, 1978, 56.

171. Stangl, M. The Forgotten Legacy of Leo Brenner [J]. Sky & Telescope, 1995, 90.

172. Maunder, E. W. The Canals of Mars: A Reply to Mr. Story [J]. Knowledge, 1904-05, 1.

173. George, B. Airy Physical Observations of Mars, Made at the Royal Observatory, Greenwich, 1877, 38.

174. Maunder, E. W. The Canals of Mars [J]. Knowledge, 1894, 17.

175. Maunder, E. W. The "Eye" of Mars [J]. Knowledge, 1895, 18.

176. Evans, J. E., Maunder E. W. Experiments as to the Actuality of the "Canals" Observed on Mars [J]. Monthly Notices of the Royal Astronomical Society, 1903, 63.

177. Maunder, E. W. The "Canals" of Mars [J]. Scientia, 1910, 7.

178. Maunder, E. W. Are the Planets Inhabited? [M]. London and New York: Harper & Brothers, 1913.

179. Maunder, E. W. Reviewed Work(s): Are the Planets Inhabited? [J]. Bulletin of the American Geographical Society, 1915, 47(2).

180. Douglass, A. E. Observations of Mars in 1896 and 1897 [J]. Annals of the Lowell Observatory, 1900, 2.

181. Hoyt, W. G. Lowell and Mars [M]. Tucson: University of Arizona Press, 1976.

182. Douglass, A. E. Is Mars Inhabited?[J]. Harvard Illustrated Magazine, 1907, 8.

183. Douglass, A. E. Illusions of Vision and Canals of Mars [J]. The Popular Science Monthly, 1907, 70.

184. Antoniadi, E. M. Fifth Interim Report for 1909. Mars Section, Fifth Interim Report [J]. Journal of the British Astronomical Association, 1909, 20.

185. A Strange Light on Mars [J]. Nature, 1894, 50(1292).

186. A Strange Light on Mars [N]. Evening Post, 1894-10-13, XLVIII(90).

187. The Strange Light on Mars [N]. Bay of Plenty Times, 1894-12-21, XXII(3210).

188. A Signal from Mars? [N]. The New York Times, 1896-05-17(26).

189. The Bright Projections on Mars [J]. The Observatory, 1894, 17.

190. Lowell, P. Explanation of the Supposed Signals from Mars of December 7 and 8, 1900 [J]. Proceedings of the American Philosophical Society, 1901, 40(167).

191. Lowell, P. Explanation of the Supposed Signal from Mars [J]. Popular Astronomy, 1902, 10.

192. Douglass A. E. The Message from Mars [J]. Annual Report of the Smithsonian Institution for 1900, 1901.

193. Is Mars Signalling the Earth? [N]. Tuapeka Times, 1903, XXXVI(5068).

194. Scientific Notes and News [J]. Science, New Series, 1903, 17(440).

195. Pickering, E. C. Projection on Mars [J]. Astronomische Nachrichten, 1903, 162.

196. A Message from Mars? [J]. Colonist, 1903-05-30, XLVI(10731).

197. Mars not Signalling [J]. Wanganui Herald, 1903-06-02, XXXVII(10964).

198. The Mars Projection [J]. Otago Witness, 1903-06-10, 2569.

199. Lowell, P. Projection on Mars [J]. Lowell Observatory Bulletin, 1903, 1.

200. More Signals from Mars [N]. The New York Times, 1903-06-19(8).

201. Message Perhaps from Mars [N]. The New York Times, 1897-11-14(1).

202. Wiggins on the Aerolite [N]. The New York Times, 1897-11-18(5).

203. Knobel, E. B. Note on Mars [J]. Monthly Notices of the Royal Astronomical Society, 1873, 33.

204. Pickering, W. H. Mars [J]. Astronomy and Astro-Physics, 1892, 11.

205. Campbell, W. W. An Explanation of the Bright Projections Observed on the Terminator of Mars [J]. Publications of the Astronomical Society of the Pacific, 1894, 6(35).

206. Holden, E. S. Bright Projections at the Terminator of Mars [J]. Publications of the Astronomical Society of the Pacific, 1894, 6(38).

207. Lockyer, W. Bright Projections on Mars Terminator [J]. Nature, 1894, 50 (1299).

208. Wells, H. G. The War of the Worlds [M]. Rockville, MD: Arc Manor LLC, 2008.

209. Munro, J. A Trip to Venus [M]. Carolina: BiblioBazaar, LLC, 2008.

210. Mars Inhabited? 924 May Reveal It [N]. The New York Times, 1921-09-18(25).

211. Dick, S. Life on Other Worlds: The 20th-Century Extraterrestrial Life Debate [M]. Cambridge: Cambridge University Press, 1998.

212. Jackson, C., Hohmann, R. An Historic Report on Life in Space: Tesla, Marconi, Todd [J]. Paper Presented at 17th Annual Meeting of the American Rocket Society, Los Angeles, 1962, 11.

213. Drake, F. A Brief History of SETI [J]. Third Decennial US-USSR Conference on SETI. ASP Conference Series, 1993, 47.

214. Galton, F. Intelligible Signals Between Neighboring Stars [J]. The Fortnightly Review, 1896, 60.

215. Tesla, N. Talking with the Planets [J]. Collier's Weekly, 1901-02-19.

216. Perhaps Mars Is Signaling Us [N]. The New York Times, 1909-05-06(8).

217. Pickering, W. H. Signals from Mars [J]. Popular Astronomy, 1924, 32.

218. Listens for Mars Signal [N]. The New York Times, 1920-04-22(2).

219. No Sound from Mars Greets Experimenters [N]. The New York Times, 1920-04-23(17).

220. No Mars Message Yet, Marconi Radios [N]. The New York Times, 1922-

06-16(15).

221. The Astronomy of Mars [J]. Popular Astronomy, 1909, 17.

222. Way to Signal Mars [N]. The New York Times, 1909-05-03(1).

223. Science Seeks to Get into Communication with Mars [N]. The New York Times, 1909-05-02, Section: Part Six Fashions and Dramatic Section, Page X7.

224. Believe Marconi Caught Sun Storms [N]. The New York Times, 1920-02-09(2).

225. Pernet, J. Charles Cros, Et Le Problème De La Communication Avec Les Planetes [J]. Observations et Travaux, 1988, 16.

226. Stanley, H. M. Communication with Other Planets [J]. Science, 1891, 18(452).

227. Lockyer, J. N. The Opposition of Mars [J]. Nature, 1892, 46(1193).

228. Brooks, W. R. Signaling to Mars [J]. Collier's Weekly, 1909, 44.

229. Dolbear, A. E. The Future of Electricity [J]. Donahoe's Magazine, 1893-03.

230. Tesla, N. The Problem of Increasing Human Energy [J]. The Century Illustrated Monthly Magazine, 1900-06.

231. Tesla, N. The Transmission of Electric Energy without Wires [J]. Electrical World and Engineer, 1904-03-05.

232. Tesla, N. The Transmission of Electrical Energy without Wires as a Means for Furthering Peace [J]. Electrical World and Engineer, 1905-01-07.

233. Tesla, N. Signalling to Mars: A Problem of Electrical Engineering [J]. Harvard Illustrated Magzine, 1907-03.

234. Tesla, N. Can Bridge the Gap to Mars [N]. The New York Times, 1907-06-23(6).

235. Tesla, N. How to Signal to Mars [N]. The New York Times, 1909-05-23(10).

236. Tesla, N. My Inventions [J]. Electrical Experimenters, 1919-06.

237. Tesla, N. Signals to Mars Based on Hope of Life on Planet [J]. New York Herald, 1919-10-12.

238. Tesla, N. Interplanetary Communication [J]. Electrical World, 1921-09-24.

239. Sending of Messages to Planets Predicted by Dr. Tesla on Birthday [N]. The New York Times, 1937-07-11.

240. Opposing Views on Mars Signals [N]. The New York Times, 1920-01-31.

241. T. C. M. Communicating with Mars [J]. Science, New Series, 1909, 30 (760).

242. Martians Probably Superior to Us [N]. The New York Times, 1907-11-10. Section: Part Five Magazine Section.

243. Talk of Signals to Mars [N]. The New York Times, 1909-04-21(1).

244. Marconi Testing His Mars Signals [N]. The New York Times, 1920-01-29(1).

245. First Mars Message Would Cost Billion [N]. The New York Times, 1920-01-30(18).

246. Suggests Venus Is Source of Signals [N]. The New York Times, 1920-01-30(18).

247. Gratacap, L. P. The Certainty of a Future Life in Mars: Being the Posthumous Papers of Bradford Torrey Dodd [M]. New York: Brentano's, 1903.

248. Wicks, M. To Mars via the Moon: An Astronomical Story [M]. London: Seeley and Co. Limited, 1911.

249. The Certainty of a Future Life in Mars [J]. Nature, 1904, 69.

250. To Mars via the Moon, An Astronomical Novel by Mark Wicks [J]. Popular Astronomy, 1911, 19.

251. Book Review [of Wicks's to Mars via the Moon] [J]. Modern Electrics, 1911-08.

252. Wells, H. G. The Time Machine [J]. Nature, 1895, 52.

253. A $500 Prize for a Simple Explanation of the Fourth Dimension [J]. Scientific American, 1908, 66.

254. Gödel, K. An Example of a New Type of Cosmological Solution of Einstein's Field Equations of Gravitation [J]. Rev. Mod. Phys. D, 1949, 21.

255. Van Stockum, W. J. The Gravitational Field of a Distribution of Particles Rotating Around an Axis of Symmetry[J]. Proc. Roy. Soc. Edinburgh, 1937, 57.

256. Tipler, F. J. Rotating Cylinders and the Possibility of Global Causality Violation [J]. Phys. Rev. D, 1974, 9(8).

257. Newman, E., Tamburino, L., Unti, T. Empty-Space Generalization of the Schwarzschild Metric [J]. J. Math. Phys., 1963, 4.

258. Sage, L. Aliens, Lies and Videotape [J]. Nature, 1997, 388.

259. Einstein, A., Rosen, N. The Particle Problem in the General Theory of Relativity [J]. Physical Review, 1935, 48.

260. Morris, M. S., Thorne, K. S. , Yurtsever, U. Wormholes, Time Machines, and the Weak Energy Condition [J]. Phys. Rev. Lett., 1988, 61(13).

261. Alcubierre, M. The Warp Drive: Hyper-Fast Travel Within General Relativity [J]. Classical and Quantum Gravity, 1994, 11.

262. Krasnikov, S. V. Hyperfast Travel in General Relativity [J]. Phys. Rev., 1998, 57(8).

263. Everett, A. E., Roman, T. A. Superluminal Subway: The Krasnikov Tube [J]. Phys. Rev. D, 1997, 56.

264. Natario, J. Warp Drive with Zero Expansion [J]. Classical Quantum Gravity, 2002, 19.

265. Everett III, H. "Relative State" Formulation of Quantum Mechanics[J]. Reviews of Modern Physics, 1957, 29(3).

266. Gott III, J. R. A Time-Symmetric Matter, Antimatter [J]. Tachyon Cosmology Astrophysical Journal, 1974, 187.

267. Echeverria, F., Klinkhamme, G., Thorne, K. S. Billiard Balls in Wormhole Spacetimes with Closed Timelike Curves: Classical Theory [J]. Phys. Rev. D, 1991, 44 (4).

268. Friedman, J., Morris, M. S., Novikov, I. D., et al. Cauchy Problem in Spacetimes with Closed Timelike Curves [J]. Phys. Rev. D, 1990, 42(6).

269. Schilpp, P. (ed). Albert Einstein: Philosopher-Scientist [M]. New York: Tudor, 1957.

270. Hawking, S. W. The Chronology Protection Conjecture [J]. Phys. Rev. D, 1992, 46.

271. Visser, M. From Wormhole to Time Machine: Comments on Hawking's Chronology Protection Conjecture [J]. Phys. Rev. D, 1993, 47.

272. Visser, M. Hawking's Chronology Protection Conjecture: Singularity Structure of the Quantum Stress-Energy Tensor [J]. Nucl. Phys. B, 1994, 416.

273. Li, L. X. Must Time Machine Be Unstable against Vacuum Fluctuations? [J]. Class. Quant. Grav. , 1996, 13.

274. Li, L. X., Gott III, J. R. A Self-Consistent Vacuum for Misner Space and the Chronology Protection Conjecture [J]. Phys. Rev. Lett. , 1998, 80.

275. Cocconi, G., Morrison, P. Searching for Interstellar Communications [J]. Nature, 1959, 184.

276. Walker, J. The Search for Signals from Extraterrestrial Civilizations [J]. Na-

ture, 1973, 241.

277. The Chances of Contacting Extraterrestrial Civilizations Seem Poor [J]. Science News, 1973, 103(8).

278. Brin, D. Shouting at the Cosmos. . . Or How SETI Has Taken a Worrisome Turn into Dangerous Territory? [EB/OL]. http://www.davidbrin.com/shouldsetitransmit.html, 2006.

279. Brin, D. The Dangers of First Contact [J]. Skeptic Magazine, 2009, 15(3).

280. Ambassador for Earth: Is It Time for SETI to Reach Out to the Stars? [J]. Nature, 2006, 443.

281. Grinspoon, D. Who Speaks for the Earth? [EB/OL]. [2007-12-12]. http://seedmagazine.com/content/article/who_speaks_for_earth/?page=all&p=y.

282. Michaud, M. "Active SETI" Is not Scientific Research [EB/OL]. [2004-11]. http://www.davidbrin.com/michaudvsmeti.html.

283. Michaud, M. Contact with Alien Civilizations: Our Hopes and Fears about Encountering Extraterrestrials [M]. Göttingen: Copernicus Publications, 2007.

284. Zaitsev, A. Sending and Searching for Interstellar Messages [J]. 58th International Astronautical Congress, Hyderabad, India, 2007, 9.

285. Hoyle, F. , Wickramasinghe N. C. Lifecloud: The Origin of Life in the Universe [M]. New York: Harper and Row, 1978.

286. Almár, I. Quantifying Consequences Through Scales [C]. Paper presented at the 6th World Symposium on the Exploration of Space and Life in the Universe, Republic of San Marino, March, 2005.

287. Shuch, P. , Almár I. Shouting in the Jungle: The SETI Transmission Debate [J]. Journal of the British Interplanetary Society, 2007, 60.

288. Almár, I. The Consequences of a Discovery: Different Scenarios [J]. Progress in the Search for Extraterrestrial Life. Astronomical Society of the Pacific Conference Series, 1995, 74.

289. Almár, I. , Tarter, J. The Discovery of ETI as a High-Consequence, Low-Probability Event [C]. Paper IAA-00-IAA. 9. 2. 01, 51st International Astronautical Congress, Rio de Janeiro, Brazil, 2000-10-2.

290. Binzel, R. P. A Near-Earth Object Hazard Index [J]. Ann NY Acad Sci, 1997, 822(1).

291. Sagan, C. Extraterrestrial Intelligence: An International Petition [J]. Science, New Series, 1982, 218(4571).

292. Sagan, C. SETI Petition [J]. Science, New Series, 1983, 220(4596).

293. Derbyshire, D. Will Beaming Songs into Space Lead to an Alien Invasion? [N]. Daily Mail, 2008-02-07(6).

294. Hanlon, M. Why Beaming Messages to Aliens in Space Could Destroy Our Planet [N]. Daily Mail, 2008-08-08(6).

295. Pinotti, R. Contact: Releasing the News [J]. Acta Astronautica, 1990, 21(2).

296. Pinotti, R. ETI, SETI and Today's Public Opinion [J]. Acta Astronautica, 1992, 26(3-4).

297. Billingham, J. Cultural Aspects of the Search for Extraterrestrial Intelligence [J]. Acta Astronautica, 1998, 42(10-12).

298. Billingham, J. Pesek Lecture: SETI and Society—Decision Trees [J]. Acta Astronautica, 2002, 51(10).

299. Ashkenazi, M. Not the Sons of Adam: Religious Responses to SETI [C]. Presented at the 42nd Congress of the International Astronautical Federation, Montreal, Canada, 1991.

300. Lytkin, V., Finney, B., Alepko, L. Tsiolkovsky: Russian Cosmism and Extraterrestrial Intelligence [J]. Quarterly Journal of the Royal Astronomical Society, 1995, 36(4).

301. Viewing, D. Directly Interacting Extra-terrestrial Technological Communities [J]. Journal of the British Interplanetary Society, 1975, 28.

302. Hart, M. Explanation for the Absence of Extraterrestrials on Earth [J]. Quarterly Journal of the Royal Astronomical Society, 1975, 16.

303. Tipler, F. J. Extraterrestrial Intelligent Beings Do not Exist [J]. Quarterly Journal of the Royal Astronomical Society, 1980, 21.

304. Brin, G. D. The Great Silence: The Controversy Concerning Extraterrestrial Intelligent Life [J]. Quarterly Journal of the Royal Astronomical Society, 1983, 24(3).

305. Ball, J. A. The Zoo Hypothesis [J]. Icarus, 1973, 19.

306. Fogg, M. J. Temporal Aspects of the Interaction Among the First Galactic Civilizations: The Interdict Hypothesis [J]. Icarus, 1987, 69.

307. Baxter, S. The Planetarium Hypothesis: A Resolution of the Fermi Paradox [J]. Journal of the British Interplanetary Society, 2001, 54(5/6).

308. Kardashev, N. S. Transmission of Information by Extraterrestrial Civiliza-

tions [J]. Soviet Astronomy, 1964, 8.

309. Ward, P. D. , Brownlee, D. Rare Earth: Why Complex Life Is Uncommon in the Universe [M]. Göttingen: Copernicus Publications, 2000.

310. Webb, S. If the Universe is Teeming with Aliens, Where is Everybody? Fifty Solutions to Fermi's Paradox and the Problem of Extraterrestrial Life [M]. New York: Praxis Book/Copernicus Books, 2002.

311. Federman, R. An Interview with Stanislaw Lem [J]. Science Fiction Studies, 1983, 10(1).

312. Laertius, D. The Lives and Opinions of Eminent Philosophers [M]. Yonge, C. D. (Tr). London: H. G. Bohn, 1853.

313. Helden, A. V. The Telescope in the Seventeenth Century [J]. Isis, 1974, 65(1).

314. Schele de Vere, M. The Man in the Moon [J]. Putnam's Magazine of Literature, Science, Art, and National Interests, 1870, Ⅵ.

315. Nicolson, M. A World in the Moon: A Study of the Changing Attitude toward the Moon in the Seventeenth and Eighteenth Centuries [M]. Smith College Studies in Modern Languages, 17, Northampton, MA, 1936.

316. Conklin, G. (ed). Great Science Fiction by Scientists [M]. New York: Collier Books, 1962.

317. Brake, M. , Hook, N. Different Engines: How Science Drives Fiction and Fiction Drives Science [M]. Basingstoke: Palgrave Macmillan, 2007.

318. Schwartz, S. Science Fiction: Bridge Between the Two Cultures [J]. The English Journal, 1971, 60(8).

319. Feyerabend, P. K. Against Method (1975) [M]. New York: Verso Books, 1993.

索 引

《1834—1838年间好望角天文观测结果》(Results of Astronomical Observations Made During the Years 1834,5,6,7,8, at the Cape of Good Hope) 86
《1835年的月亮大骗局》(The Great Moon Hoax of 1835) 73
《19世纪大众天文学史》(A Popular History of Astronomy During the Nineteenth Century) 3
METI 186,230-232,235,237,241-246
SETI 计划 8,186,205,227-230,233-237,242-244,247,248,257,306

A

阿波罗尼丝(Apollonides) 18
阿伯特(Charles G. Abbot) 184
阿彻罗普斯,阿里斯蒂德 257-261
阿尔迪斯(Brian Aldiss) 33
阿尔库塔斯(Archytas) 53
《阿凡达》(Avatar) 237,307
阿拉果(François Arago) 85,88,136,279
阿雷纽斯(Svante Arrhenius) 160,183
阿利斯塔克(Aristarchus) 278
阿佩利斯(Apelles) 34
阿西莫夫(Isaac Asimov) 198,222,254,274
埃尔库比尔(Miguel Alcubierre) 212,270
埃尔默斯(Elmerus) 52
埃弗里特(Hugh Everett) 216
埃文斯,J. E.(J. E. Evans) 161
埃文斯,大卫(David S. Evans) 73
艾勃特(Edwin A. Abbott) 198
艾尔玛(Iván Almár) 241
艾略特,约翰(John Elliot) 103-121,127,290
《爱丁堡科学杂志》(The Edinburgh

Journal of Science) 74

《爱丁堡科学杂志副刊》(Supplement to the Edinburgh Journal of Science) 64,74,81

《爱丁堡新哲学杂志》(Edinburgh New Philosophical Journal) 74,77,178

爱丁顿,阿瑟(Arthur Eddington) 142, 143

《爱西斯》(Isis) 59

爱因斯坦(Albert Einstein) 196,200, 206,220,269

爱因斯坦场方程 200–202,206–208, 212,216,269

爱因斯坦-罗森桥 206

《爱因斯坦引力场方程一类新宇宙论解的一例》(An Example of a New Type of Cosmological Solution of Einstein's Field Equations of Gravitation) 200

安德森(Poul Anderson) 202

安东尼亚第(Eugène M. Antoniadi) 159,164,165

奥伯里恩(Frank O'Brien) 70,72,85

奥伯斯(William Olbers) 74,76,79,91

《奥德赛》(Odyssey) 32,33

奥姆斯特德(Denison Olmsted) 81

B

巴克斯特(Stephen Baxter) 251–253, 262,272

巴劳德(Jules Baillaud) 183

巴勒斯(E. Burroughs) 13

巴纳德(Edward Emerson Barnard) 151

巴特菲尔德(H. Butterfield) 285

白金汉(John Billingham) 234

柏拉图(Plato) 39,265

鲍尔(John Ball) 249–251

鲍威尔(Baden Powell) 93

《北奥塔哥时报》(North Otago Times) 91,139

《北风吹过》(At the Back of the North Wind) 100

贝克(Daniel Back) 95,98

贝瑞(Arthur Berry) 4

贝塞耳(Friedrich W. Bessel) 77–79, 91

贝特(Hans Bethe) 142

本福德(Gregory Benford) 217

《笨拙》(Punch) 193

比尔曼(Ludwig Biermann) 143

比尔(Wilhelm Beer) 78–80

毕达哥拉斯(Pythagoras) 24,41

宾泽尔(Richard P. Binzel) 243

《冰河世纪的女人》(A Woman of the Ice Age) 184

《波士顿联邦杂志》(Boston Commonwealth) 152

伯比奇(Margaret Burbidge) 142

伯杰瑞克(Cyrano de Bergerac) 137, 138,268,271,272

伯特(William R. Birt) 99

博伊德尔(Boydell) 103

博伊德尔,玛丽(Mary Boydell) 103–105

博伊伦(G. Bueren) 143,144

《不同的动力:科学怎样驱动幻想 幻想怎样驱动科学》(Different Engines: How Science Drives Fiction and

Fiction Drives Science）12

布拉登（Charles Blagden）114-117

布拉赫，第谷（Tycho Brahe）30，32，40，47，278

布拉克（Mark Blake）12

布莱恩特（Walter W. Bryant）4

布朗利（Donald Brownlee）253

布朗特（Samuel Brunt）52

布利（Robert W. Bly）12

布林（David Brin）232，233，235，237，248，249，255

布鲁克斯（William R. Brooks）180

布鲁诺（Bruno）30，39，47，266

布鲁斯特（David Brewster）134-136，138，279

布伦纳，雷奥（Leo Brenner）158，159

布伦尼格尔（J. G. Brennger）30

C

策尔纳（Johann Zöllner）197，199

《超级机器人大战》（Super Robot Wars）202

超空间旅行 190，204，205，211，213，223，252，270

超立方体 198

《超人Ⅱ》（Superman Ⅱ）214

《超越时空：通过平行宇宙、时间卷曲和第十维度的科学之旅》（Hyperspace: A Scientific Odyssey Through Parallel Universes, Time Warps, and the Tenth Dimension）204

虫洞 11，190，204，206-208，211-214，218，221，223，240，270-272，311，312

《虫洞、时间机器和弱能量条件》（Wormholes, Time Machines, and the Weak Energy Condition）208

《重返中世纪》（Timeline）213

《出自科学家之手的优秀科幻小说》（Great Science Fiction by Scientists）274

《楚门的世界》（True Show）252

《穿越宇宙》（Across the Universe）244

《从地球到月亮》（From the Earth to the Moon）13，95，96，99，269

《从〈太阳报〉看月亮：1835》（A View of the Moon from The Sun：1835）73

《存在巨链：对一个观念的历史的研究》（The Great Chain of Being: A Study of the History of an Idea）39，43

D

达斯（Sree Benoybhushan Raha Dass）142

《大沉默：关于地外智慧生命的争论》（The Great Silence: The Controversy Concerning Extraterrestrial Intelligent Life）248

《大众科学月刊》（Popular Science）198

《大众天文学》（Astronomie Populaire，1854）136

《大众天文学》（Astronomie Populaire，1880）4，5，285

《大众天文学》（Popular Astronomy，1878）5

《大众天文学》（Popular Astronomy）13，176-178，186

戴摩根（Augustus De Morgan）84，85
戴森（Frank W. Dyson）183
戴维森（George Davidson）182
丹宁顿（Guy W. Dunnington）80，89
丹宁（William F. Denning）150
《道德论集》（Moralia）18
道格拉斯（Andrew E. Douglass）157，162-164，167，169
道金斯（Richard Dawkins）282
德克兰西尔（John De Chancie）202
德雷克（Frank Drake）175，227-229，231，248
德谟克里特（Democritus）265
德威特（Bryce S. DeWitt）216
《狄拉克海上的涟漪》（Ripples in the Dirac Sea）219
迪克，史蒂芬（Steven J. Dick）7，8，175
迪克，托马斯（Thomas Dick）74，89
笛福（Daniel Defoe）52，268
《地球和天空之梦》（Dreams of the Earth and Sky）274
《地球之外》（Beyond the Earth）274
《地球之外的其他世界》（Other Worlds than Ours）93
《地外生命争论1750—1900：从康德到洛韦尔的多世界思想》（The Extraterrestrial Life Debate, 1750-1900: The Idea of a Plurality of Worlds from Kant to Lowell）8，73，76
地外文明 3，7-10，14，187，204，205，227，230，232，233，235，237-239，241-243，245-258，273，276，307，309

《地外文明概念简史》（A Brief History of the Extraterrestrial Intelligence Concept）7
《地心历险》（The Center of the Earth）13
《地心游记》（A Journey to the Centre of the Earth）13
《第九区》（District 9）237，307
《第三类接触》（Close Encounters of the Third Kind）237，307
第四维 195-199，269，272
《蒂迈欧篇》（Timaeus）265
蒂普勒（Frank J. Tipler）7，202，243，248，269
蒂普勒柱体 202
《碟形世界》（Discworld）202
动物园假想 249
《对光和颜色的实验及观测》（Experiments and Observations on Light and Colours）107
《对酒精物质喜好的观察，给理查德·柯万的一封信》（Observations on the Affinities of Substances in Spirit of Wine, In a Letter to Richard Kirwan）108
《对太阳实质进行探讨》（Considerations on the Substance of the Sun）108
《对英国、爱尔兰以及那些习惯称之为大陆地区的主要矿泉水的性质及医学优点的说明》（An Account of the Nature and Medicinal Virtues of the Principal Mineral Waters of Great Britain and Ireland, and Those Most

in Repute on the Continent）107

多贝尔（Amos Dolbear）180

多利托（Eric Doolittle）179

《多纳霍杂志》（Donahoe's Magazine）180

《多世界：地外生命争论起源——从德谟克里特到康德》（Plurality of Worlds: The Origins of the Extra-Terrestrial Life Debate from Democritus to Kant）7

多世界理论 129,215—219

《多世界：哲人的信条与基督徒的希望》（More Worlds than One: The Creed of the Philosopher and the Hope of the Christian）134

E

恩培多克勒（Empedocles）54

F

法布里修斯（Johannes Fabricius）118

《法国天文学会会刊》（Bulletin de la Société Astronomique de France）151

凡尔纳（Jules Verne）13,95,96,99

《反对方法》（Against Method）282

飞行器 53,82,84,95—98,137,174,205,268,269,287—289,296,297

费米（Enrico Fermi）226,248,262

费米佯谬 225,226,235,247,249,254—256,258,261,262,272

费舍（Fischer）143

费希纳（Gustave Theodore Fechner）197

费耶阿本德（Paul Feyerabend）282,283

费伊（Hervé Faye）93

芬奇,达（Leonardo Da Vinci）53

《丰盛湾时报》（Bay of Plenty Times）168

丰特奈尔（Bernard le Bovier de Fontenelle）42—48,61,120,121

冯·诺伊曼探测器 248

冯特（William Wundt）197

佛格（Martyn Fogg）250,251

弗拉马利翁,加伯利亚（Gabrielle R. Flammarion）151

弗拉马利翁,卡米拉（Camille Flammarion）4,11,150—152,156,157,164,183,273,274,285

弗拉姆（Ludwig Flamm）206

《弗兰肯斯坦》（Frankenstein）32,33

福布斯（George Forbes）4

G

甘恩（James Gunn）33

甘萨里斯（Domingo Gonsales）59

高尔顿（Francis Galton）176,183

高斯（C. F. Gauss）75—81,89—91,178,272

高特（Richard Gott）208,217

戈德温（Francis Godwin）52,59—61,268,271,272

哥白尼（Nicolaus Copernicus）278,279

《哥白尼革命：西方思想发展中的行星天文学》（The Copernican Revolution: Planetary Astronomy in the Development of Western Thought）267,278

哥德尔（Kurt Gödel）200-202, 206, 216, 220, 269

格拉塔卡普（Louis Gratacap）11, 184, 185, 272

格兰特（Andrew Grant）64

格雷戈斯（William N. Griggs）72-74, 79, 85, 86

格林, 纳撒尼尔（Nathaniel E. Green）151

格林, 罗杰（Roger L. Green）289, 297

格鲁塞特（Paschal Grousset）100

格鲁伊图伊森（Franz von Gruithuisen）74-78, 178

格普科维克, 斯皮尔迪翁（Spiridion Gopcevic）158, 159

隔离假想 250

《古代世界的现代思考：透视希腊、中国的科学与文化》（Ancient Worlds, Modern Peflections: Philosophical Perspectives on Greek and Chinese Science and Culture）276

古尔丹（Paul Guldin）27

《关于多世界》（Of the Plurality of Worlds）79

《关于多世界的谈话》（Conversations on the Plurality of Worlds）42-44, 47, 48, 61, 120

《关于太阳黑子的通信》（Letter on Sunspots）34

《关于探寻地外智慧生命的行为准则声明》244

《关于托勒密和哥白尼两大世界体系的对话》（Dialogue Concerning the two Chief World Systems: Ptolemaic and Copernican）23, 36-39

《关于向地外智慧生命发送交流信号的行为准则声明草案》244

《关于一个新世界和另一颗行星的讨论》（A Discourse Concerning a New World and Another Planet）42, 51, 53, 60, 268

《关于月亮山脉的天文观测》（Astronomical Observations Relating to the Mountains of the Moon）129, 130

《光荣之路》（Glory Road）198

《广为人知的"月亮故事"》（The Celebrated "Moon Story", Its Origin and Incidents）72, 73, 85, 86

H

哈金斯（William Huggins）147, 148, 160

哈里森（Thomas P. Harrison）59-61

哈利（Timothy Harley）99

《哈珀周刊》（Harper's Weekly）82, 198

哈特（Michael Hart）248

哈维斯（Hugh R. Haweis）180, 183

海耳布隆（John L. Heilbron）4

海耳（George Ellery Hale）149, 160

海森堡（Werner Heisenberg）143

海因莱茵, 罗伯特（Robert Heinlein）198

亥姆霍兹（Hermann von Helmholtz）141, 196

《氦粒温达：太阳历险记》（Heliondé: Or, Adventures in the Sun）138, 272

汉森（Peter Andreas Hansen）92-95

《汉斯·普法尔历险记》（Hans Pfaall）

82,269

《和火星交流的方法研究》(Etudes Sur Les Moyens De Communication Avec Les Planetes) 179

《和行星交谈》(Talking with the Planets) 176

赫顿(James Hutton) 107

赫尔顿(Albert Van Helden) 266

赫克曼(Otto Heckmann) 143

赫姆(Michael Heim) 158

赫西(William J. Hussey) 168

赫歇耳,卡罗琳(Caroline Herschel) 88,89

赫歇耳,玛格丽特(Margaret Herschel) 89

赫歇耳,威廉(William Herschel) 11,63,64,79,102,107,120-139,142,143,147,278,279

赫歇耳,约翰(John Herschel) 11,63-71,82,85-90

赫胥黎,奥尔德斯(Aldous Huxley) 275

赫胥黎,朱利安(Julian Huxley) 275

《黑洞与时间弯曲》(Black Holes and Time Warps) 204

《黑客帝国》(The Matrix) 252

《黑云》(The Black Cloud) 241,274

《恒星内部元素合成》(Synthesis of the Elements in Stars) 142

洪堡(Alexander von Humboldt) 79

《胡博士》(Doctor Who) 198,222

《蝴蝶效应》(The Butterfly Effect) 217

华莱士(Alfred Wallace) 160

《化身》(The Avatar) 202

怀汀(Sydney Whiting) 138,139,272

《环绕月亮》(Around the Moon) 95,99-100

《幻想中的科学》(The Science in Science Fiction) 12

《幻想中的科学:83个已经变成科学现实的预言》(The Science in Science Fiction: 83 SF Predictions that Became Scientific Reality) 12

《幻想中的科学和科学中的幻想》(The Science of Fiction and the Fiction of Science) 12

《皇家天文学会月刊报告》(Monthly Notices of the Royal Astronomical Society) 171

《回到未来》(Back to the Future) 194

惠更斯(Christian Huygens) 46-49,121,266

惠勒(John Wheeler) 216

《活云:宇宙生命的起源》(Lifecloud: The Origin of Life in the Universe) 240

《火星》(Mars) 155-157,185

火星大冲 149,150,152,164,168,173,174

《火星和它的运河》(Mars and Its Canals) 157

《火星和它适宜居住的环境》(La planète Mars et ses conditions d'habitabilité) 151

火星交流 182,298,302-304

《火星来世确证》(The Certainty of a Future Life in Mars) 11,184,186,271,272

火星类地 147,148
火星喷射现象 166,169,171,172,174
《火星人系列》(The Martian Series) 13
《火星上的奇怪亮光》(A Strange Light on Mars) 167,173
火星信号 166-170,176,177,183,299
火星讯息 166,169
火星运河 6, 10, 11, 145-166, 169, 174,183,185,186,272,273
霍尔(Asaph Hall) 149,151
霍尔顿(Edward S. Holden) 151,153, 154,168,172
霍金(Stephen Hawking) 11, 208, 221-223,308
霍克(Neil Hook) 12
霍姆(Herbert Home) 64
霍斯金(Michael Hoskin) 4
霍伊尔(Fred Hoyle) 11, 240, 241, 273,274

J

加来道雄(Michio Kaku) 204
伽利略(Galileo Galilei) 3, 16, 17, 20, 23, 24, 27, 30, 31, 33-41, 91, 118, 265-267
《吉尔伽美什》(Gilgamesh) 32,33
极光 111,116,117,167,293
贾斯特罗(Joseph Jastrow) 163
《剑桥插图天文学史》(The Cambridge Illustrated History of Astronomy) 4
《剑桥天文学简明史》(The Cambridge Concise History of Astronomy) 4
交界文本 11
《接触》(Contact) 11, 204, 205, 209, 211,240,269,271,272,274,307
《劫持》(Taken) 237,307
杰斐逊(Thomas Jefferson) 108
《金星旅行记》(A Trip to Venus) 173, 269
金星相位 20,23
《近代科学的起源》(The Origins of Modern Science) 285
《经典与量子引力》(Classical and Quantum Gravity) 212,270
《经由月亮到达火星:一个天文故事》(To Mars via the Moon: An Astronomical Story) 11,185,186,271-274
《旧与新》(Old and New) 98
《救世主》(The One) 218

K

卡波诺(Alessandro Capoano) 35,36
卡梅尔(Bernard E. Cammell) 164
卡朋特(James Carpenter) 99
开尔文勋爵(Lord Kelvin) 141
开普勒,约翰内斯(Johannes Kepler) 23-33, 40, 41, 45, 47, 48, 50, 51, 268,272-274,278
开普勒,路德维希(Ludwig Kepler) 25
《开普勒的月亮之梦》(Kepler's Dream) 10, 20, 25-27, 29, 32, 33, 41, 48, 51,268,272-274
《开普勒与伽利略关于〈星际使者〉的通信》(Kepler's Conversation with Galileo's Sidereal Messenger) 23-25, 30
凯勒(James E. Keeler) 168
坎贝尔,菲利普(Philip Campbell) 284

坎贝尔,威廉(William W. Campbell) 148,149,155-157,159,168,171,172
康克林(Groff Conklin) 274
《康州美国佬在亚瑟王朝》(A Connecticut Yankee in King Arthurs Court) 193,269
《柯克洛基里尼尔旅行记》(A Voyage to Cacklogallinia) 52
柯诺柏(E. Knobel) 171
《科幻小说史》(The History of Science Fiction) 282,283
科科尼(G. Cocconi) 229
科克伍德(P. F. Kirkwood) 25
《科里尔周刊》(Collier's Weekly) 176
科诺平斯基(Emil Konopinski) 262
科斯特勒(Arthur Koestler) 33
《科学》(Science) 94,155,176,182,198,230,243
《科学边缘》(Borderland of Science) 93
《科学冒险故事》(Scientific Romances) 198,199
《科学美国人》(Scientific American) 199
《科学年刊》(Annals of Science) 108
科学与幻想 8,10-14,91,176,262,267,269,281,282
克拉克,阿瑟(Arthur C. Clarke) 198,274
克拉克,艾格妮丝(Agnes M. Clerke) 3,151
克拉普顿(Josiah Crampton) 93
克莱顿(Michael Crichton) 213
克劳茨(Heinrich Kreutz) 159

克雷恩(Hermann J. Klein) 99
克里斯蒂安森(G. E. Christianson) 33
克伦威尔(Oliver Cromwell) 40
克罗(Michael J. Crowe) 8,73,76,133,175
克洛斯(Charles Cros) 179
库恩(Thomas Kuhn) 267,278
库珀(Heather Couper) 4
《狂暴战士》(The Berserker) 254,255,272

L

拉兰德(Joseph Lalande) 118,119
拉朗德(Jerome de La Lande) 44
拉普拉斯(Pierre-Simon Laplace) 84
《来自被发现的月亮新世界的消息》(News from the New World Discovered in the Moon) 54
莱姆(Stanislaw Lem) 238,239,256,258,272
赖尔(Martin Ryle) 232
兰迪斯(Geoffrey A. Landis) 219
兰基斯特(Ray Lankester) 196
兰普瑞阿斯(Lamprias) 18-20
劳埃德(G. E. R. Lloyd) 276,277
劳赫曼(Wilhelm Lohrmann) 78,79
雷奥(John Leo) 60
雷格蒙塔努斯(Regiomontanus) 53
黎曼(G. F. B. Riemann) 196
里奇(William Leitch) 93
里维斯(Gibson Reaves) 73
里亚格雷(Jean B. J. Liagre) 93
里约标度 243
《历史的辉格解释》(The Whig Interpre-

tation of History》285

《另一个世界：小说中的太空飞行》（Into Other Worlds: Space-Flight in Fiction, from Lucian to Lewis）289, 297

刘慈欣 255,256,272,318

留基伯（Leucippus）265

流星 5,95,111,112,114-118,127, 292-295

卢克莱修（Lucretius）265

卢米斯（Elias Loomis）81

卢瑟福（Ernest Rutherford）141

卢西安（Lucian）47,52,54,268

《鲁滨逊漂流记》（Robinson Crusoe）268

《鲁门》（Lumen）152,273,274

鲁佩茨伯格（Heinz Rupertsberger）221

路斯金（Steven Ruskin）87,88

《伦敦新门监狱完全档案》（The Complete Newgate Calendar）104

《论天》（On the Heaven）265

罗伯茨（Adam Roberts）282,283

罗顿伯里（Gene Roddenberry）210, 213,269-272

罗基（Oliver Lodge）179

罗森（N. Rosen）206

罗斯（Rosse）79

罗素（W. M. S. Russell）32,33

洛克，理查（Richard Adams Locke）69,71,72,80,82,83,85,89,272

洛克耶，诺曼（Norman Lockyer）141, 151,157,183

洛克耶，威廉（William Lockyer）158, 172

洛韦尔（Percival Lowell）11,152-159, 162-164,166,169-171,174,185, 272,273

M

马德勒（Johann Mädler）78-80

马可尼（Guglielmo Marconi）177,183, 184,186,236,300,304

马斯基林（Nevil Maskelyne）130

麦考德（Michael A. G. Michaud）234, 235

麦克康奈尔（Frank McConnell）12

麦克唐纳（George MacDonald）100

曼茨（D. H. Menzel）33

曼罗（John Munro）173

曼尼普斯（Menippus）54

曼宁（Robert J. Manning）108,109, 114,116-118

《每日邮报》（Daily Mail）245

《美国哲学学会学报》（Proceedings of the American Philosophical Society）167,168

《美丽新世界》（Brave New World）275

蒙德（Edward W. Maunder）148,160-162,164

《密西西比河上游盆地的水文地理地图》（Map of the Hydrographical Basin of the Upper Mississippi）83

莫顿，查尔斯（Charles Morton）10,54-61,271,272

莫尔考克（Michael Moorcock）217

莫里森，P.（P. Morrison）229

莫里森，约瑟夫（Joseph L. Morrison）73

莫伦(J. D. Mollon) 106, 107
莫斯科维茨(Sam Moskowitz) 33
穆提(Giacomo Muti) 34, 38

N

《南方文学信使》(Southern Literary Messenger) 83
内森(Edmund Neisen) 99
内史密斯(James Nasmyth) 99
尼古拉(Cardinal Nicholas) 47
尼科尔(G. Nicol) 103
尼科尔森(Marjorie H. Nicolson) 33, 51, 267
尼科尔斯(Peter Nicholls) 12
尼科莱特(Joseph N. Nicollet) 83–85
牛顿(Isaac Newton) 285
《牛津物理学和天文学史导论》(The Oxford Guide to the History of Physics and Astronomy) 4
纽康(Simon Newcomb) 4–6, 94, 95, 160, 285
纽曼(E. Newman) 202
《纽约时报》(The New York Times) 167, 168, 171, 173, 174, 176–178, 186, 298, 301
《纽约〈太阳报〉故事:1833—1918》(The Story of The Sun: New York, 1833-1918) 70, 72, 81, 85
诺埃格拉特(Nöggerath) 75, 76
诺夫乔伊(A. O. Lovejoy) 39, 40, 43
诺斯(John North) 4
诺维科夫(Novikov) 208, 218, 219
诺维科夫自洽原则 194, 215, 218, 219

O

《欧米加:世界末日》(Omega: The Last Days of the World) 152, 274
欧匹克(E. J. Opik) 143

P

帕拉塞尔苏斯(Paracelsus) 285
帕洛汀(Henri Perrotin) 150, 168
潘尼库克(Antonie Pannekoek) 4
佩恩(Cecilia Payne) 142
皮克林(W. H. Pickering) 151, 156, 157, 162, 171, 177–179, 183, 185, 298, 302
《拼装机》(The Consolidator) 268
《平面国:正方形在多维中的传奇故事》(Flatland: A Romance of Many Dimensions) 198
坡,爱伦(Edgar Allan Poe) 72, 82, 83
普拉切特(Terry Pratchett) 202
普劳克特(Richard Proctor) 93, 99, 151
普鲁塔克(Plutarch) 18, 20, 24, 32, 33, 41
《普特南杂志》(Putnam's Magazine) 266

Q

齐奥尔科夫斯基(Konstantin Tsiolkovsky) 247, 273, 274
齐默曼(Zimmerman) 75
《其他世界的生命:20世纪的地外生命争论》(Life on Other Worlds: The 20th-Century Extraterrestrial Life Debate) 8
《奇点星空》(Singularity Sky) 222

《奇人的预算》(A Budget of Paradoxes) 84, 85
《奇人先生的密封袋》(Mr. Stranger's Sealed Packet) 269
《千禧年》(Millennium) 215
钱德拉塞卡(Subrahmanyan Chandrasekhar) 142
乔治曼斯(H. Görgemanns) 33
翘曲飞行理论 210, 211
切鲁利(Vincenzo Cerulli) 165
琼森(Ben Jonson) 53, 54

R

《日暮》(Nightfall) 254
日心说 25, 30, 42, 138, 278, 279
《如果有外星人，他们在哪》(If the Universe Is Teeming with Aliens... Where Is Everybody? Seventy-Five Solutions to the Fermi Paradox and the Problem of Extraterrestrial Life) 249

S

萨伯哈根(Fred Saberhagen) 254, 256, 272
萨尔维阿蒂(Salviati) 37
萨根(Carl Sagan) 11, 204–209, 227, 228, 231, 236, 239, 240, 243, 269, 271–274
萨特塞夫(Alexander Zaitsev) 231, 235, 236
塞奇(Angelo Secchi) 148
《三体 II》255, 256, 272
沙格列陀(Sagredo) 36, 37
《商业广告报》(The Mercantile Advertiser) 70
《商业杂志》(Journal of Commerce) 70, 71
《绅士杂志》(The Gentleman Magazine) 103
生理光学 106
《生物界：20世纪的地外生命争论和科学的极限》(The Biological Universe: The Twentieth Century Extraterrestrial Life Debate and the Limits of Science) 8
《生物组织培养之王》(The Tissue-Culture King) 275
圣马力诺标度 241–243
施伯纳(W. Scheibner) 197
施密特, 约翰(Johann F. J. Schmidt) 98, 99
施密特, 朱利叶斯(J. F. Julius Schmidt) 79
《十二点零一分》218
《十二只猴子》(Twelve Monkeys) 219
《17世纪的望远镜》(The Telescope in the Seventeenth Century) 266
《十三层》(The Thirteenth Floor) 252
《什么是第四维？》(What Is the Fourth Dimension?) 199
时间机器 191, 192, 198, 201, 202, 205, 207, 208, 216, 218, 219, 222, 223, 269
《时间机器》(The Time Machine) 13, 190–193, 195, 199, 219, 269, 271, 272
《时间机器归来》(The Return of the Time Machine) 192

《时间警察》(*Timecop*) 216,222
时间佯谬 193,194,215,216,218,219
《时景》(*Timescape*) 217
时空旅行 10,152,189-195,201,202,205-217,220,221,223,260,269-272
史密斯(Henry J. S. Smith) 93
史瓦西(Karl Schwarzschild) 206
《世界的和谐》32
《世界之战》(*The War of the Worlds*) 13,173,269,271,272,307
《试论科学与正确之关系：以托勒密与哥白尼学说为例》277
《视觉和听觉的哲学观测》(*Philosophical Observations on the Senses of Vision and Hearing*) 106
适宜居住的太阳 10,101,102,109,120,278,279
《适宜居住的太阳!》(*The Sun Inhabited!*) 139
《首先登上月球的人》(*The First Men in the Moon*) 13
《数学魔法》(*Mathematical Magick*) 42,51,53,268
双层云 126,127,135,279
双运河 150,151,162-164
《双周评论》(*The Fortnightly Review*) 176
斯伯利(Elmer A. Sperry) 182
斯莱德(Henry Slade) 196,197
斯莱弗(Vesto M. Slipher) 158,167,170
斯皮尔伯格(Steven Spielberg) 237
《斯皮尔迪翁·格普科维克：生平及著作》(*Spiridion Gopcevic: Leben Und Werk*) 158
斯坦利(Hiram M. Stanley) 180
斯坦梅茨(Charles P. Steinmetz) 183
斯特罗斯(Charles Stross) 222
斯托库姆(J. Van Stockum) 201,202,269
斯威夫特(Swift) 52
《地外文明探索行为准则声明》234
苏拉(Sulla) 18
梭罗(Louis Thollon) 150
索恩(Kip S. Thorne) 204,206-209,211,212,218,221,222,270
《索拉里斯星》(*Solaris*) 238,239,307

T

《他造了一所变形屋》(*And He Built a Crooked House*) 198
塔克夫斯基(Andrei Tarkovsky) 238
塔特(Jill Tarter) 242
太空飞船 185,210,212,269
《太阳报》(*The Sun*) 11,63-73,80,81,83,86,90,91
太阳弹性介质 122,123
《太阳和恒星的性质及结构》(*On the Nature and Construction of the Sun and Fixed Stars*) 121
太阳黑子 20,23,34,102,113,118,119,122-124,126,127,138,139,143,271,272,294
《太阳像地球一样是适宜居住的星球》(*The Sun a Habitable Body Like the Earth*) 142
《泰晤士报》(*The Times*) 70,196
特比(François J. Terby) 151
特勒(Edward Teller) 262

特罗普(Martin Tropp) 33
特斯拉(Nikola Tesla) 11,176,177,180,181,184–186,300,303
提昂(Theon) 18,19
《天空图景》(Celestial Scenery) 74,89
《天堂上帝的恩宠》(God's Glory in the Heavens) 93
《天体物理学杂志》(Astrophysical Journal) 160
天文馆假说 251,253,262
《天文台》(Observatory) 158,160
《天文消息》(Astronomiche Nachrichten) 158,159
《天文学》(Astronomie) 118,151
《天文学的光学部分》(Optical Part of Astronomy) 32
《天文学简史》(A Short History of Astronomy) 4
《天文学评论》(Astronomische Rundschau) 159
《天文学史》(A History of Astronomy, 1907) 4
《天文学史》(A History of Astronomy, 1951) 4
《天文学史》(History of Astronomy) 4
《天文学史杂志》(Journal for the History of Astronomy) 87
《天文学相关问题》(The Problems of Astronomy) 94
《天文学专论》(Treatise on Astronomy) 82
《通俗天文学》(Astronomy for Everybody) 5,285
《图阿皮卡时报》(Tuapeka Times) 167,170
《土拨鼠日》(Groundhog Day) 218
《土星》(Saturn) 93
吐温,马克(Mark Twain) 193,269
托德(David Todd) 158,177,299,303
托勒密(Ptolemy) 277–279

W

瓦格纳(Rudolf Wagner) 80
瓦利(John Varley) 215
《外星球文明的探索》(The Cosmic Connection: An Extraterrestrial Perspective) 236
《外星人》(E. T.) 237,238,307
(外)祖父佯谬 193,194,208,217,218
《完美的真空》256,257
《晚邮报》(The Evening Post) 70
威尔金斯(John Wilkins) 40–42,48,50–55,60,268
威尔森(Alexander Wilson) 118,119,127
威尔斯(H. G. Wells) 13,173,190–192,195,196,199,269,272
威尔逊(Herbert C. Wilson) 150
威克斯,迦勒(Caleb Weeks) 86
威克斯,马克(Mark Wicks) 11,185,186,272–274
《威廉·赫歇耳科学文集》(Scientific Papers) 130
威廉姆斯(Stanley Williams) 168
韦伯,斯蒂芬(Stephen Webb) 249
韦伯,托马斯(Thomas William Webb) 151
韦伯,威廉(Wilhelm Eduard Weber)

197
维尤因(David Viewing) 248
稳恒态理论 240
沃德(Peter Ward) 253
沃格尔(Hermann Carl Vogel) 148
沃克(James C. G. Walker) 230,233
《无极》214
无线电信号 176,177,180,183,184,
　　229,230,236,306
伍德(Robert W. Wood) 179
伍德沃德(Augustus B. Woodward)
　　108
物理光学 106
《物理学评论》(Physical Review) 208,
　　212,270

X

西登托普夫(Hans Siedentopf) 143
西拉德(Leo Szilard) 275
《希腊罗马名人列传》(Parallel Lives)
　　18
夏帕雷利(Giovanni Schiaparelli) 149-
　　151,154,156,157,160,162,165,
　　185
《仙女座安德罗米达A》(A for Androm-
　　eda) 241,274
《先驱报》(The Herald) 70,71
《先验物理学》(Transcendental Phys-
　　ics) 197
《现代电学》(Modern Electrics) 186
辛普利丘(Simplicius) 36,37
欣顿(Charles Hinton) 198,199
新科学史 284-286
《信使问询报》(The Courier and En-
　　quirer) 70
星际旅行 51,176,248,268
《星际迷航》(Star Trek) 209-213,222,
　　252,269-272
《星际使者》(The Sidereal Messenger)
　　20-23,33,91
《星际坞工》(Starrigger) 202
《星期天新闻报》(Sunday News) 70
《行星火星》(The Planet Mars) 185
行星居民 47
《行星可以居住吗？》(Are the Planets
　　Inhabited?) 162
行星云云层 134,135
休厄尔(William Whewell) 79
雪莱,玛丽(Mary Shelley) 33
《寻求星际交流》(Searching for Inter-
　　stellar Communications) 229

Y

《雅典娜神庙》(The Athenaeum) 87-89
雅韦尔(Stephane Javelle) 167,168,
　　172
亚里士多德(Aristotle) 17,23,115,
　　265
杨,托马斯(Thomas Young) 134,135
《一次又一次》(Time after Time) 192
伊壁鸠鲁(Epicurus) 18,265
《伊卡罗曼尼普斯》(Icaromenippus)
　　52,54
《医学袖珍书,提供一种对人体偶发
　　疾病的症状、病因及治愈方法简短
　　而通俗的解释》(The Medical Pocket
　　Book, Containing a Short but Plain

Account of the Symptoms, Causes and Methods of Cure, of the Disease Incident to the Human Body) 108
《已发现的天球世界》(The Celestial Worlds Discover'd) 46–48, 121
《异次元杀阵ⅠⅡ》(Cube: Hypercube ⅠⅡ) 198
《异形》(Alien) 237, 307
《隐身人》(The Invisible Man) 199
《英国天文学会杂志》(Journal of British Astronomical Association) 160
《英国天文学会论文集》(British Astronomical Association Memoirs) 160, 164
《英国天文杂志》(The Journal of the British Astronomical) 158
《永恒斗士系列》(Eternal Champion Stories) 217
《有关生理学论题的几篇文章》(Essays on Physiological Subjects) 107
《与医学有关的自然哲学分支原理》(Elements of the Branches of Natural Philosophy Connected with Medicine) 107
《宇宙创始新论》256, 257, 272
《宇宙：插图天文学和宇宙学史》(Cosmos: An Illustrated History of Astronomy and Cosmology) 4
《约翰·艾略特和适宜居住的太阳》(John Elliot and the Inhabited Sun) 108
《约翰·艾略特生平及死亡记述》(Narrative of the Life and Death of John Elliot) 109

约克(Herbert York) 262
《月亮》(Moon) 99
《月亮：被当作一颗星球、一个世界和一颗卫星》(The Moon: Considered as a Planet, a World, and a Satellite) 99
《月亮表面上》(On the Face in the Moon) 18, 32, 33
《月亮传说》(Moon Lore) 99
《月亮大骗局》(The Great Moon Hoax) 73
《月亮的两个半球》(Two Hemispheres of the Moon) 98
《月亮和它的居住者》(The Moon and Its Inhabitants) 74, 178
《月亮和太阳世界》(Worlds of the Moon and Sun) 137, 271, 272
月亮居民 23, 26, 28, 45, 46, 68, 75, 78, 131, 132
《月亮科学：古代和现代》(Lunar Science: Ancient and Modern) 99
月亮骗局 70, 72–74, 82, 83, 85–91, 140
《月亮骗局》(The Moon Hoax) 72
月亮人 10, 47, 69, 70, 75, 88, 98, 178
月亮上的鸟 61
《月亮上的鸟》(Birds in the Moon) 59
《月亮上的人》(The Man in the Moone) 52, 59, 60, 268, 271, 272
月亮生命 18, 25, 27, 34, 36, 64, 78, 81, 82, 92, 268
月亮世界 10, 26, 27, 41, 44, 46, 74
《月亮世界》(Lunar World) 93
《月亮世界的新发现》(Discovery of a World in the Moon) 40, 42, 50
《月亮：她的运行、相位、面貌和物理

条件》(The Moon: Her Motions, Aspect, Scenery, and Physical Condition) 93-94,99

月亮新发现 20,23,63,65-73,81-90,267,272

《月亮之上》(On the Moon) 274

月球背面 26,92-95,98

月球类地讨论 98

月球旅行 16,26,42,50,51,54,61,82,95,190,266,268,269,287

《月球旅行记》(The Voyage to the Moon) 137,268

《月球旅行记》(Voyages to the Moon) 51

《月球世界》(A World in the Moon) 267

月上区 17,23

月下区 17,115

《月中人》(Man in the Moon) 266

Z

《在世哲学家文库》(Library of Living Philosophers) 200

詹森,皮埃尔(Pierre Janssen) 148

詹森,朱尔斯(Jules Janssen) 141

《哲学汇刊》(Philosophical Transactions) 11,114,115,121,125,278,279

《哲学年鉴》(Annals of Philosophy) 75,76

珍稀地球假说 253,254

《珍稀地球:为什么复杂生命形式在宇宙中如此稀有》(Rare Earth: Why Complex Life Is Uncommon in the Universe) 253

《真实故事》(True Story) 47,268

《征服月亮:巴尤大的故事》(The Conquest of the Moon: A Story of the Bayouda) 100

《知识界》(The Literati) 82

《致命接触》(Touching Centauri) 253,272

《中央车站》(Grand Central Terminal) 275

《终结者》(The Terminator) 194

《种子》(Seed) 234

主动SETI 230,233-236

《自然》(Nature) 106,141,142,151,167-169,172,173,176,183,186,195,204,229,230,233,234,284

《自私的基因》(The Selfish Gene) 282

祖奇(Zucchi) 27

《作为生命居所的火星》(Mars as the Abode of Life) 157